직역 손자병법

직역 손자병법

초판발행일 | 2023년 7월 21일

지은이 | 손무
옮긴이 | 임근춘
감수 | 국민수
펴낸곳 | 도서출판 황금알
펴낸이 | 金永馥

주간 | 김영탁
편집실장 | 조경숙
인쇄제작 | 칼라박스
주소 | 03088 서울시 종로구 이화장2길 29-3, 104호(동숭동)
전화 | 02) 2275-9171
팩스 | 02) 2275-9172
이메일 | tibet21@hanmail.net
홈페이지 | http://goldegg21.com
출판등록 | 2003년 03월 26일 (제300-2003-230호)

값은 뒤표지에 있습니다.

ISBN 979-11-6815-052-2-93390

한 글자씩 따라 해석하는

직역

손무 지음 · 임근춘 해설

손자병법

황금알

서문

병법(兵法)이란 전쟁을 대하는 방법이라고 할 수 있다. 물론 전쟁에서 이기는 방법이 주를 이루지만 전쟁에서 패배하지 않거나 유리한 협상의 고지를 점하는 방법과 사전에 전쟁을 예방하는 것도 병법이 추구하는 목적 중 하나이다. 이런 측면에서 병법은 전쟁에 대한 철학, 사상, 원리, 방법을 망라하고 있다고 해도 과언이 아니다.[1]

흔히 병법을 말할 때 병법서를 떠올리게 된다. 병법서(兵法書) 중 대표적인 병법서가 『손자병법』[2]이다. 이외에도 『오자병법』, 『사마법』, 『울료자』[3], 『육도』, 『삼략』, 『이위공문대』 등이 있다. 대부분이 중국의 병법서이다. 우리나라의 병법서에는 고구려의 연개소문이 작성했다는 『김해병서』와 신라의 무오대사가 작성했다는 『무오병법』이 있었다고 하나 현재는 존재하지 않는다. 현존하는 우리나라의 병법이라고 하는 것들은 대부분 조선시대에 작성된 진법이나 무기 사용법에 관한 것들로, 병법서라기보다는 훈련 교범이나 무기사용 기술서에 가깝다.

---

1) 동양의 고대 병법서들이 쓰인 시대의 국가들의 모습은 사실상 국가의 제도와 군사제도를 구분하기 어려운 시스템이었기 때문에 '군사국가'라 해도 무리가 없다. 이런 시대상으로 인해 『육도』와 같은 병법서는 국가 운영에 관한 사항도 상당 부분 다루고 있다.

2) 『손자병법』은 증편되어 약 84편이었다고 하나 이후에 유실되고 가감되어 13편만 전해 내려오고 있다.

3) 『울료자』를 『위료자병법』이라 부르기도 하는데 尉가 통상 '벼슬 위'로 읽히기 때문이다. 그러나 尉가 성씨를 말할 때는 '울'로 읽는 것이 올바른 독음법이다.

역자는 누구나 쉽게 병법서를 접하고 이해할 수 있으며, 인생의 지침서가 될 수 있는 해설서를 만드는 데에 노력을 기울였다. 이를 위해 역자는 본서에서 다음과 같은 노력을 기울였다.

우선 글자 하나하나에 대한 직역을 실었다. 병법서는 대부분 한자로 쓰여 있어 많은 사람들에게 익숙하지 않다. 더욱이 고대에 쓰인 것들이 대부분이어서 고대 한자에 대한 지식이 없을 경우 견강부회식 해석을 내놓을 수밖에 없다. 또한 초창기의 병법서들은 군(軍)과 무관한 일반인들이 해설한 것들이다. 이렇다 보니 대체로 기업경영이나 인간 처세술에 도움을 주는 것을 목적으로 하였다. 사회의 작동 원리와 양병·용병의 이치가 하나로 통하는 것은 부인할 수 없으나, 병서들이 양병과 용병의 원리를 제공하기 위해 저술되었다는 점을 고려한다면, 본질에서 벗어나 있다고 하지 않을 수 없다. 시중에는 군 출신들이 번역한 병법서들도 홍수를 이룬다. 그러나 이러한 해설서들은 한 글자 한 글자 천착(穿鑿)을 목표로 하는 후배들의 지적 갈증을 풀어주지 못하고 있다. 그 이유는 기존의 해설서들이 대체로 한자(漢字) 한 글자 한 글자에 관한 깊은 탐구가 결여된 채 선행 연구된 해설 자료들을 차용하여 그 위에 단순히 군사적 시각만 덧씌워 내놓고 있기 때문이다. 이렇다 보니 저자의 참고자료에 실수가 있다면 저자가 고스란히 그 실수마저 이어받는 구조다.

국방대학교 박창희 교수는 그의 저서 『한국의 군사사상』에서 "우리나라에는 우리나라만의 군사사상이 없다."라고 주장한다. 우리나라만의 군사사상을 새롭게 세우기 위해서는 먼저 기존 병법서들을 밑바닥에서부터 훑어볼 수 있는 환경이 마련되어야 한다. 이때 비로소 군(軍) 후배들이 병법서의 본질을 이해하고 양병·용병에 대한 자신만의 철학과 가치를 세울 수 있게 되고, 나아가 우리나라만의 군사사상도 새롭게 정립될 수 있다. 이에 대한 출발점의 하나로 우리의 사상 속에 면면히 자리 잡은 동양의 이러한 병서들에 있는 한자(漢字) 한 글자 한 글자에 대한 깊은 탐구가 필요하다. 역자는 오랜 시간 탐구와 학습을 통해 한자와 한문을 나름으로 깊이 있게 연구해 왔다. 이러한 노력으로 '사범' 자격증도 획득하였고 동양 고전들에 대한 중국의 과거 해설서들도 이해할 수 있게 되었다. 역자는 이러한 기반 위에 글자 하나하나의 의미를 직역하여 제시함으로써 독자들이 해석상 가질 수 있는 의문의 원천을 해소해 주기 위해 노력을 기울였다.

다음으로 역자는 삼십여 년에 달하는 군 생활 경험과 함께 이 기간에 깊은 호기심과 지적 갈망으로 동·서양 군사사상에 관하여 탐구한 결과를 본서에 담았다. 물론 역자보다 더 많은 군 생활 경험과 지위에서 더 많은 동·서양의 군사사상을 탐독해 온 분들에 비하면 부족하기 이를 데 없다. 하지만 역자는 병서를 연구하는 독자들에게 조금이나마 보탬이 되기를 바라는 마음을 다하여 본서를 작성하였다. 한자와 한문에 대한 깊이 있게 해석해 낸 역자의 해설서는 독자들의 이해에 승수효과를 가져다줄 것으로 믿는다.

본서는 가장 흔하게 접할 수 있는 『손자[4]병법』을 직접 해설하면서, 이를 설명하기 위한 도구로 다른 병서들과 역자의 군 생활에서 비롯된 경험과 지식을 활용하고자 한다. 『손자병법』은 중국 춘추시대 말기에 오나라의 책략가인 손무(孫武)에 의해 만들어졌다고 한다. 손무는 오나라 재상인 오자서(伍子胥)를 통해 오왕 합려에게 추천된 인물이다. 오왕에게 군무(群舞)를 시험해 보이다가 왕이 총애하는 비(妃) 두 명이

---

4) '손자'는 '손무'에 대한 '손 선생님'이라는 존칭이다. 노자, 공자, 묵자, 맹자, 순자, 등도 마찬가지다.

제대로 명을 이행하지 않자 이들을 정해 놓은 군율에 따라 처벌함으로써 완벽한 군무(群舞)를 펼치게 한 유명한 일화가 있다.

중국 병법서의 역사를 살펴보면, 무경칠서(武經七書)는 태공망이 지었다는 『육도』로부터 당나라 태종과 군사가 이정(李靖)의 문답 형식인 『이위공문대』까지의 일곱 권의 병서를 말한다. 시대적으로 우리나라의 고조선으로부터 삼국시대에 걸쳐 있다. 『이위공문대』만 고구려 후기인 660년대에 작성되었고, 나머지 『육도』, 『손자병법』, 『사마법』, 『오자병법』, 『울료자』, 『삼략』이 모두 우리나라의 고조선 시대에 작성되어 후대에 가필되었다.[5] 『육도』는 주나라의 태공망이 B.C.1100년경에 지은 것이고, 『손자병법』과 『사마법』은 B.C.500년경에, 『오자병법』은 B.C.400년경에, 『울료자』는 B.C.230년경에, 『삼략』은 B.C.200년경에 작성되었다.

현존하는 병법서는 대부분 중국에서 작성되었다. 하지만 당시 우리나라 또한 중국, 일본, 인도, 동남아 등 인접 국가들과 활발한 문화적 교류를 하고 있었던 당시의 상황을 고려해 볼 때, 상호 영향을 주고받았음을 알 수 있다. 다만, 우리나라 고유의 병법서가 많이 있었지만 전해지지 못한 것이 안타까울 따름이다. 그러한 원인은 고려 중기 몽골과의 전쟁(麗蒙戰爭) 이후에 대부분 패했기 때문으로 보인다. 이 시기 많은 역사서들이 불타 없어진 것으로 추정된다. 특히, 조선시대에 들어 사대주의에 빠져 국가의 안위를 중국에 맡기면서 자주국방에 소홀하고 무(武)를 천시한 결과이기도 하다.

세계는 현실에 안주하기보다는 국민이 단합하여 미래를 준비하는

---

5) 이 저서들의 진위와 가필에 관한 다양한 의견까지 고려하면 시대적 순서에 대한 관점은 더욱 다양해진다. 본서는 저자로 알려진 인물들을 중심으로 작성 시대와 시대적 순서를 배열하였다.

국가가 역사의 주인공이 된다. 이를 위해서는 올바른 역사의식과 시민의식이 갖추어져야 한다. 올바른 역사의식과 시민의식을 위해서는 무엇보다 교육이 우선되어야 한다. 교육을 통해 국민들의 역사의식과 시민의식을 한 단계 향상할 수 있기 때문이다. 다음으로는 올바른 정치문화가 중요하다. 정치는 국력, 또는 국가안보의 다른 요소인 경제, 사회, 문화, 군사, 과학 등을 이끌어 가기 때문이다.

일부 사람들은 중국의 역사가 우리나라의 역사보다 오래되었다고 생각하고, 선진문물이 중국을 통해 들어왔다고 알고 있다. 하지만, 우리나라의 역사는 중국보다 더 오래되었고, 오히려 우리나라의 많은 문화가 중국에 전해진 사실을 잊어서는 안 된다. 다음의 〈표〉에서 알 수 있듯이 실제 역사는 우리나라가 중국보다 깊다. 중국이 삼황오제 시절을 꺼내 든다면, 우리나라에는 환국, 배달국 시대가 있다. 『환단고기』, 『규원사화』 등의 사료들[6]을 들여다보면, 우리나라의 역사가 중국의 역사보다 훨씬 깊고 유구함을 알 수 있다.[7]

---

6) 『환단고기』는 일제가 우리나라를 핍박하던 시기 독립운동가 계연수 선생이 묘향산 단군굴에서 고대로부터 전해 내려오는 우리 민족의 역사서 《삼성기(三聖記)》, 《단군세기》, 《북부여기》, 《태백일사》를 필사한 후 한 권의 책으로 묶어 출간한 책이다. 『규원사화』는 조선시대 중기(효종 ~ 숙종 시대 어간)의 재야 사학자인 북애자(北崖子)가 저술한 상고사 기록서로 《조판기(肇判記)》, 《태시기(太始記)》, 『단군기』 등이 실려 있다. 이 외에도 『삼국유사』, 『세종실록』, 『동몽선습』 등의 역사서에서 우리나라의 상고사를 다루고 있다.

7) 우리나라의 역사는 중국과 경쟁하는 역사로 점철된다. 국가들의 생성과 소멸 과정에서 우리 민족이 차지한 영토가 변화하면서 우리 역사의 흔적들이 수없이 많이 소실되었다(정현축, 『한국 선도 이야기』(충남 계룡, 율려, 2016). 그나마 다행인 것은 환단고기, 규원사화 등 소중한 자료들이 환국과 배달국의 존재를 증명하고 있다. 하지만 사대주의와 식민사관에서 비롯된 끈질긴 인맥의 연결고리가 아직도 우리의 고대사를 정사(正史)로 인정하지 못하고 있는 현실이 안타깝다. 식민사학의 거두 이병도(1896~1989)는 죽기 3년 전 1986년 10월 9일자 조선일보에 기고한 참회의 글에

연도	우리나라	중국	연도
BC2333	단군조선[8] (檀君朝鮮)	하(夏)	BC2205
		은(殷 / 商)	BC1700
		주(周)	BC1100
BC300	진(삼한) / 부여 (三韓 / 扶餘)	춘추전국(春秋戰國)	BC700
		진(秦)	BC221
BC50	삼국시대 (高句麗 · 百濟 · 新羅)	한(漢)	BC206
		삼국시대(魏 · 吳 · 蜀)	AD220
		십육국(十六國)시대	316
		수(隋)	581
AD698	남북국시대(渤海 · 新羅)	당(唐)	618
936	고려(高麗)	오대십국(五代十國)	907
		송(宋)	960
		원(元)	1271
1392	조선(朝鮮)	명(明)	1368
		청(淸)	1644
1948	대한민국(大韓民國)	중화민국(中華民國)	1912
		중화인민공화국	1949

서 "단군 및 단군조선을 신화로 규정하고 한국사 저술에서 제외하고, 한국 고대사를 대폭 축소한 일본 학자들의 연구는 비판받아야 마땅하다. 단군과 단군조선은 신화가 아니라 실사이다. … 이를 다시 올바르게 복원해야 한다."라고 하였다. 우리 민족사에 대한 전 국민적 인식 전환과 각성이 요구되는 사건이다.

8) 『환단고기』, 『규원사화』 등의 사료들을 기초로 판단해 보면, 우리나라의 고대 국가는 환인 체제로 다스리던 환국 역사부터 환웅 체제로 다스리던 배달국 역사를 포함한다면 개략 1만 년의 역사를 갖게 된다. 『환단고기』, 『규원사화』 등의 사료들은 이러한 역사를 가진 우리 민족의 문명이 세계 최초의 문명이며, 우리 민족의 사상과 문화가 중국에 영향을 주었음을 알게 해준다.

이러한 사료들을 기초로 시대와 내용 측면에서 들여다보면, 중국의 사상 체계가 완성된 춘추전국시대 제자백가 사상들도 우리나라의 고대 사상에서 비롯되었음을 유추하기에 충분하다. 중국의 병법서들 대부분이 춘추전국시대 만들어졌다. 사상 체계의 발전에 대한 시대와 내용 측면, 중국의 병법서들 역시 사상 체계를 기반으로 하고 있다는 측면, 중국이 우리나라와의 전쟁에서 고려시대까지 이긴 적이 거의 없다는 측면 등을 고려해 볼 때, 현재 전해지는 병법서의 존재와 그 수량은 그다지 중요치 않다.[9] 또한 중국은 많은 병법서들이 만들어진 춘추전국시대를 지나서도 200년 이상을 지속한 왕조가 거의 없다는 측면, 19세기 들어 일본의 젊은 지식인들이 중국의 병법서에 대해 중국인보다 더 많이 연구하여 중국과의 전쟁(청일전쟁, 중일전쟁)에서 승리한 것을 보면 이 말이 더욱 공감된다. 더욱이 병법을 잘 연구하여 자국의 특성에 맞는 군사사상 체계를 정립하고 자국의 병법을 발전시키는 것이 얼마나 중요한지 깨닫게 해준다.

손자가 얘기했듯이 전쟁은 임금으로부터 일반 백성에 이르기까지 상하가 하나 되어 준비하고 대비하면 승리할 수 있다. 전쟁에서 패하거나 국가가 멸망하는 이유는 대부분이 내부분열로 인한 것이다. 이렇듯 전쟁에서 승리하기 위해서는 상대국의 내분을 조장해야 한다. 고조선으로부터 조선에 이르기까지 우리나라가 망한 이유는 내부분열이었다. 구한말 19세기 식민열강들에 의해 조선이 망한 것이 아니라 내치(內治)에 실패하여 국론이 분열되고 국가재정이 바닥이 난 상태였다. 당시 흥선대원군과 명성황후의 권력다툼에 의해 국가가 분열되

---

9) 수없이 많은 고대의 사료들이 소실된 점을 고려해 보면 우리나라에도 고대 병법서들이 존재했을 개연성이 크다.

어 나라를 스스로 지키기보다는 사대주의에 빠져 일본의 침략을 막지 못한 것이다. 이때 나라를 위해서라고 일어난 세력들은 말로는 국가를 위해서 목숨을 바칠 것처럼 하다가 실제 나라가 망할 때는 침몰하는 배의 쥐처럼 먼저 도망하기에 바빴다.

전쟁은 구호로 하는 것이 아니라 실제 행동으로 치밀하게 준비하는 것이다. 6·25전쟁 때에도 당시 국방장관과 총참모장은 '점심은 평양에서, 저녁은 신의주에서', 일부 장군들은 '소총 일만 정만 주면 통일할 수 있다'라고 허황한 자신감만 표현했다. 북한의 남침으로 밀리는 상황에서도 이기고 있다고 하거나 곧 적을 무찌르고 반격할 수 있다고 큰소리만 쳤다. 임진왜란 때에는 전쟁 전부터 동인과 서인으로 나뉘어 당쟁만 일삼았고, 전쟁 중에는 자신의 일가족부터 도피시키기 바빴다. 선조도 백성들에게는 파천하지 않겠다고 하고서 몰래 도주하였다.

병자호란 때에는 주전론과 주화론으로 나뉘어 제대로 싸워보지도 못하고 항복했다. 인조반정으로 영의정에 오른 김류의 아들인 김경징은 강도(江都) 검찰사로 자신의 가족부터 피신시키고 강화도에서 청나라 군사들이 강을 넘어오지 못할 것이라고 큰소리치고 술만 마시며 대비를 소홀히 하였다. 실제로 청나라 군사들이 강을 넘어오자 그는 구석에 숨어 울기에 바빴다. 당시 청나라 군대보다 병력이 더 많았고, 무기체계[10]도 우수했지만, 평소 훈련이 되지 않았고, 병법에 문외한인 문관이 무관보다 상관으로 부대를 지휘하다 보니 패할 수밖에 없었다. 일례로 탑동전투(강원도 철원)에서 지형을 이용하여 진을 치자는 무관인 병마사의 말을 듣지 않고 평지에 진을 쳐 청나라 군대에 패했지만,

---

10) 당시 청나라는 기병 위주로 창과 활이 주를 이뤘고, 조선군대는 화승총으로 무장되어 있었다.

인조는 문관인 관찰사가 둘도 없는 충신이라고 높이 평가하였다. 전투 이후 문관인 관찰사에게는 사당까지 지어 주고 충혼을 기렸지만, 지형을 이용하여 진을 치고 청나라 군대를 무찌른 무관인 병마사에게는 상관의 말을 따르지 않았다며 탄핵했다. 서애(西厓) 류성룡이 임진왜란의 과오를 반복하지 않기를 간절히 염원하면서 작성한 '징비록(懲毖錄)'이 있었지만 40년도 안 되어 일어난 병자호란에서, 또 그 이후에도 우리는 계속 국치(國恥)를 당하지 않았던가.

국가의 존재 목적은 그 3요소인 국토, 국민, 주권을 보전하고 번영하는 것에 있다. 국가의 목표와 이익도 이를 지향해야 한다. 최고의 정치는 국민을 잘 먹고 잘살게 하는 것이다. 하지만 우리나라의 역사를 살펴보면 백성의 삶을 우선하기보다는 사직의 안위와 집권세력의 이익이 우선했다. 특히, 조선시대 성리학이 지배이념이 되었을 때는 자신과 가문에 대한 '입신양명(立身揚名)'을 위해 정계에 입문했다. 그리고 사대주의에 빠져 명나라와 청나라에 국가의 안위를 맡기고 내정을 간섭받았다. 작은 나라는 큰 나라를 섬겨야 한다는 공자의 통치이론에 몰입되어 오직 형식에 구애되어 우리끼리 싸우기에 여념이 없었다.

역사 속 실패를 옹호하기보다는 이를 통해 교훈을 도출하고 현재와 미래를 준비하는 자세가 필요하다. 조선 멸망의 책임자인 고종과 명성황후에 대한 평가를 보면, 대한제국의 군주로서 고종이 약소국의 열악한 환경 속에서 부국강병을 위해 최선을 다한 명군으로 묘사하는 것은 재고되어야 한다. 당시 국정을 친족 측근들로 좌지우지하며 흥선대원군과 권력 투쟁에 몰입한 명성황후를 미화하는 사례도 올바른 역사 평가가 아니라고 본다.

역자가 『손자병법』을 해설하면서 국가정책까지 논하는 것에 대해 너무 과하다고 생각할 수도 있다. 하지만, 병법의 본질이 전쟁을 예방하고 전쟁에서의 승리를 통해 국가의 생존과 번영을 추구하는 것임을 고려해 보면, 본질적인 측면에서 병법의 지향 방향과 국가정책의 지향 방향은 같다고 할 수 있다.

역자의 소망은 대한민국의 생존과 번영이다. 이를 위해서는 대한민국의 생존과 번영의 기틀인 강한 국방력이 뒤따라야 한다. 본서가 우리나라 고유의 전쟁 철학과 군사사상을 확립하는 데 단초가 되고, 전쟁 수행의 원리와 방법을 정립하는 데 씨앗이 되길 소원한다. 30년 군 생활 후 전역한 군인의 작은 바람이다.

2022년 12월 대한민국의 부흥을 꿈꾸며

林根春

차 례

손무(孫武)에 대하여

저자 손무(孫武)는 춘추시대(B.C. 770~404) 말기, 제(齊)나라 낙안 출신으로, 생몰연대에 관한 뚜렷한 기록이 없으며, 대개 공자(孔子)와 동시대(B.C. 551~479)로 추정하고 있다. 그의 주요 활동기는 오(吳)나라 군주 합려(闔廬, B.C. 514~496 재위)와 부차(夫差, B.C. 495~473 재위)의 재위 기간에 걸쳐 있다. 자(字)는 장경(長卿)이며, 통상 손자(孫子) 또는 손무자(孫武子)라 일컫는다.

손무의 조상은 진(陳)나라 왕족으로, B.C. 627년에 제나라로 망명하여 전씨(田氏)로 성을 바꾸고 약 1백 년간 번성하다가, 조부인 전서(田書) 대에 전공을 세우고 손씨의 성을 하사받았다. 손무가 활동하던 제나라는 당시 정치가 극도로 문란하여 그의 가문은 B.C. 547년에 양자강 이남의 오나라로 망명하게 되었다.

당시 오나라는 서쪽의 강대국 초(楚)나라와 국경을 접하고 있었고, 양국 간에는 끊임없는 국경 충돌이 일어났다. 손무가 망명하던 무렵의 오나라는 왕 요(僚)가 암살당하고 그 후임으로 합려가 즉위하는데, 합려는 초나라와의 전쟁에 대비하여 적임자를 찾던 중 오자서의 추천으로 손무를 만나게 된다.

손무는 오나라 전군 지휘에 대한 권한을 위임받아 군사력을 건설하고 엄격한 교육훈련을 통해 강병을 육성했다. 전쟁준비가 완료되자, B.C. 506년에 강대국 초나라를 기습적으로 공격하여 치명적인 타격을 입혔다. 이로써 오나라는 약소국에서 춘추오패(5대 패권국)가 되었다. 손무는 오왕 합려의 아들 부차를 보좌하여 B.C. 492년에 월나라를 굴복시키는 등 오나라의 국력을 절정에 올려놓고 관직에서 은퇴하여 홀연히 떠났다.

『손자병법』에는 춘추시대 오나라의 손무가 저술한 『손자병법』과 전국시대 제나라의 손빈이 저술한 『손자병법』이 있다. 통상의 『손자병법』은 손무가 저술한 『손자병법』을 말한다. 손빈(孫臏)은 손무의 후손으로 알려져 있으며, 병법의 구성도 기존의 『손자병법』과는 확연히 다르다. 그래서 손빈의 『손자병법』을 『손빈병법』이라 칭하고 있다.

『손자병법』은 그가 등용되기 전에는 13편이었다. 그러나, 한서(漢書)에는 모두 82편, 도(圖) 9권이 있었다고 전한다. 이로 미루어 손자 말년에 추가로 저술한 부분과 후세에 의해 증편된 부분이 있다고 유추해 볼 수 있다.

사마천의 『史記』 「사기열전」에는 손무가 오자서의 추천으로 오왕 합려에게 등용되어 군무(群舞)를 시범 보이면서, 군율을 어긴 이유로 왕이 아끼는 두 비(妃)를 처형하여 기강을 바로 세운 유명한 일화가 있다.

『손자병법』의 영향과 위상

　『손자병법』은 중국 춘추시대 말기에 세상에 알려졌고 전국시대에 널리 전파되어 병법서로 통용되었다. 『손자병법』은 의미가 함축적이고 심오하여 일반인이 이해하기가 어려운 면이 있다. 이에 오래전부터 많은 전문가들이 해설서를 내놓았다. 현존하는 해설서로 가장 오래된 것은 중국 삼국시대 위나라 조조(曹操)가 쓴 『손자약해(孫子略解)』이다. 조조는 전장에서 생의 대부분을 보냈고, 『손자병법』을 손에서 놓지 않았다고 한다. 무경칠서 중 하나인 『이위공문대』의 저자인 이정(李靖)도 『손자병법』을 최고의 병법서로 치켜세웠다. 이 외에도 당나라 때의 두목(杜牧)과 진호(陳皞), 송나라 때의 매요신(梅堯臣) 등 많은 사람들의 해설서가 있다.

　서양에서도 나폴레옹이 전쟁 중에도 『손자병법』을 손에서 놓지 않았다는 얘기가 있다. 클라우제비츠의 『전쟁론』, 리델하트의 『전략론』에도 영향을 미쳤다. 특히, 리델하트는 『전략론』에 『손자병법』의 여러 문구를 인용하였다. 미국과 러시아도 『손자병법』을 연구하여 군사사상으로 발전시켜 왔다.

　우리나라도 『삼국사기』의 「계백열전」에, "昔句踐以五千人破兵七十萬

衆, 今之日宜各奮勵決勝以報國恩. 옛날 (월왕) 구천은 5천 명의 군사로 (오나라의) 70만 대군을 격파하였으니, 오늘 (우리는) 마땅히 각자 분발하여 싸워서 승리하여 나라의 은혜에 보답해야 한다."라는 말이 나온다. 계백 장군이 5만의 신라 군사와의 마지막 결전을 앞두고 오천 결사대에 향해 연설한 내용이다. 이로 미루어 볼 때, 당시 우리나라는 고조선 시대 이전부터 중국과 활발하게 교류해 왔음을 알 수 있다. 병법서의 교류도 있었음을 충분히 유추할 수 있다. 조선시대 무과시험에는 『손자병법』을 포함한 무경칠서가 시험과목에 포함되어 있었다.

일본에서도 『손자병법』을 '세계 제일의 병서'로 평가하면서, 손무를 '동양 군사학의 창시자'로 평가하고 있다. 청일전쟁, 러일전쟁, 제2차 세계대전에 이르기까지 『손자병법』을 연구하고, 『손자병법』을 전쟁의 지도서로 삼았다. 『손자병법』에 관하여 중국인들보다 더 연구하고 실전에 활용했다고 할 수 있다.

현재의 중국 지도를 완성한 사람은 모택동이다. 모택동도 『손자병법』에 조예가 깊었다고 한다. 중일전쟁 기간에 『손자병법』을 활용한 지시문을 자주 하달하였는데, 특히 '지피지기(知彼知己) 백전불태(百戰不殆)'를 과학적인 진리라 하기도 했다.

이상을 고려해 봤을 때, 『손자병법』은 동서고금을 통해 최고(最高)의 병법서라 하지 않을 수 없다.

* 해설 절차

한 글자씩 직역을 통해 1차 해석하고, 직역을 바탕으로 의역을 한 다음에,
보충 설명이 필요한 부분에 대해서 해설했다. 직역에 맞는 한자의 뜻을 덧붙였다.

제1편 시계(始計)[11]

『손자병법』의 첫 편은 '시계(始計)', 곧, 계책을 시작한다는 의미로, 전쟁을 국가의 입장에서 설명하고 지켜야 할 원칙을 제시하고 있다. 전쟁은 국민의 생사와 국가의 존망이 걸린 중차대한 일이므로, 전쟁 전에 쌍방의 정치, 경제, 군사, 천시, 지리, 군주, 장수의 능력 등의 전력 비교 요건을 통해 철저히 승산을 따져야 함을 요구하고 있다. 그래서 손자는 전쟁은 신중하게 계획하고 처리해야 한다고 주장한다. 그리고 마지막 편인 '용간(用間)'에 이르기까지 전쟁은 속임수이므로 적을 속이되, 적에게 속아서는 안 된다는 점을 강조하고 있다.

『손자병법』은 아군의 군사력을 이용하여 적국을 정복하는 과정에서 필요한 국가적 차원의 전략으로부터 세부적인 전투기술까지 포괄하고 있다. 『손자병법』은 승리를 전제로 하고 있다고 해도 과언이 아니다. 그러나 아무리 약한 적이라도 준비 없이 경솔하게 접근하면 승리하기 어렵기에 신중론을 담고 있다.

---

11) 원래는 '計'편이다. 『손자병법』을 시작하는 의미로 '始計'라고 후세 사람들이 명명했다.

전쟁 수행 과정에서 주도권이 없거나 불가피하게 전쟁의 상대가 되는 약자로서는 전쟁에서 승리해도 큰 피해를 보기 때문에 사전에 전쟁을 예방하는 것이 중요하다. 따라서 상대가 함부로 넘보지 못하는 적정 수준의 대비태세를 갖추거나, 평상시에 도발하는 상대에게 예상보다 훨씬 큰 피해를 줄 수 있다는 메시지를 주어야 한다. 하지만 부득이하게 전쟁해야 한다면 반드시 이겨야 한다. 승리하지 못하더라도 패배해서는 안 된다. 전쟁에서 패배하는 것은 곧 국가 멸망과 직결되기 때문이다. 이것이 전쟁에서 승리해야 하는 당위성이다.

'始計'의 '計'는 크게 '계획'과 '계책', '계산'의 의미를 포함하고 있다. 혹자는 '계획'이나 '계책'으로 해석하는 것은 잘못이며, '계산'으로 해석해야 한다고 강변하기도 한다. 하지만 상대국과 자국의 전반적인 국력과 전력을 비교하여 승산을 파악하는 궁극적인 목적은 국가 차원에서 전쟁을 계획하는 데 있다. '始計' 편은 이러한 승산의 파악(계산)을 통해 국가 차원에서 전쟁을 기획하고, 군사전략·작전 차원에서 계획을 수립하는 것이다. 따라서 '계'의 의미는 '국가전략'이나, '군사전략', '군사작전', '군사계책' 등 이러한 본질적 의미를 담고 있으면 어떻게 해석하든지 무방하다.

孫子曰(손자왈), **兵者**(병자), **國之大事**(국지대사), **死生之地** (사생지지), **存亡之道**(존망지도), **不可不察也**(불가불찰야).

【직역】

손자(孫子)가 말하길(曰), 전쟁(兵)이란(者) 국가(國)의(之) 큰(大)일 (事)이요, 삶(生)과 죽음(死)의(之) 땅(地)이요, 국가의 존재(存)와 멸망 (亡)의(之) 길(道)이니 살피지(察) 아니(不)할 수(可) 없(不)다(也).

孫(손): 자손, 손무	子(자): 아들, 자식, 경칭(스승)
왈(왈): 말하다, 이에, 이르다	兵(병): 병사, 싸움, 전쟁, 무기, 군대
者(자) : 사람, ~라는 것(사람, 물건), ~하면	
國(국): 나라, 국가, 도읍	之(지): ~의, 가다, ~을, 이, 가
大(대): 크다, 높다, 훌륭하다	事(사): 일, 재능, 섬기다(사대하다)
死(사): 죽다, 죽이다, 목숨을 걸다	生(생): 살다, 낳다, 기르다, 백성
地(지): 땅, 밑바탕, 도리, 처지, 처한 상황	
存(존): 있다, 살아있다	亡(망): 망하다, 도망하다, 죽다
道[12](도): 길, 근원, 이치, 도리, 방법	不(불): 아니다, 못하다, 없다
可(가): 옳다, 가히, 넉넉히	察(찰): 살피다, 알다, 조사하다
也(야): ~이다, ~도다, ~구나	

【의역】

전쟁을 한다는 것은, 국가의 큰일로 생사를 가르는 일이요, 국가 존 망의 길이니 잘 살피지 않을 수 없다. 즉, 전쟁은 국민의 생명과 국가

---

12) 道는 일반적인 길 뿐만 아니라 도리, 이치, 사람을 이끄는 것을 포함하는 반면에 途 는 사람이 다니는 길을 뜻한다.

의 운명을 걸고 하는 큰일인 만큼 신중하게 준비하고 이길 수 있을 때
해야 한다.

【해설】

'생사(生死)'와 '존망(存亡)'의 뜻은 같다고 보면 된다. 생사는 생물체
의 삶과 죽음을 말하고, 존망은 조직체의 존속과 망함을 말한다.

....

故經之以五事(고경지이오사), **校之以七計**(교지이칠계), **而索
其情**(이색기정).

一曰道(일왈도), **二曰天**(이왈천), **三曰地**(삼왈지), **四曰將**(사왈
장), **五曰法**(오왈법).

【직역】

그러므로(故) 다섯(五) 가지 사항(事)으로(以) 그것(之)을 견주어(經)
보고 일곱(七) 가지 계책(計)으로(以) 그것(之)을 비교(校)하여(而) 그
(其) 정세(情)를 살펴야(索) 한다. 첫째(一)가 도(道)이고(曰), 둘째(二)
가 하늘(天)이고(曰), 셋째(三)가 땅(地)이고(曰), 넷째(四)가 장수(將)
이고(曰), 다섯째(五)가 법(法)이다(曰).

故(고): 그러므로, 그래서
經(경): 세로줄(날실), 견주다(비교하다), 헤아리다
以(이): ~로써, 이유(까닭), ~에 따라, ~로부터(=自, 從), ~하기 위하여
校(교): 학교, 좌우로 비교하다(=較)   而(이): 그리고, 그러나, ~이
索(색): 찾다, 가리다, 살피다, 동아줄(삭)

其(기): 그(지시대명사 · 형용사), 만약

情(정): 뜻, 본성, 실상   天(천): 하늘, 임금, 하느님, 천체, 기상

將(장): 장수, 장차, 문득   法(법): 법, 방법, 진리, 본받다

【의역】

전쟁은 국가의 운명이 걸린 대사인 만큼 자국과 적국의 상태를 국력과 전력의 비교 요소를 통해 면밀하게 분석하고 평가해야 한다. 이 중 다섯 가지 요건은 첫째는 국가단결력과 대의명분이고, 둘째는 기상 조건, 셋째는 지형 조건, 넷째는 장군의 자질과 능력, 다섯째는 군의 조직과 체계이다.

【해설】

'法(법)'은 일상적인 법이 아닌 군대 내에서의 통용되는 군법을 말한다. 여기에서 군법은 군의 조직과 체계 전반에 관한 것이라고 할 수 있다.

....

道者(도자), 令民與上同意也(영민여상동의야). 故可與之死(고가여지사), 可與之生(가여지생), 而不畏危也(이불외위야).

【직역】

도(道)라는 것(者)은 백성(民)으로 하여금(令) 군주(上)와 함께(與) 같은(同) 뜻(意)을 갖게 하는 것이다(也). 그래서(故) 군주(之)와 함께(與) 죽을(死) 수(可) 있고, 군주(之)와 함께(與) 살(生) 수(可) 있으며(而), 위험(危)을 두려워하지(畏) 않는(不) 것이다(也).

슈(령): 명령, 지시하다, ~하게 하다　　民(민): 백성, 사람, 민심

與(여): 함께, 더불어　　　　　　　　上(상): 위, 임금, 군주

同(동): 한가지, 함께, 같다　　　　　意(의): 뜻, 생각, 정취, 헤아리다

畏(외): 두려워하다, 경외하다, 꺼리다　危(위): 위험, 위태하다, 엄하다

【의역】

도[13]는 백성들이 임금과 뜻을 같이하는 것이다. 뜻을 같이한다는 것은 임금이 백성을 진정으로 사랑하고 백성의 삶을 위한 정치를 펼치며, 백성은 나라의 선정에 고마움을 느끼고 나라의 일에 기꺼이 함께하는 것이다. 그렇게 함으로써 더불어서 죽을 수 있고 더불어서 살 수 있으며, 그리고 위험에도 두려워하지 않는다. 이것은 정치의 지향점이 '위민(爲民)의 가치'를 지향해야 함을 방증한다. '위민(爲民)의 가치'를 지향하는 것이 우주와 자연의 근본을 따르는 것으로, 이것을 두고 소위 "도(道)를 따른다."라고 말할 수 있다. 역사적으로도 임금과 백성이 혼연일체가 되어있으면 소국이더라도 대국인 인접 국가가 감히 넘보지 못했다. 현대사회도 국가가 대통령을 중심으로 일치단결되어 있고 사회가 공명정대하면 국민은 기꺼이 국가를 위해 희생할 수 있다.

【해설】

오자병법의 제1편 도국(圖國)에서 '有道之主(유도지주) 將用其民(장용기민) 先和而後造大事(선화이후조대사)'라고 하여 "세상의 이치를 아는 군주는 장차 그 백성을 전쟁에 동원할 때는 먼저 화합하고 단결

---

13) 여기에서 도(道)에 대한 해석은 전쟁의 가부(可否)를 결정하는 명분이나 도의, 이치, 책략으로 본다.

한 이후에 전쟁이라는 큰일을 시작한다.”라고 하며 국가 대사인 전쟁 전에 국민적 단결을 강조하고 있다.

....

天者(천자), **陰陽**(음양), **寒暑**(한서), **時制也**(시제야). **地者**(지자), **遠近**(원근), **險易**(험이), **廣狹**(광협), **死生也**(사생야).

【직역】

하늘(天)이란(者) 밤(陰)과 낮(陽), 추위(寒)와 더위(暑), 시간(時)의 제약(制)이다(也). 땅(地)이란(者) 멀고(遠) 가까움(近), 험하고(險) 평탄함(易), 넓고(廣) 좁음(狹), 죽음(死)과 삶(生)이 있는 곳이다(也).

陰(음): 그늘, 음기, 그림자, 세월	陽(양): 햇볕, 양기, 한낮
寒(한): 차다, 떨다, 추위	暑(서): 더위, 덥다, 여름
時(시): 시간, 때, 철	制(제): 절제하다, 억제하다, 만들다, 법도
遠(원): 멀다, 깊다, 싫어하다	近(근): 가깝다, 비슷하다, 근처, 요즘
險(험): 험하다, 높다, 위태롭다, 위험	易(이): 쉽다, 편안하다, 평평하다, 바꾸다(역)
廣(광): 넓다, 넓히다, 크다, 많다	狹(협): 좁다, 조그마하다, 급하다

【의역】

전쟁이나 전투를 준비하기 위해서는 작전에 영향을 미치는 기상 측면에서, 멀리는 동계와 하계뿐만 아니라 가깝게는 주간과 야간전투를 고려해야 하고, 이 밖에도 바람, 강우, 강설, 기온, 가시거리 등을 고려해야 한다. 지형 측면에서는 항상 작전에 유리한 지형을 선택하여 이용하고, 불리한 지형은 회피하거나, 불가피한 경우에는 아군에게 유리 적군에게는 불리하게 인위적으로 상황을 만들어야 한다.

【해설】

지구의 자전과 공전을 통해 음양(陰陽)인 낮과 밤이 생기고, 한서(寒暑)인 계절과 시제(時制)인 각종 기상적인 제약이 만들어진다. 낮과 밤의 온도 차이로 대류 현상(바람)이 발생하고 큰 기온 차이(혹한, 혹서)로 인한 기상 조건은 군사작전에 다양한 영향을 미친다. 기상과 지형을 잘 활용하는 자가 승리하고 살아남는 것이다. 기상이 전투에 미친 대표적인 사례가 나폴레옹과 히틀러의 모스크바 침공이다. 두 전투 모두 혹한에 대한 사전 준비 미흡으로 전투에서 패했다. 지형이 전투에 미친 영향도 대부분의 전투에서 매우 크게 작용하였다. 오늘날 국경선의 대부분이 강이나 산맥을 중심으로 형성되어 있는 것만 보아도 알 수 있다.

....

將者(장자), **智信仁勇嚴也**(지신인용엄야). **法者**(법자), **曲制**(곡제), **官道**(관도), **主用也**(주용야).

【직역】

장수(將)란(者) 지혜(智), 믿음(信), 어짊(仁), 용기(勇), 엄함(嚴)을 갖추어야 한다. 법(法)이란(者) 곡제(曲制), 관도(官道), 주용(主用)이다(也).

智(지): 지혜, 슬기, 모략, 알다   信(신): 믿다, 맡기다, 확실하다, 정보
仁(인): 어질다, 인자하다, 사랑하다, 박애   勇(용): 용기, 날래다, 용사, 병사
嚴(엄): 엄하다, 엄격하다, 모질다, 계엄, 부친

曲制(곡제): 조직(인사, 편제)　　　　官道[14](관도): 부대관리, 보급 · 수송
主用(주용): 장비, 병기, 병참

【의역】

장수의 자질은 단순하게 지혜, 믿음, 인의, 용기, 엄함으로 생각해서는 안 된다. 전략과 전술 운용에 능한 지략, 상하로부터 형성된 신뢰, 부하를 사랑하는 마음과 자세, 도덕적 용기와 결단력, 냉철한 이성을 바탕으로 한 선공후사(先公後私)의 엄격함 등이 요구된다. 법이란 군대의 지휘체계와 인사 및 군수지원 분야의 전반을 말한다.

【해설】

오자병법의 제4편 논장(論將)에서는 '위(威), 덕(德), 인(仁), 용(勇)'을 강조하고 있다. 『손자병법』과 비교하면, 威(위) = 嚴(엄), 德(덕) = 信(신)과 같다고 할 수 있다. 그리고 오자가 '문(文)'과 '무(武)'를 겸비할 것을 요구하고 있으므로 손자병법의 '지(智)'를 포괄한다고 할 수 있다. 따라서 손자와 오자가 요구하는 장수의 자질은 같다고 볼 수 있다.

육도에서는 '용(勇), 지(智), 인(仁), 신(信), 충(忠)'을 장수의 자질로 들고 있다. 『손자병법』과 비교해 보면 엄(嚴) 대신에 충(忠)을 강조하고 있다.

곡제, 관도, 주용(主用)에 대한 다양한 해석이 존재한다. 통상 곡제(曲制)는 군의 편제나 지휘체계를 말하고, 관도(官道)는 도로를 관리하는 수송과 보급이라고 해석하는 경우와 명령과 규율로 지휘통솔이라고 해석하는 경우로 나뉜다. 여기에서 관도(官道)는 '관청에서 관리

---

14) 조조(曹操)는 官은 관리에 대한 직책 구분으로, 道는 양식의 보급로로 보았다.

하는 도로'라기 보다는 '부대를 관리하는 이치나 규정'이라고 해석하는
것이 타당하다고 본다. 주용(主用)은 '물자에 대한 치중(輜重)'이라는
해석과 '장비와 관련된 병기와 병참 분야'로 해석하는 경우로 나뉜다.
현대 군의 측면에서 보았을 때 위 세 분야 모두 법령과 관련된 분야로
군대 전반에 관한 지휘 · 통제 · 통신, 인사 및 군수지원 분야라고 볼
수 있다.

....

凡此五者(범차오자), **將莫不聞**(장막불문), **知之者勝**(지지자승),
不知者不勝(부지자불승).

【직역】
무릇(凡) 이(此) 다섯(五) 가지는(者) 장수(將)라면 듣지(聞) 않았을
(不) 리가 없어서(莫) 그것(之)을 아는(知) 자(者)는 승리(勝)하고, 모르
는(不知) 자(者)는 승리(勝)하지 못한다(不).

凡(범): 무릇(대체로), 전부, 대강	此(차): 이, 이것, 지금
者(자): 사람, 것, 장소, ~면(접속사=則)	莫(막): 없다, 말다, 아득하다
不(불): 아니다, 아니하다, 못하다, 없다	聞(문): 듣다, 들리다, 알다
知(지): 알다, 알리다, 지혜	勝(승): 이기다, 뛰어나다, 훌륭하다

【의역】
대체로 이 5가지(道, 天, 地, 將, 法)는 장군이라면 마땅히 모르는
이가 없어야 할 것이니, 아는 자는 승리하고 모르는 자는 승리할 수
없다. 즉, 군의 고급 지휘관은 승리하기 위해서는 도(道), 천(天), 지

(地), 장(將), 법(法)에 관한 특성과 활용에 대해서 사전에 명확하게 터득해야 한다.

【해설】

한자 '아니다'는 뜻을 가진 '不'의 음은 '불'과 '부'로 읽는다. 자음 'ㄷ, ㅈ' 앞에서만 '부'로 읽고, 나머지는 '불'로 읽는다. 다만, '不實'은 '부실'로 읽는다. 이는 발음을 매끄럽게 하기 위한 것이다.

'知之者勝(지지자승), 不知者不勝(부지자불승)'에서 '者'의 해석을 '~면(則)'으로 해석하여 '이것을 알면 승리하고, 알지 못하면 승리하지 못한다'라고 해도 무방하다. 하지만, 앞 문장에서 '장수(將)'를 언급하고 있기에 '사람'으로 해석이 타당하다.

맹자는 「공손추」 하편에 '天時不如地利(천시불여지리), 地利不如人和(지리불여인화)'라고 했다. 즉 하늘의 때는 땅의 이득만 못하고, 땅의 이득은 사람의 화합만 못 하다. 맹자는 승패의 기본적인 요건을 첫째 하늘의 때, 둘째 땅의 이득, 셋째 인화의 세 가지로 보았다. 전쟁에서 이기기 위해 아무리 기상과 방위, 시일의 길흉 같은 것을 견주어 보아도 지키는 쪽의 견고함을 능가하지 못한다. 그러나 아무리 요새가 지리적 여건이 충족된 땅의 이득을 가지고 있다고 하더라도 이것을 지키는 이들의 정신적 단결이 없으면 지키지 못한다. 즉 민심(民心)을 얻는 자가 전쟁에서 승리하고 천하를 얻는다는 것이다. 단순하게 지리가 천시보다 중요하고, 인화가 지리보다 중요하기보다는 이 세 가지 요소인 기상 조건과 지리적 요건, 지휘통솔에 대한 전반적인 고려와 활용 능력이 중요한 것이다.

故校之以七計(고교지이칠계), 而索其情(이색기정). 曰(왈), 主
孰有道(주숙유도), 將孰有能(장숙유능), 天地孰得(천지숙득), 法
令孰行(법령숙행), 兵衆孰强(병중숙강), 士卒孰鍊(사졸숙련), 賞
罰孰明(상벌숙명), 吾以此知勝負矣(오이차지승부의).

【직역】

그러므로(故) 일곱(七) 가지 계책(計)으로(以) 그것(之)을 비교(校)하
고(而) 그(其) 정세(情)를 살펴야(索) 한다. 말하길(曰), 군주(主)는 누
가(孰) 도(道)가 있는가(有)? 장수(將)는 누가(孰) 능력(能)이 있는가
(有)? 천시(天)와 지리(地)는 누가(孰) 얻었는가(得)? 법령(法令)은 누
가(孰) 행하는가(行)? 군대(兵衆)는 누가(孰) 강한가(强)? 병사(士卒)는
누가(孰) 단련되었는가(鍊)? 상벌(賞罰)은 누가(孰) 명확한가(明)? 나
는(吾) 이것(此)으로(以) 승부(勝負)를 알(知) 수 있다(矣).

索(색): 찾다, 탐구하다, 청구하다, 동아줄(삭)

情(정): 뜻, 정, 본성, 형편, 정세   主(주): 주인, 임금, 군주, 주관하다

孰(숙): 누구(who)   有(유): 있다, 존재하다, 가지다

能(능): 능력, 능하다, 할 수 있다   得(득): 얻다, 만족하다, 알다, 이득

行(행): 행하다, 다니다, 길, 항렬(항)   衆(중): 무리, 백성, 많다

强(강): 강하다, 굳세다, 성하다, 권하다   士卒(사졸): 일반 병사, 군사

鍊(련): 단련하다, 익히다   賞(상): 상, 상주다, 아름답다

罰(벌): 벌, 벌주다, 죄   明(명): 밝다, 똑똑하다, 낮

吾(오): 나, 그대, 우리   負(부): 지다, 떠맡다, 패하다

矣(의): ~었다, ~리라, ~이다, ~느냐?

【의역】

7가지 계책으로 피·아(彼我)의 우열을 비교하고, 그 정세를 살펴야 한다. 지도자는 누가 국민의 지지를 얻었는가, 장군은 누가 유능한가, 기상과 지형의 이점은 누가 얻었는가, 법령은 누가 엄격하게 집행하는가, 어느 군대가 더 강한가, 병사들은 누가 더 잘 훈련되었는가, 상벌은 누가 더 공정한가, 나는 이를 통해서 승패를 알 수 있다.

【해설】

'오사(五事)'와 '칠계(七計)'는 국력의 구성요소와, 이를 바탕으로 한 피·아의 우열을 판단하는 조건으로 볼 수 있다. 즉, 오사(五事)는 '道, 天, 地, 將, 法'으로 평상시 전쟁을 준비하고 실행할 수 있는 국력을 이루는 힘의 요소에 대해 정의하고 있고, 칠계(七計)는 이러한 힘의 요소에 대한 평가를 통해 피·아의 우열을 판단하고 있다. 칠계에서는 오사에 부대의 강약과 훈련 수준이 추가되었다.

전쟁은 훈련 수준이 크게 좌우한다고 볼 수 있다. 역사적으로 볼 때, 임진왜란 전에 일본은 전국시대 내전을 거쳐 충분히 훈련된 상태였고, 조선은 거의 무방비 상태였다. 당시 신립 장군이나 이일 장군은 전장에서 가장 기초적인 진지편성을 교육하려고 했다. 다만, 이순신 장군의 전라 수군만 제대로 훈련을 완료한 상태여서 연전연승할 수 있었다. 혹자는 임진왜란 패배의 원인이 기존의 '진관체제[15]'가 '제승방략

---

15) 조선 전기 지방 방위체계로 요충지마다 진관을 설치하여 진관을 중심으로 독자적인 방어를 하는 체계이다. 지방 수령이 군사지휘관의 역할을 겸하는 향토방위체계라 할 수 있다. 진관체제는 작은 규모의 전투에는 유리하지만 큰 규모의 전투에는 불리했다.

체제[16]'로 바뀐 데에 있었던 것처럼 주장하지만, 사실은 지형의 이점을 제대로 활용하지 못하고 훈련 수준을 고려하지 않은 것이 더 큰 원인이었다. 병자호란 때도 무기체계가 우수하지만, 훈련이 안 된 조선군이 훈련된 기병 위주의 청군에게 속수무책으로 패했다. 6·25 전쟁 때에도 북한군은 대부대 훈련까지 완성한 상태였고, 한국군은 대대급 훈련조차도 실시하지 못한 상태였기에 초기전투에서 연패할 수밖에 없었다.

....

將聽吾計用之必勝(장청오계용지필승), **留之**(유지). **將不聽吾計用之必敗**(장불청오계용지필패), **去之**(거지).

【직역】

장차(將) 나(吾)의 계책(計)을 듣고(聽) 그것(之)을 사용(用)하면 반드시(必) 승리(勝)하니 그곳(之)에 머물(留) 것이요, 장차(將) 나(吾)의 계책(計)을 듣고(聽) 그것(之)을 사용(用)하지 않으면(不) 반드시(必) 패(敗)할 것이니 그곳(之)을 떠날(去) 것이다.

將(장): 장차(미래), 장수(將帥)	聽(청): 듣다, 판결하다, 엿보다
計(계): 계산하다, 헤아리다, 꾀하다	用(용): 쓰다, 부리다, 베풀다, 비용
必(필): 반드시, 오로지, 만약	留(유): 머무르다, 남다, 억류하다
去(거): 가다, 떠나다, 버리다, 덜다, 죽이다	

---

16) 적이 침입하면 그 지역을 중심으로 주변 각 진의 군사들을 모은 다음 중앙에서 파견된 지휘관(경장)이 지휘하여 적과 싸우는 체계이다.

【의역】

장차 나의 계책을 듣고 사용하면 반드시 이길 것이니 나는 그 나라에 머물 것이나, 장차 나의 계책을 듣고 쓰지 않으면 반드시 패할 것이니 나는 그 나라를 떠날 것이다.

【해설】

여기에서 손자는 자신의 계책인 병법서를 임금이나 장수에게 설명하고, 자신의 계책이 채택되면 승리하기 때문에 그곳에 책사로 머물고, 채택되지 않으면 패하기 때문에 그곳을 떠난다는 것이다. 之를 대명사로 보아 '그곳'으로 해석한 경우가 많다. '쓰다'로 보아 앞에서 언급한 '남아서(留)', 또는 '떠나서(去)' 자신이 제시한 계략을 '사용하는 것(之)'으로 볼 수도 있다. '之'를 보충 음절을 나타내는 것으로 볼 수도 있다. 한 음절 동사인 '留(유)'와 '去(거)'의 뒤에서 두 음절로 리듬감을 주기 위해 음절을 보충하여 사용되었다[17]고 볼 수도 있다.

'將(장)'은 '장차(앞으로)', 내지는 '~한다면'의 가정을 나타내는 것으로 해석하는 것이 좋다. '將(장)'의 해석을 장수로 하여 "장수가 나의 계책을 듣고 사용하면 반드시 이길 것이니 내가 머물 것이나, 장수가 나의 계책을 듣지 않고 사용하면 반드시 패할 것이니 내가 떠날 것이다."라고 풀이하거나 '머무르고 떠나는 주체'를 장수로 해석하는 서적도 꽤 있다. 굳이 장수로 해석하고자 한다면, 나의 계책을 듣는 자를 장수로 한정할 필요는 없다. 군주(왕)도 될 수 있다. 그리고 전쟁에서 승리하면 머물고, 패하면 떠난다는 주체가 장수가 되는 것은 현실성이

---

17) 중국 漢語의 문장은 보통 홀수의 음절보다는 짝수의 음절을 통해 리듬감을 주는 것이 일반적이다. 이를 위해 '之'와 같은 글자를 의미 없이 사용하여 음절을 맞출 수 있다.

떨어진다. 전쟁을 지휘하는 장수는 승리나 패배에 대해서 책임을 지는 것이지, 머물거나 떠나는 것은 아니다. 따라서 여기에서 '將(장)'의 해석은 '장차(앞으로)', '~한다면'으로 해석하고, 떠나고 머묾의 주체를 손자(나)로 함이 타당하다.

'不聽吾計用之必敗(불청오계용지필패)'를 "나의 계책을 듣지 않고 나의 계책을 사용하면 반드시 패한다."라고 해석하면 앞뒤가 맞지 않는다. 여기에서는 "나의 계책을 듣고, 사용하지 않으면 반드시 패한다."라고 해석하는 게 타당하다. 즉 부정어인 '不'이 '用'을 수식하고 있다. 어떻게 나의 계책을 듣지 않았는데, 나의 계책을 사용할 수 있겠는가? 그리고 상식적으로 생각해 보면 간단하다. 손자가 자신의 계책(책략)을 군주에게 설명하여 그 계책이 채택되면 책사나 장수로서 머무는 것이고, 자신의 계책이 받아들이지 않는다면 당연히 떠날 수밖에 없다는 것이다.

'聽(청)'은 내가 주의를 기울여 듣는 것(listening)이고, '聞(문)'은 나의 의도와는 상관없이 들리는 것(hearing)을 말한다. '視(시)'는 내가 주의를 기울여 보는 것(watching)이고, '示(시)'는 나의 의도와 무관하게 보이는 것(seeing)을 말한다. 여기에서의 '聽'은 주의를 기울여 듣는 것(listening)을 넘어 '수용하고 따르는 것'의 의미를 포함한다.

···

計利以聽(계리이청), **乃爲之勢**(내위지세), **以佐其外**(이좌기외).
勢者(세자), **因利而制權也**(인리이제권야).

【직역】
계책(計)이 이(利)로우면 들음(聽)으로써(以) 곧(乃) 그것은(之) 세력

(勢)이 되고(爲) 그(其) 밖(外)의 것을 돕기(佐) 때문이다(以). 세(勢)라는 것은(者) 이익(利)으로 인해(因) 임기응변(權)을 만드는(制) 것이다(也).

利(리): 이익, 이롭다, 날카롭다	乃(내): 곧, 이에, 비로소, 그래서
爲(위): 하다, 되다, 다스리다, 있다	勢(세): 세력, 형세, 권세, 기세, 시기
佐(좌): 돕다, 권하다, 다스리다	外(외): 밖, 외부, 표면, 남, 앞
因(인): ~에 따라, ~에 의거하여	以(이): ~때문이다(=所以) ~해서(而)
制(제): 장악하다, 견지하다, 만들다	權(권): 권력, 임기응변, 저울추, 구별하다

【의역】

나의 계책이 이로우면 듣는데, 들으면 곧 세력이 되고, 그 외부에도 도움이 되기 때문에, 세력이라는 것은 이익을 통해 전장의 주도권을 장악하는 것(융통성을 확보하는 것)이다.

【해설】

『손자병법』은 세력을 만들고 세력을 다루는 것이 주를 이루는 병법서이다. 따라서 여기에서 손자의 계책이 이로우면 듣고 채택하기 때문에 세력을 만들 수 있고, 그러한 세력은 군주나 장수의 외적인 것도 돕기 때문에 세라는 것은 이로움으로 인해서 임기응변(융통성, 주도권)을 만든다고 본 것이다.

제권(制權)의 권(權)을 '형세(形勢)'로 해석하는 경우와 '권도(權道)'로 해석하는 경우가 있다. 형세란 일이 되어가는 형편이라는 뜻이고, 권도는 임기응변의 뜻이 있다. 전쟁을 이끌어가는 힘을 나타내는 세(勢)를 '이익을 기반으로 주도권과 융통성을 만들어가는 것'이라고 풀이하면 타당할 것 같다. 여기에서 힘은 전쟁에서 사용하는 조직의 힘을 말한다. 조직의 힘을 운용하는 지휘통솔의 요체는 이익을 기반으로 이루어진다. 이익이 있어야 주변인들이 모여들고, 이익을 주어 조직을 지휘할 수 있다. 적(敵)도 이익을 주어 아군이 원하는 대로 이끌어갈 수 있다.

....

兵者(병자), 詭道也(궤도야). 故能而示之不能(고능이시지불능), 用而示之不用(용이시지불용). 近而示之遠(근이시지원), 遠而示之近(원이시지근). 利而誘之(이이유지). 亂而取之(난이취지). 實而備之(실이비지). 強而避之(강이피지). 怒而撓之(노이요지). 卑而驕之(비이교지). 佚而勞之(일이노지). 親而離之(친이이지). 攻其無備(공기무비), 出其不意(출기불의). 此兵家之勝(차병가지승), 不可先傳也(불가선전야).

【직역】

전쟁(兵)이란(者) 속임수(詭道)이다(也). 그러므로(故) 능력(能)이 있으면(而) 능력(能)이 없는(不) 것(之)처럼 보이고(示), 사용(用)하려면(而) 사용(用)하지 않는(不) 것(之)처럼 보인다(示). 가까우(近)면(而) 멀리(遠) 있는 것(之)처럼 보이고(示), 멀리(遠) 있으면(而) 가까이(近) 있는 것(之)처럼 보인다(示). 적이 이익(利)을 탐하면(而) 적(之)을 유인(誘)하고, 적이 혼란(亂)스러우면(而) 적(之)을 취(取)하며, 적이 충실(實)하면(而) 적(之)에 대비(備)한다. 적이 강(強)하면(而) 적(之)을 피(避)한다. 적이 쉽게 분노(怒)하면(而) 적(之)을 흔들고(撓), 비굴(卑)하여(而) 적(之)을 교만(驕)하게 한다. 적이 편안(佚)하면(而) 적(之)을 피곤(勞)하게 하고, 적들이 친(親)하면(而) 그들(之)을 이간(離)시킨다. 적(其)의 대비(備)가 없는(無) 곳을 공격(攻)하고, 적(其)이 생각(意)하지 못한(不) 곳으로 진출(出)한다. 이것(此)이 병법가(兵家)의(之) 승리(勝)하는 법이니, 미리(先) 전(傳)해져서는 안(不可) 된다(也).

詭(궤): 속이다, 꾸짖다, 어그러지다　示(시): 보이다, 보다, 지시하다
誘(유): 꾀다, 유혹하다, 속이다　亂(란): 어지럽다, 다스리다, 음란하다, 난리
而(이): 그리고, 그러나, 같다, 너　取(취): 취하다, 가지다, 이기다, 다스리다
實(실): 열매, 본질, 진실로　備(비): 갖추다, 준비하다, 예방하다, 저축하다
避(피): 피하다, 회피하다, 물러나다, 감추다
怒(노): 성내다, 꾸짖다, 세차다　撓(요): 흔들다, 어지럽다, 뒤섞이다
卑(비): 낮다, 왜소하다, 천하다　驕(교): 교만하다, 오만하다, 기만하다
佚(일): 편하다, 숨다, 실수, 방탕하다(질)
勞(노): 힘쓰다, 고달프다, 공적　親(친): 친하다, 가깝다, 사랑하다, 부모
離(이): 떠나다, 떨어지다, 떼어놓다, 버리다
攻(공): 치다, 공격하다, 견고하다　無(무): 없다, 아니다, 말다
出(출): 나가다, 낳다, 추방하다　家(가): 집, 집안, 전문가
先(선): 먼저, 이전, 앞, 높이다
傳(전): 전하다, 퍼지다, 알리다, 규정하다, 표현하다

【의역】

전쟁(용병)이란 속이는 것이다. 그러므로 능력이 있어도 없는 듯하고, 용병하면서도 용병하지 않는 듯하며, 가까이 있어도 멀리 있는 것처럼 보이고, 멀리 있어도 가까이 있는 것처럼 해야 한다. 이익을 주어 유혹하고, 혼란스러우면 적을 취하고, 상대의 태세가 충실하면 방비하고, 강하면 피하고, 적이 쉽게 분노하면 흔들어 놓고, 나를 낮추어 얕보여 적을 교만하게 만들고, 편안하거나 쉬려고 하면 자주 건들어서

피곤하게 하고, 적들이 친하면 갈라놓는다. 방비하지 않은 곳을 공격하고, 생각하지 못하는 곳에 나아간다. 이는 병법에서 승리하는 것이니 미리 알려져서는 안 된다.

【해설】

전쟁의 본질은 상대를 이겨 국가의 이익을 얻는 것이다. 따라서 속임수가 주를 이룬다. 전쟁에서는 적을 모든 수단과 방법을 동원하여 속이되, 나는 속임을 당하지 않도록 하여 작전을 어떻게 아군에게 유리하게 조성할 것인가에 몰입해야 한다. 전쟁에 있어서 '도덕', '윤리', '사랑', '평화' 등이 우선할 수 없다. 이는 평상시 세계 평화를 위한 구호일 뿐이고, 전쟁에서는 국가의 생존이 우선할 뿐이다. 이상의 내용은 전쟁이 독재자나 선동가의 개인적 이익이나 야망의 전유물로서 발생하지 않았다는 것을 전제한다.

'怒而撓之(노이요지)'의 해석을 대부분 책에서 '적을 노하게 하여 흔들어 놓는다', '적이 분노하면 흔들어 놓는다'라고 해석하는데, 분노한 적이 차분하게 이성적 대응하지 못하도록 만든다는 뜻이다. 따라서 '적이 분노하면 적을 흔들어서 감정적인 대응을 하게 하는 것'으로 해석할 수 있다.

『삼십육계(三十六計)』의 모든 계책은 '兵者 詭道也(전쟁은 속임수다)'에 본질을 둔 『손자병법』의 이 12가지 계책을 세분화하여 표현한 것이라 볼 수 있다. 예를 들어 제1계인 '瞞天過海(만천과해)'는 '하늘을 속이고 바다를 건넌다'라는 의미로 나는 주도면밀하게 준비하되 상대가 방심하기를 기다려 상대를 속이는 것이고, 제4계인 '以佚待勞(이일대로)'는 '나는 쉬면서 힘을 비축했다가 피로에 지친 적을 맞아 싸운다'라는 의미다. 제6계인 '聲東擊西(성동격서)'는 '동쪽에서 소리치고 서쪽을 공격한다'라는 의미로 적의 대비가 되어있지 않은 곳을 공격한다는 기만전술이다. 제36계인 '走爲上(주위상)'은 '상대가 강하면 도망치는 것도 뛰어난 전략이다'라는 의미로 상대가 강하면 피하라는 것과 같다.

'兵者詭道'와 반대되는 고사가 '宋襄之仁(송양지인)'이다. 중국 춘추시대에 송나라 양공이 패자(霸者) 자리를 놓고 초나라와 전투할 때 홍수라는 강을 사이에 두고 두 나라가 대치하였다. 송나라가 먼저 진을 치고 기다릴 무렵 초나라 군사가 강을 건너기 시작하자 공자(公子) 목이가 즉시 공격할 것을 주장하였다. 양공은 "상대가 미처 준비하기 전에 기습하는 것은 인(仁)의 군대가 할 일이 아니다."라며 반대했다. 이어 초나라 군대가 강을 건너 진을 치기 시작하자 다시 공자 목이가 공격을 주장했지만, 이때도 양공은 같은 이유로 공격 명령을 내리지 않았다. 이윽고 초나라 군대가 전열을 갖추자 그때야 공격 명령을 하달했고, 병력이 약한 송나라는 대패하고 말았다. 양공 또한 부상을 한 후병세가 악화하여 목숨을 잃고 말았다. 사람들은 이때부터 자신의 처지도 모르면서 쓸데없이 베푸는 어짊을 가리켜 '宋襄之仁(송양지인)'이라고 부르며 비웃게 되었다.

일부 지식인이라 칭하는 사람들이 '兵者詭道也(병자궤도야)'의 문구의 피상적인 의미만을 보고 전쟁에서의 속임수(기만)를 정도(正道)를 벗어난 것으로, 또 야비하거나 부도덕한 것으로 폄하하는 경향이 있다. 이는 전쟁을 스포츠 게임으로 착각하는 잘못된 인식의 수준이다. 물론 전쟁도 국제법규인 전시국제법이나 국제인도법 등을 준수해야 한다. 하지만 그것과는 다른 차원의 문제다. 전쟁에 관한 국제법은 전쟁수행을 위한 자산과 자원을 운용하는 데 있어 적국을 속이는 궤도(詭道)를 논하는 것과 거리가 멀다. 전쟁은 국민의 생명과 국가의 존망이 걸린 중차대한 문제로 살아남기 위해서는 나의 피해를 최소화하고 상대를 이겨야 하기에 상대를 속이는 가용한 모든 수단과 방법이 통용된다. 세계 각국은 자국의 이익을 위해 상호 협력하고, 필요시에는 무력을 수단으로 사용한다. 우리 군대의 존재 목적은 우리나라를 외침으로부터 수호하기 위한 것이다. 우리 국군은 헌법(자유민주주의 체제), 국민의 생명과 재산, 삶의 터전인 영토를 수호한다. 군대가 그 존재 목적을 상실하여 군대답지 못하고, 개인이나 일부 이익집단의 수단이 되어 버리면 스스로 무너질 수밖에 없다. 이는 우리 역사뿐만 아니라 세계 역사가 증명하고 있다.

....

夫未戰而廟算勝者(부미전이묘산승자), **得算多也**(득산다야). **未戰而廟算不勝者**(미전이묘산불승자), **得算少也**(득산소야). **多算勝**(다산승), **少算不勝**(소산불승), **而況於無算乎**(이황어무산호). **吾以此觀之**(오이차관지), **勝負見矣**(승부견의).

【직역】

대체로(夫) 전쟁(戰) 이전(未)에(而) 조정회의(廟算)에서 승리(勝)한다면(者) 승산(算)을 얻음(得)이 많다(多)는 것이다(也). 전쟁(戰) 이전(未)에(而) 조정회의(廟算)에서 이기지(勝) 못한(不)다면(者) 승산(算)을 얻음(得)이 적다(少)는 것이다(也). 승산(算)이 많으면(多) 이기고(勝), 승산(算)이 적으면(少) 이기지(勝) 못하(不)거늘(而) 하물며(況) 승산(算)이 없음(無)에야(於) 어찌하겠는가(乎)? 나(吾)는 이것(此)으로써(以) 그것(之)을 살펴(觀)보면 승부(勝負)가 보이는(見) 것이다(矣).

夫(부): 지아비, 사나이, 대저(대체로)　未(미): 아니다, 못하다, 미래

廟(묘): 조정, 정전, 사당, 절　　　算(산): 셈하다, 계산, 계획하다, 수(數)

廟算(묘산): 조정에서 작전계획을 세우면서 하는 워게임

況(황): 하물며, 더구나, 더욱　　況(황)~乎(호): 하물며~어찌하겠는가?

觀(관): 보다, 나타내다, 생각　　見(견): 보다, 보이다, 당하다, 나타내다(현)

【의역】

대체로 전쟁 전에 워게임을 해봐서 승리했다면 승산이 많다는 것이다. 전쟁 전에 워게임을 해봐서 이기지 못했다면 승산이 적다는 것이다. 이길 확률이 많은 자가 이기고, 이길 확률이 적은 자는 이길 수 없는데, 하물며 이길 확률이 없는데 무얼 바라겠는가? 나는 승리 확률을 보는 것으로 승패를 알 수 있다. 즉, 전쟁은 국가의 존망과 직결되기 때문에 사전에 워게임을 통해 면밀하게 승부를 살펴야 하고, 승률이 높아 이길 수 있을 때 전쟁하라고 강조하고 있다.

【해설】

윗글에 대해서 많은 서적에서 '者(자)'의 해석을 '사람'으로 하고 있다. 문맥의 상황에 전혀 맞지 않는다. 한자는 표의문자(表意文字)이면서 한 글자에 여러 뜻이 있고 품사가 다양하다. 특히, 병법서는 군에 대한 전문지식과 한문에 대한 폭넓은 지식을 갖춰야 정확한 해석이 가능하고 응용할 수 있다고 본다. 윗글에서 '者'의 여러 의미를 다양하게 대입해 볼 수 있으나 '~한다면'으로 이해하면 가장 자연스러워 보인다. '~한 이유는'으로 해석했을 때도 뒤에 따라오는 문장을 '승산이 많기 때문이다'로 이해하면 자연스럽다.

시계(始計) 후술

　전쟁의 속성을 가장 잘 표현하고 있는 편(篇)이라 할 수 있다. 국가의 존망과 국민의 생사가 걸린 전쟁은 치밀한 계산을 통해 승산이 있을 때 시작하라고 강조하고 있다. 이는 준비가 안 된 상태에서의 개전은 패배를 불러오고, 국가가 무너지는 비극을 초래한다는 의미다.

　그리고 전쟁은 상대를 속여야 승리할 수 있는 비윤리와 비도덕이 판치는 세상임을 똑바로 인지하라고 강조하고 있다. 전쟁은 속임수라는 의미의 '兵者詭道也(병자궤도야)'라는 명구가 대표적이다. 전쟁에서 이기기 위해서는 상대를 속이되, 나는 상대에게 속아서는 안 된다는 논리를 펴고 있다. 전쟁에서 상대를 속이는 것의 궁극적인 목적이 전략이고 전술이다. 전쟁에서 상대를 속이기 위해서는 수단과 방법을 가리지 않으며, 상대를 완벽하게 속이는 것이 전쟁 승리의 요건 중 하나이다.

　전쟁은 평화를 추구한다고 해서 미리 예방되는 것이 아니며, 평화를 돈으로 살 수도 없다. 평화는 힘이 뒷받침되었을 때 누릴 수 있는 행복이지, 힘이 없는 상태에서 평화를 아무리 사랑한다고 외쳐봐야 공허한 메아리일 뿐이다. 깡패가 주먹으로 협박할 때 돈을 주거나 모욕을 참으며 협상(타협)하는 평화는 진정한 평화가 아니다. 억압의 굴레를 벗어날 수 없기 때문이다. 내가 강하다는 것을 깡패에게 인식시켜 그 억압의 굴레를 벗어날 때 비로소 진정한 평화가 찾아오고 유지될 수 있다.

자신의 경제력과 군사력을 과신한 나머지 상대를 우습게 보는 행위는 전쟁에서 패배하는 지름길이다. 군사 지도자는 상대의 강점과 약점을 완벽하게 파악하려고 노력하고, 상대의 능력을 객관적으로 바라보는 자세가 필요하다. 아무리 약소국이라 할지라도 상하가 일치단결되어 있으면 쉽게 무너지지 않는다. 실제로 프랑스와 미국이 베트남과의 전쟁에서 압도적인 전력을 가지고도 궁극적으로는 승리할 수 없었던 사례가 대표적이다.

제2편 작전(作戰)

작전 편은 국가적인 입장에서 전략을 말하고 있다. 전쟁은 막대한 비용이 드는 경제력이 좌우하므로 오래 끌어서는 안 되고 속전속결을 해야 한다고 강조하고 있다. 그리고 군수품은 비용 절감을 위해 가능한 한 현지에서 조달하는 것이 효과적이라고 설명하고 있다.

여기에서 '작전(作戰)'이란 '전쟁을 하다'라는 의미로, '전쟁을 일으킨다(시작한다)'라는 의미를 내포하고 있다. 손자가 생존했을 당시 상황은 전쟁을 시작하기 위해 국가적인 인원동원과 전쟁 물자인 물자동원이 필수적이었다. 상비군은 소수였고, 주력군이 농민으로 구성되었기 때문이다. 동원에 따른 막대한 인적 · 물적 손실과 국가 경제에 미치는 영향을 고려하여 최대한 속전속결을 추구해야 했다. 지구전에 의한 전쟁에서는 승리해도 피해가 막대하기에 국가 경제가 무너지고 국민이 도탄에 빠져 주변국에 의해 침략을 유발할 수 있었다. 이러한 상황은 현대에도 다를 바 없다.

원거리 수송하는 막대한 군수품의 비용을 절감하기 위해서 현지에서 조달하는 것은 현대전에는 상황에 맞지 않는다고 할 수 있지만, 철저한 보상을 전제로 한 징발 등의 방법도 고려해 볼 수 있다. 예를 들어 전투원인 병력동원은 제한되지만, 단순 노무를 담당하는 근로자는 계약을 통해 활용할 수 있다. 그리고 무기체계는 제한되지만, 식량이나 의류, 건축자재 등 일반물자는 징발할 수도 있다.

전쟁을 계획하고 일으킨 당사국이 아닌 상대국의 입장이라면, 역으로 속전속결이 아닌 지구전을 통해 승리를 추구하는 방법도 고려할 수 있다. 우리나라의 고대 국가에서 시행한 '청야입보(淸野入堡)[18]' 전술이 그 예이다. 그래서 전쟁은 승리할 수 없다면 패배하지는 않아야 한다. 침략당한 전력이 약한 국가는 무조건 버티는 지구전을 하든지, 유격전을 하든지 간에 전쟁에서 살아남아야 후일을 도모할 수 있다.

현대전에서는 어떻게 전쟁을 준비해야 승리할 수 있는가? 충분한 상비전력과 적보다 우수한 무기체계를 갖추고, 총력전이 가능하도록 평시부터 동원체계가 유지되어야 한다. 물론 평상시 실전적인 훈련이 무엇보다 중요하다. 국가 예산 때문에 충분한 상비전력을 유지하는 것은 어렵다고 볼 수 있다. 적보다 우수한 무기체계를 갖추는 것도 제한된다고 할 수 있다. 따라서 적국(가상적국 포함)에 상응하는 정도나, 최소한 적과 전쟁했을 때 적에게 치명적인 피해를 줄 수 있는 정도의 전력 수준을 갖추어야 한다.

---

18) 청야입보(淸野入堡) : 들을 깨끗이 비우고 성에 들어가 싸운다는 전법
    * 淸 : 청소하다. 깨끗이 비우다.

孫子曰(손자왈), 凡用兵之法(범용병지법), 馳車千駟(치차천사), 革車千乘(혁차천승), 帶甲十萬(대갑십만), 千里饋糧(천리궤량), 則內外之費(즉내외지비), 賓客之用(빈객지용), 膠漆之材(교칠지재), 車甲之奉(차갑지봉), 日費千金(일비천금), 然後十萬之師擧矣(연후십만지사거의).

【직역】

손자(孫子)가 말하길(曰), 무릇(凡) 용병(用兵)의(之) 법(法)은 전투용 수레(馳車) 천(千) 대(駟), 보급수송용 수레(革車) 천(千) 대(乘), 무장병(帶甲) 10만(十萬), 천(千) 리(里)의 군량(饋糧)을 보내려면(則) 국내외(內外)의(之) 비용(費), 외교관(賓客)의(之) 비용(用), 군수(膠漆)용(之) 물자(材), 차량(車)과 병기(甲)의(之) 조달(奉) 등 하루(日) 비용(費)이 천금(千金)이 든(然) 후(後)에 십만(十萬)의(之) 군사(師)를 일으킨(擧)다(矣).

馳(치): 달리다, 질주하다	車[19](차): 수레(거)
駟(사): 네 마리 말이 끄는 수레	革(혁): 가죽, 갑옷, 고치다
乘(승): 타다, 오르다, 수레, 기수사(수량을 세는 단위)	
帶(대): 띠, 장식하다, 두르다	甲(갑): 갑옷, 껍질
帶甲(대갑): 무장한 군사	饋(궤): 먹이다, 구하다, 식사
糧(량): 양식, 먹이	饋糧(궤량): 군량(軍糧)
則(즉): 곧, ~이라면, ~하면, 법칙(칙)	費(비): 쓰다, 소비하다, 비용, 재화

---

19) 車 : '차', '거' 두 음을 사용. '차'는 인간 외의 힘으로 움직이는 수레(자동차, 마차 등). '거'는 인간의 힘으로 움직이는 수레(자전거, 인력거 등)에 통상 사용한다.

賓(빈): 손님, 대접하다　　　　客(객): 손님, 나그네, 식객
膠(교): 아교, 달라붙다, 붙다　　漆(칠): 옻, 옻칠하다
材(재): 재목, 재료, 원료　　　　奉(봉): 공급, 보충
然(연): 그러하다, 그런데, 그러면　後(후): 뒤, 늦다, 뒤지다
師(사): 스승, 군사, 벼슬　　　　擧(거): 들다, 일으키다, 움직이다

【의역】

대체로 용병의 법에는 전투용 전차 천 대에, 보급추진용 차량 천
대, 무장 병력 10만, 원거리 군량 수송, 국내외의 전쟁 비용 외에 외교
비용, 추가 정비 소요, 전투 장비와 군수품 관리에 매일 막대한 비용
이 들어야 비로소 군대 10만을 일으킬 수 있다. 이렇듯 전쟁은 수많은
병력, 장비, 물자 등이 필요하고, 이에 따른 천문학적인 비용이 수반
된다. 이 점을 바로 알고 인원, 장비, 물자, 예산 등이 준비되었을 때
전쟁이 가능하다는 것을 강조하고 있다.

【해설】

馳車(치차)란 전투용 수레인 전차를 말하며, 革車(혁차)란 보급물자
수송용 수레인 치중차(輜重車)를 말한다.

賓客(빈객)이란 귀한 손님이란 뜻으로 여기에서는 각국의 외교관을
의미한다.

膠漆(교칠)이란 군수 장비 및 물자를 정비하기 위한 재료(아교, 칠)
를 말한다.

....

其用戰也貴勝(기용전야귀승)，**久則鈍兵挫銳**(구즉둔병좌예)，
攻城則力屈(공성즉력굴)，**久暴師則國用不足**(구폭사즉국용부족)．
夫鈍兵挫銳(부둔병좌예)，**屈力殫貨**(굴력탄화)，**則諸侯乘其弊
而起**(즉제후승기폐이기)，**雖有智者**(수유지자)，**不能善其後矣**(불능
선기후의)．

【직역】

그러한(其) 전쟁(戰)을 하는(用) 것은(也) 승리(勝)가 귀(貴)하다. 전쟁이 오래(久)되면(則) 군대(兵)가 둔(鈍)해지고 날카로움(銳)이 꺾인다(挫). 성(城)을 공격(攻)하면(則) 힘(力)이 떨어지고(屈), 오랫동안(久) 군대(師)를 혹사(暴)하면(則) 국가(國)의 재정(用)이 부족(不足)해진다. 대체로(夫) 군대(兵)가 둔(鈍)해지고 예기(銳)가 꺾이고(挫) 힘(力)이 떨어지고(屈) 재화(貨)가 고갈(殫)되면(則) 제후(諸侯)들이 그(其) 폐단(弊)을 타고(乘)서(而) 일어난다(起). 비록(雖) 지혜로운(智) 자(者)가 있어도(有) 그(其) 뒷수습(後)을 잘(善)할 수 없다(不能).

鈍(둔): 둔하다, 무디다   挫(좌): 꺾다, 꺾이다, 묶다
銳(예): 날카롭다, 날래다, 빠르다   屈(굴): 굽히다, 구부러지다, 쇠퇴하다
暴(폭): 사납다, 난폭하다, 혹사하다   足(족): 발, 넉넉하다, 만족하다
殫(탄): 다하다, 바닥나다, 쓰러지다   貨(화): 재물, 돈
諸(제): 여러, 모두   侯(후): 제후, 임금, 후작
乘(승): 타다, 오르다, 이기다   弊(폐): 폐단, 부정행위, 폐해
起(기): 일어나다, 비롯하다, 일으키다, 오르다
雖(수): 비록, 아무리~하여도

전쟁에서 승리는 아주 힘들고 귀하기 때문에, 전쟁이 지구전으로 가면 안 된다는 것을 강조하고 있다. 전쟁을 오래 끌면 병사들은 사기가 저하되어 둔해지고, 군대는 전투력이 소모되어 약화하여, 국가재정은 고갈되어 또 다른 인접 국가의 침입을 불러온다는 것이다. 이렇게 국가 전력이 거의 소진된다면, 이후에 아무리 현명하고 유능한 위정자가 나타난다 해도 수습할 수 없다는 것이다.

【해설】

'鈍兵挫銳(둔병좌예)'에서 '鈍(둔)'과 '銳(예)'는 상반된 개념이다. '鈍兵(둔병)'이란 군대로서 날카롭고 예리함이 무뎌진 상태를 말하고, '銳兵(예병)'이란 군대가 날래고 용맹하다는 뜻이다. 즉, 군대가 처음에 출동할 때나 전투할 때는 사기가 왕성하고, 단결력이 굳건하지만, 전투를 오래도록 지속하면 지치고 사기가 떨어지기 쉽다.

⋯⋯⋯⋯⋯⋯⋯⋯⋯⋯⋯⋯⋯⋯⋯⋯⋯⋯⋯⋯⋯⋯⋯⋯⋯⋯⋯⋯⋯⋯⋯

故兵聞拙速(고병문졸속), **未睹巧之久也**(미도교지구야). **夫兵久而國利者**(부병구이국리자), **未之有也**(미지유야). **故不盡知用兵之害者**(고부진지용병지해자), **則不能盡知用兵之利也**(즉불능진지용병지리야).

【직역】

그러므로(故) 전쟁(兵)에서 서툴더라도(拙) 빠르게(速) 하라는 것은 들었(聞)어도 교묘함(巧)이(之) 오래 끈다(久)는 것은 아직(未) 보지(睹) 못했다(也). 대체로(夫) 전쟁(兵)이 길어(久)져서(而) 국가(國)에 이익(利)인 것은(者) 그것이(之) 있었던(有) 적이 없(未)다(也). 그러므로(故) 용병(用兵)의(之) 해로움(害)을 다(盡) 알지(知) 못하는(不) 자(者)는 곧(則) 용병(用兵)의(之) 이로움(利)을 다(盡) 알(知) 수(能) 없(不)다(也).

拙(졸): 서투르다, 어설프다, 어리숙하다   睹(도): 보다(=覩)
巧(교): 정교하다, 교묘하다, 영리하다, 능숙하다
盡(진): 다하다, 완수하다, 전부(모두)   害(해): 해하다, 해롭다, 해로움, 손해

【의역】

전쟁에 있어서 적이 허점이 보이면 어설프더라도 신속하게 하라는 말은 들었어도 정교함을 추구하느라 오래 끄는 것은 본 적이 없다. 대체로 군대를 오래 동원해서 하는 전쟁이 국가에 이득이 되었던 적은 아직 없었다. 이렇듯 용병의 이치는 장기전의 폐해가 크기 때문에 속전속결로 승리해야지, 장기전을 해서는 안 된다. 역으로 침략받은 국가는 상대를 장기전으로 이끌어서 적의 전력을 소진하게 하는 방법도 필요하다.

【해설】

'未睹巧之久也(미도교지구야)'를 '정교함을 추구하느라(하면서) 오래 끄는 것을 아직 본 적이 없다'라고 해석하여, '之(지)'를 '而(이)'의 의미로 보는 것이 타당하다. 한편 '未之有也(미지유야)'에서의 '之(지)'는 특별한 의미 없이 음절을 추가하여 리듬을 맞추기 위해 사용된 것으로 볼 수 있다.

善用兵者(선용병자), **役不再籍**(역부재적), **糧不三載**(양불삼재), **取用於國**(취용어국), **因糧於敵**(인량어적), **故軍食可足也**(고군식 가족야).

【직역】

용병(用兵)을 잘하는(善) 자(者)는 병역(役)을 두 번(再) 징집(籍)하지 않고(不), 군량(糧)은 세 번(三) 싣지(載) 않는다(不). 자국(國)에서(於) 쓸 물자(用)를 취하고(取), 적국(敵)에서(於) 식량(糧)을 취함(因)으로써(故) 군대(軍)에 양식(食)이 충분(可足)하다(也).

籍(적): 등록하다, 기록하다 　　載(재): 싣다, 얹다, 행하다, 가득하다, 화물
用(용): 도구, 무기, 장비 　　　因(인): 취하다, 의존하다, 점유하다
糧(양): 양식과 가축의 먹이

【의역】

용병을 잘하는 뛰어난 장수는 병력을 두 번 동원하지 않고, 식량을 세 번 수송하지 않는다. 적국에서 얻을 수 없는 장비나 물품은 자국에서 동원하지만, 적국에서 취할 수 있는 부족한 식량은 적국에서 취하기 때문에 군량이 부족하지 않고 충분하다.

【해설】

고대사회에서는 원거리 수송이 제한되었기 때문에 현지조달을 강조했다. 현대전에는 동원제도가 발달하여 있어서 적지에서 징발하기보다는 인력과 물자를 자국에서 수송하거나 동맹국의 지원을 받는 실

정이다. 우리나라 군의 동원제도는 크게 인원동원과 물자동원으로 나누어지고, 인원동원은 병력동원, 기술인력동원[20], 전시근로소집[21]으로 구분되며, 물자동원은 수송동원, 건설동원, 산업동원, 정보통신동원으로 구분된다.

혹자는 우리나라 동원제도 발전을 위해 전시 대기법의 실효성에 의문을 제기하며, 평시 동원기본법을 제정해야 한다고 주장하고 있다. 이는 동원에 관한 법률을 제대로 이해하지 못하고 하는 주장이라고 볼 수 있다. 동원에 관한 전시 대기법은 '전시 동원자원에 관한 법률(안)'이 있다. 해당 법률안을 유효화하여 동원령을 선포하여야 동원을 할 수 있는 체계이다. 법률안을 유효화하기 위해서는 국회 재적의원 과반수 출석과 출석의원 과반수의 찬성을 얻어야 한다. 만약 국회를 집회할 수 없을 때는 대통령 긴급명령을 통해 유효화가 가능하고 동원령을 선포할 수 있다. 적이 전쟁을 일으키려 한다면 예고 없이 기습을 달성하려고 하겠지만 우리나라는 정보활동을 통해 평상시에 전쟁 발발을 예측하여 대비태세를 갖출 수 있다. 또한 주력군이 상비군으로 전환되는 동원령이 긴급하게 선포되지 못한다고 하더라도 전쟁을 수행하는 데에 엄청난 차질이 빚는 것도 아니다. 현실은 법률이 문제가 아니라 실질적이고 적시적인 동원이 되도록 동원체계를 정비하고 보완하는 것이 시급하다. 대체로 우리나라는 동원의 전문가가 거의 없다고 본다. 소위 동원의 전문가라고 하는 사람들은 대부분 동원에 관한 피상적인 지식을 보유하였거나 예비군훈련에 관한 일반적인 지식을 보

---

20) 대상은 군에 필요한 주요 특기자로 「국가기술자격법」에 따른 기술면허나 자격을 취득한 사람 또는 과학기술자를 말한다.
21) 대상은 평시 전시근로역으로 분류된 자로 전시에 산악지역에 탄약이나 식량 등을 운반하는 임무를 수행한다.

유하고 있는 정도이다. 앞으로 동원의 실효성을 높이기 위해 후배들이
더 연구하고 공부해야 한다.

··

國之貧於師者遠輸(국지빈어사자원수), **遠輸則百姓貧**(원수즉백
성빈), **近於師者貴賣**(근어사자귀매), **貴賣則百姓財竭**(귀매즉백성재
갈), **財竭則急於丘役**(재갈즉급어구역), **力屈財殫**(역굴재탄), **中原
內虛於家**(중원내허어가), **百姓之費**(백성지비), **十去其七**(십거기칠).
公家之費(공가지비), **破車罷馬**(파차피마), **甲冑矢弩**(갑주시노), **戟
盾蔽櫓**(극순폐노), **丘牛大車**(구우대차), **十去其六**(십거기육).

【직역】

국가(國)가(之) 군대(師)에 의해(於) 빈곤(貧)한 것은(者) 원거리(遠)
수송(輸)을 하기 때문이다. 원거리(遠) 수송(輸)을 하면(則) 백성(百姓)
이 가난(貧)해진다. 군대(師)에서(於) 가까운(近) 곳(者)에서는 비싸
게(貴) 판다(賣). 비싸(貴)게 팔(賣)면(則) 백성(百姓)의 재산(財)이 고
갈(竭)된다. 재산(財)이 고갈(竭)되면(則) 부역(丘役)에서(於) 급(急)
해진다. 전력(力)이 꺾이고(屈) 재정(財)이 고갈(殫)되어 중원(中原)
안(內)의 집(家)에는(於) 비게(虛) 되어 백성(百姓)의(之) 재산(費)은
10(十)에 그(其) 7(七)이 없어진다(去). 국가(公家)의(之) 재정(費)도 파
괴(破)된 전차(車), 피로해진(罷) 말(馬), 갑옷(甲)과 투구(冑), 화살(矢)
과 활(弩), 창(戟)과 방패(盾), 대형방패(蔽櫓), 큰(丘) 소(牛)와 큰(大)
수레(車) 등으로 10(十)에 그(其) 6(六)이 없어진다(去).

貧(빈): 가난하다, 모자라다, 부족하다, 빈곤

於(어): ~에, ~에서, ~보다 者(자): 사람, ~라는 것, 장소, ~하다면

遠(원): 멀다, 심오하다, 많다 輸(수): 나르다, 보내다, 짐

近(근): 가깝다, 비슷하다, 근처, 요사이(요즘)

貴(귀): 귀하다, 비싸다 賣(매): 팔다(↔買), 자랑하다, 발휘하다

竭(갈): 다하다, 없어지다, 모두 急(급): 급하다, 빠르다, 갑자기

丘(구): 언덕, 크다, 부역, 행정단위[22] 殫(탄): 다하다, 다 써버리다

中原(중원): 중앙, 나라의 중심부 虛(허): 비다, 없다, 헛되다

去(거): 가다, 버리다, 덜다, 죽이다 公(공): 공평하다, 공적인 것, 제후, 관청

破(파): 깨뜨리다, 파괴하다, 망치다 罷(피): 고달프다(=疲), 마치다(파)

胄(주): 투구(쇠로 만든 모자) 矢(시): 화살, 정직하다, 시행하다

弩(노): 쇠뇌(큰 활) 戟(극): 창(세 갈래로 갈라진 창)

盾(순): 방패, 피하다, 숨다 蔽(폐): 덮다, 가리다

櫓(로): 큰 방패, 망루 蔽櫓(폐로): 큰 방패

【의역】

군대로 인해 국가재정이 고갈되는 것은 군대를 원거리 수송을 하기 때문이니, 원거리 수송하면 국민도 가난해진다. 군대 인근에서는 비싸게 매물을 파니, 비싸게 매물을 팔면 국민의 재산이 고갈되고, 재산이 고갈되면 동원과 징발이 급해진다. 군대의 전력은 꺾이고 국가재정은 파탄이 나고, 나라의 집들은 텅 비게 된다. 국민이 가진 재산의 10의 7은 사라지고, 국가의 재정 중에서 파괴된 전차 등 전투 장비와 보급 수송 차량 등으로 10에 6이 사라진다. 전쟁은 국가재정에 큰 타격을 주기 때문에 전쟁의 시행 여부를 신중하게 판단하고, 원거리 수송이 수반되는 원정 작전에 대한 세밀한 준비가 필요하다.

---

22) 중국 고대 행정단위는 아홉 가구가 정(井), 네 정(井)이 읍(邑), 네 읍(邑)이 구(丘) 이다.

【해설】

'公家(공가)'의 의미를 '국가'라고 해석하는 경우와 '제후, 귀족 등 고위층'으로 해석하는 경우로 나뉜다. 여기에서는 '제후'의 의미가 포함된 '제후국'으로 '국가'의 의미로 해석하는 것이 타당하다고 본다.

....

故智將務食於敵(고지장무식어적). 食敵一鍾(식적일종), 當吾二十鍾(당오이십종). 其稈一石(기간일석), 當吾二十石(당오이십석). 故殺敵者怒也(고살적자노야). 取敵之利者貨也(취적지리자화야). 故車戰(고차전), 得車十乘以上(득차십승이상), 賞其先得者(상기선득자), 而更其旌旗(이경기정기), 車雜而乘之(차잡이승지), 卒善而養之(졸선이양지). 是謂勝敵而益强(시위승적이익강).

【직역】

그러므로(故) 지혜(智)로운 장수(將)는 적(敵)에게서(於) 식량(食)을 얻으려고 힘쓴다(務). 식량(食)은 적(敵)의 일종(一鍾)은 아군(吾)의 이십종(二十鍾)에 해당(當)하고, 사료(其稈) 1석(一石)은 아군(吾)의 이십석(二十石)에 해당(當)한다. 그리고(故) 적(敵)을 죽이는(殺) 것은(者) 노여움(怒)이다(也). 적(敵)의(之) 이익(利)을 취하는(取) 것은(者) 재물(貨)이다(也). 그래서(故) 전차전(車戰)에서는 적 전차(車) 10대(十乘) 이상(以上)을 얻었다면(得) 상(賞)은 그(其) 먼저(先) 얻은(得) 자(者)에게 주고(而), 그(其) 전차의 깃발(旌旗)을 바꾸어(更) 전차(車)를 섞어(雜)서(而) 전차(之)에 태우고(乘), 포로(卒)들은 잘 대우(善)하여(而)

그들(之)을 양성(養)한다. 이것(是)을 일러(謂) 적(敵)에게 승리(勝)하고(而) 부대를 더욱(益) 강(强)하게 하는 것이라 한다.

務(무): 힘쓰다, 업무
鍾(종): 쇠북, 6섬 4말(부피단위)
其(기): 콩깍지, 콩대
稈(간): 짚, 볏짚
其稈(기간): 콩깍지와 볏짚으로 소와 말의 사료
石(석): 돌, 10말(부피 단위)
殺(살): 죽이다, 죽다, 없애다
怒(노): 성내다, 화내다, 꾸짖다
更(경): 고치다, 개선하다, 번갈아, 다시(갱)
旌(정): 기(새털로 장식한 기), 깃발
旗(기): 기(곰과 범을 그린 기), 깃발
雜(잡): 섞다, 혼합하다, 모두
養(양): 기르다, 먹이다, 가르치다
謂(위): 이르다, 일컫다, 가리키다
益(익): 더하다, 유익하다, 돕다

【의역】

지혜로운 장수는 군량을 적으로부터 획득하려고 노력한다. 적의 군량 1종은 우리의 20종에 해당하고, 말 사료 1석은 우리의 20석에 해당한다. 적을 죽이는 것은 분노 때문이고, 적에게서 이익을 취하는 것은 재물 때문이다. 그래서 전차끼리 싸울 때, 전차 10대 이상을 얻었다면, 가장 먼저 얻은 자에게는 상을 준다. 그 전차의 깃발을 바꿔 달고, 그 전차는 기존의 아군 전차들과 섞어서 타게 하며, 포로들은 후하게 대우해서 관리하면 아군이 되니, 이를 일컬어 적을 이겨서 더욱 강해진다는 것이다.

【해설】

예전에는 원정 작전을 수행하면 국내에서 조달이 어렵기에 식량은 현지조달에 힘썼다. 이와 반대로 침공받은 국가에서는 초토화 전술을 써서 적 부대가 현지조달을 하지 못하도록 힘썼다. 우리나라에서는 고대로부터 '청야입보(淸野入堡)' 전술을 활용하여 적 부대의 현지조달을 원천 봉쇄하고, 적의 전력이 소진되는 장기전에 대비했다.

청야입보(淸野入堡) 전술은 '말 그대로 들판을 깨끗이 청소하고 보루로 들어간다'라는 뜻으로 적이 침입하면 모든 식량을 없애고 성으로 옮긴 후에 성에서 장기전에 돌입함으로써 적의 군량이나 전투물자 확보를 어렵게 하고, 적을 아군 지역으로 깊숙이 끌어들여 지치게 한 후에 공격하여 격멸한다는 개념이다.

중국에서 발행한 원문에는 '得車十乘已上(득차십승이상)'으로 되어 있다. 의미가 '以(이)'와 같아 해석에 있어서 어느 글자를 써도 무방하다.

....

故兵貴勝(고병귀승), **不貴久**(불귀구). **故知兵之將**(고지병지장), **生民之司命**(생민지사명), **國家安危之主也**(국가안위지주야).

【직역】

그러므로(故) 전쟁(兵)은 승리(勝)가 귀하고(貴), 오래 끄는(久) 것은 귀(貴)하지 않다(不). 그래서(故) 전쟁(兵)을 아(知)는(之) 장수(將)가 백성(民)을 살리(生)는(之) 주관자(司命)요, 국가(國家) 안위(安危)의(之) 주체(主)이다(也).

司(사): 맡다, 살피다, 지키다, 벼슬   命(명): 목숨, 명령, 규정
危(위): 위험, 위태하다

【의역】

　전쟁은 승리가 귀중한 것이다. 그러나 장기전을 하는 것은 피해야 한다. 그래서 전쟁의 속성(장기전의 폐해 등)을 아는 장수가 국민의 생사와 국가의 안위를 책임질 수 있다. 이는 전쟁을 수행하는 고위 지휘관은 국가의 전반적인 측면에서 장기전의 폐해와 전쟁이 국민의 생사 및 국가의 안위와 직결된다는 점 등 전쟁의 속성을 이해해야 한다.

【해설】

　'生民之司命(생민지사명)'에서 '司命(사명)'은 생사를 관장하는 성명(星名), 또는 신의 이름이다. 여기서는 '주관자'로 해석하면 적절하다. '國家安危之主(국가안위지주)'에서 '主(주)'의 의미 또한, 국가의 안위를 주관하고 책임지는 '주관자', '주체자'라 할 수 있다.

작전(作戰) 후술

국가동원의 어려움을 가장 잘 표현하고 있는 편(篇)이라 할 수 있다. 그리고 원거리 수송에 따른 전쟁 비용으로 국가가 어려움을 겪는 지구전보다 속전속결로 승리할 것을 강조하고 있다.

현대전은 국가 총력전이다. 일명 군수전(軍需戰) 또는 동원전(動員戰)이라고도 한다. 그만큼 물량의 지속적인 지원과 원거리 수송의 중요성이 강조되고 있다. 우리나라는 6·26전쟁 이후 아직 실제로 동원해 본 경험이 없다. 동원훈련도 병력 동원훈련 정도이며 그마저도 전시 상황에 똑같게 절차훈련으로 검증해 본 적이 없다. 하물며 물자 동원훈련은 말할 필요가 없다.

전쟁을 오래 끌면 비록 승리한다 해도, 아군의 피해가 크고 국가적인 경제손실이 막대하기에 승리의 가치가 떨어진다. 그래서 졸속이더라도 신속한 승리를 추구하는 것이다. 속전속결로 승리하기 위해서는 압도적으로 우세한 전력으로 적의 급소를 노리는 전쟁을 수행해야 한다.

속전속결의 대표적인 사례가 12세기 몽골군이 수행한 유럽 전역(戰役)과 제2차 세계대전 시 독일군이 수행한 전격전이다. 기동전을 단순히 속도가 빠르다고만 이해해서는 안 된다. 적이 손을 쓸 수 없을 만큼 빠르게 기동하여 적의 급소와 취약점을 타격하고, 심리적으로 마비를 시킬 수 있어야 한다. 이때 기만작전과 전력의 집중이 병행되어야 한다. 모든 전쟁은 단순히 기책(奇策)으로만 성공하기는 힘들다. 실제 적에게 타격을 주는 정공(正攻)법이 병행되어야 한다.

제3편 모공(謀攻)

모공 편에서는 전쟁을 수행하기에 앞서 필요한 공격계획 수립과 이때 필요한 책략에 관하여 논하고 있다. 전쟁의 이상적인 결과는 적국의 국가체계와 군대, 병력을 온전하게 유지한 상태로 승리하는 것이고, 적국에 대해 파괴하는 것은 그다음이라고 하고 있다. 따라서 싸우지 않고 이기는 '부전승'을 강조하고 있다. 만약 싸워야 한다면 적을 알고 나를 알아야 하며, 적을 알고 나를 알 때 비소로 여러 번 싸워도 위태롭지 않다고 강조하고 있다.

『손자병법』에서 추구하는 부전승은 전쟁을 계획하는 자들이 추구하는 이상적 모습일 뿐이다. 이에 좀 더 현실적으로 바라본 것이 아군의 최소 피해로 승리하는 것이다. 따라서 『손자병법』은 적을 알고 나를 알며, 기상과 지형을 나에게 유리하게 적용하여야 온전한 승리를 거둘 수 있다고 하고 있다.

공격작전을 계획할 때는 언제 공격을 끝내야 하는지 염두에 두어야 한다. 이것은 정치적 목적이나 군사적 목적을 달성하는 것과 관련 있다. 적을 섬멸하기 위해 아군의 전력을 마지막까지 투입하다가는 적의 유인작전에 말려들어 참패당할 수 있고, 비록 작전과 전쟁에서 승리한다고 하더라도 국가와 군대가 재기하기 어려운 상태에 빠질 수도 있다.

전략가는 단순하게 사고해서는 안 된다. 손자가 부전승 사상을 강조했다고 해서 피를 흘리는 전투를 회피해서는 안 된다. 벌모(伐謀)와 벌교(伐交)는 전쟁을 유리하게 전개하기 위한 술책임을 명심해야 한다. 군인이 피 흘리는 것은 주저하거나, 일부 정치가나 학자들처럼 사전에 전쟁을 예방하고 안 되면 국민을 위해 굴복해야 한다는 자세는 국가를 멸망으로 이끄는 지름길이다. 치밀하게 계산된 피해는 물론, 더 큰 피해라도 감수할 수 있어야 비로소 전쟁을 예방할 수 있고, 전쟁을 하게 되더라도 승리할 수 있다는 점을 명심하여야 한다. 군대가 전쟁 수행을 위한 노력보다 전쟁 억제 노력에 더 큰 비중을 두어서는 안 된다. 군대는 전쟁에서 승리하는 방법을 연구하고 평상시에 실전적인 훈련으로 전쟁에 대비하는 노력을 우선해야 한다.

많은 해설서에서 모공(謀攻)의 '謀(모)'를 '謨(모)'와 함께 사용하고 있다. 모두 '꾀하다', '도모하다', '계획하다', '속이다'의 뜻을 포함하고 있다. 지략, 모략 등으로 사용할 때는 통상 '謨(모)'보다는 '謀(모)'를 주로 사용한다.

孫子曰(손자왈), 凡用兵之法(범용병지법), 全國爲上(전국위상), 破國次之(파국차지). 全軍爲上(전군위상), 破軍次之(파군차지). 全旅爲上(전여위상), 破旅次之(파여차지). 全卒爲上(전졸위상), 破卒次之(파졸차지). 全伍爲上(전오위상), 破伍次之(파오차지). 是故百戰百勝(시고백전백승), 非善之善者也(비선지선자야). 不戰而屈人之兵(부전이굴인지병), 善之善者也(선지선자야).

【직역】

손자(孫子)가 말하길(曰), 무릇(凡) 용병(用兵)의(之) 법(法)에는, 적국(國)을 온전한(全) 상태로 하는 것이 상책(上)이 되고(爲), 적국(國)을 파괴(破)하는 것은 그것(之)의 차선책(次)이다. 적의 군대(軍)를 온전한(全) 상태로 하는 것이 상책(上)이 되고(爲), 적의 군대(軍)를 깨뜨리는(破) 것은 그것(之)의 차선책(次)이다. 적의 여(旅)를 온전한(全) 상태로 하는 것이 상책(上)이 되고(爲), 적의 여(旅)를 부수는(破) 것은 그것(之)의 차선책(次)이다. 적의 졸(卒)을 온전한(全) 상태로 하는 것이 상책(上)이 되고(爲), 적의 졸(卒)을 부수는(破) 것은 그것(之)의 차선책(次)이다. 적의 오(伍)를 온전하게(全) 유지하는 것이 상책(上)이 되고(爲), 적의 오(伍)를 깨뜨리는(破) 것은 그것(之)의 차선책(次)이다. 이러므로(是故) 백번(百) 싸워(戰) 백번(百) 이기는(勝) 것이 최선(善之善, 선 중의 선)이(者) 아니(非)다(也). 싸우지(戰) 않(不)고(而) 적(人)의(之) 군대(兵)를 굴복(屈)시키는 것이 최선(善之善)이라는 것(者)이다(也).

軍(군): 만이천오백 명, 사단　　　旅(여): 오백 명, 대대

卒(졸): 백 명, 중대　　　　　　　伍(오): 오 명, 분대

【의역】

대체로 용병의 법에 있어서, 적국 전체를 온전한 상태로 유지하는 것이 상책이고, 그 나라를 파괴하는 것은 차선책이다. 적의 군대를 온전한 상태로 유지하는 것이 상책이고, 적의 군대를 파괴하는 것은 차선책이다. 적 대대를 온전한 상태로 유지하는 것이 상책이고, 대대를 파괴하는 것은 차선책이다. 적 중대를 온전한 상태로 유지하는 것이 상책이고, 중대를 파괴하는 것은 차선책이다. 적 분대를 온전한 상태로 유지하는 것이 상책이고, 분대를 파괴하는 것은 차선책이다. 그러므로 백 번 싸워 백 번 이기는 것은 최선이 아니다. 싸우지 않고도 적을 굴복시키는 것이 최선이다.

【해설】

여기에서는 되도록 싸우지 않고 이기는 '부전승(不戰勝)'을 강조하고 있다. 이것은 적이 생각하지 못한 방법과 기도를 가지고, 적이 대비하지 않았거나 소홀한 곳으로 공격하여 아군의 최소 피해로 승리하는 것이다. 리델하트[23]가 강조한 적의 '최소예상선'이나 '최소저항선'과 일맥상통한다.

우리나라 육군 부대의 부대구조는 대체로 최하위 제대인 분대로부터 소대, 중대, 대, 대대, 연대, 여단, 사단, 군단, 작전사 순으로 이루어져 있다.

---

23) 영국의 군사이론가로 『손자병법』을 신봉하였고, 간접접근전략을 주장한 『전략론』을 저술하였다.

故上兵伐謀(고상병벌모), 其次伐交(기차벌교), 其次伐兵(기차벌병), 其下攻城(기하공성). 攻城之法爲不得已(공성지법위부득이). 修櫓轒轀(수노분온), 具器械(구기계), 三月而後成(삼월이후성), 距闉(거인), 又三月而後已(우삼월이후이). 將不勝其忿(장불승기분), 而蟻附之(이의부지), 殺士三分之一(살사삼분지일), 而城不拔者(이성불발자), 此攻之災也(차공지재야).

【직역】

그러므로(故) 최상(上)의 병법(法)은 적의 책략(謀)을 치(伐)는 것이고, 그(其)다음(次)은 적의 외교(交)를 치(伐)는 것이고, 그(其)다음(次)은 적의 군대(兵)를 치(伐)는 것이고, 그(其) 하책(下)은 적의 성(城)을 공략(攻)하는 것이다. 적의 성(城)을 공략(攻)하는(之) 법(法)은 부득이(不得已)한 것이 된다(爲). 엄호용 큰 방패(櫓)나 엄호용 수레(轒轀)를 수리(修)하고, 공성기계(器械)를 갖추(具)는데 3개월(三月) 이후(以後)에 완성(成)되고, 망루(距闉)를 만드는 것도 또(又) 3개월(三月) 이후(以後)에 완성(已)된다. 장수(將)가 그(其) 분노(忿)를 이기지(勝) 못(不)해(而) 개미(蟻)처럼 그 성(之)에 붙게(附) 하여 병력(士)의 3분(三分)의(之) 일(一)이 죽게(殺) 하고도(而) 성(城)을 함락(拔)시키지 못하는(不) 것(者) 이것(此)이야말로 공성(攻)의(之) 재앙(災)이다(也).

伐(벌): 치다, 정복하다, 베다
轒(분): 전쟁용 수레, 전차
轒轀(분온): 성을 공격할 때 쓰던 수레

修(수): 닦다, 수리하다
轀(온): 수레
具(구): 갖추다, 구비하다, 설비

距(거): 떨어져 있다, 막다, 뛰어넘다　闉(인): 성곽의 문, 흙메(흙산)

距闉(거인): 성곽을 넘는 망루, 토산　蟻(의): 개미

附(부): 붙다, 의탁하다, 올라타다　拔(발): 뽑다, 공략하여 얻다

【의역】

　최상은 적이 기도하는 것부터 책략 단계에서 깨뜨리는 것이고 그다음은 적의 외교 관계를 깨뜨리는 것이며, 그다음은 적의 군대를 깨뜨리는 것이고 그보다도 못한 것이 성(요새)을 공격하는 것이다. 성(요새)을 공격한다는 것은 부득이한 방법으로, 엄호용 큰 방패, 성 공격용 수레를 수리하고, 큰 병기를 갖추는 데 3개월이 걸린다. 성을 공격하는 망루나 토산이 완성되는 데는 다시 3개월 이후이다. 장수가 정확한 상황판단 없이 그 분노를 이기지 못해서 병사들을 개미 떼처럼 성벽에 붙게 하면, 그 병력의 1/3이 죽는데, 이렇게 하고도 성을 탈취하지 못하는 것, 이것이야말로 바로 공성(攻城)이 가져오는 재앙이다.

【해설】

　우선 모략을 통해 적 내부를 분열시켜 항복을 받아내거나, 그다음으로 상대국의 동맹 등 외교 관계를 고립시켜 조직적인 전투력 발휘를 차단하여야 한다. 그다음에 사용할 방법은 우세한 전투력으로 적의 약점을 공격하는 것이고, 마지막에 사용할 수밖에 없는 최악의 방법이 요새와 같은 견고한 적의 방어진지를 정면 공격하는 것이다. 공성전에서도 아군의 피해를 최소화하려고 노력해야 한다.

　공성(攻城)의 폐해는 삼국시대 수나라와 당나라가 고구려를 치려다가 모두 실패한 사례로 잘 알려져 있다. 수(隋)나라가 요동성에서, 당(唐)나라가 안시성에서 실패한 사례가 대표적이다. 물론 병자호란 때

에서는 청(淸)나라 군사가 임경업 장군이 지키는 백마산성을 우회하여 서울로 진격한 사례도 있다.

....

故善用兵者(고선용병자), **屈人之兵而非戰也**(굴인지병이비전야). **拔人之城而非攻也**(발인지성이비공야). **毀人之國而非久也** (훼인지국이비구야). **必以全爭於天下**(필이전쟁어천하). **故兵不頓 而利可全**(고병부둔이리가전). **此謀攻之法也**(차모공지법야).

【직역】

그러므로(故) 용병(用兵)을 잘(善)하는 자(者)는 적(人)의(之) 군대(兵)를 굴복(屈)시키고(而) 싸움(戰)을 하지 않는(非) 것이다(也). 적(人)의(之) 성(城)을 함락(拔)시키되(而) 공략(攻)을 하지 않는(非) 것이다(也). 적(人)의(之) 나라(國)를 무너뜨리(毀)되(而) 오래(久) 끌지 않(非)는다(也). 반드시(必) 온전한(全) 상태로(以) 천하(天下)와(於) 승부를 다툰다(爭). 그러므로(故) 군대(兵)는 둔(頓)해지지 않(不)고(而) 예리함(利)이 온전(全)할 수(可) 있다. 이것(此)이 공격(攻)을 꾀(謀)하는 방법(法)이다(也).

毀(훼): 헐다, 부수다, 훼손하다, 무너지다   爭(쟁): 다투다, 경쟁하다, 싸움
頓(둔): 둔하다(=鈍), 지치다, 훼손되다, 패하다, 조아리다(돈), 갑자기(돈)
全(전): 온전하다, 흠이 없다, 완전, 모두

【의역】

공격을 모의할 때는 적과 싸우지 않고 굴복시키고, 싸운다면 최소의

희생으로 적을 함락시키며, 장기전을 회피해야 한다. 이렇듯 부득이 피를 흘려야 한다면 적의 내부 분열을 조장하거나 적 전투력을 약화해서 이겨놓고 싸워야 한다.

【해설】

중국에서 나온 해설서 중에는 '兵不頓而利可全(병부둔이리가전)'의 '頓'을 '지치다, 훼손되다, 패하다, 좌절하다'의 의미로 보아, 이에 대비되는 '利'를 '승리(이익)'로 보기도 한다. 그러나 '頓(둔)'은 '둔함'을 뜻하는 '鈍(둔)'과 같은 의미가 있기도 하므로 이와 대비되는 '銳(예)', 즉 '날카로움'으로 해석하는 것이 문맥에 더 맞다.

전쟁은 피 · 아를 막론하고 많은 인적 및 물적 피해를 유발한다. 그래서 전쟁하지 않고 적을 굴복시키는 것을 최상으로 치는 것이다. 여기에서 핵심은 적을 굴복시키는 것이지, 우리가 굴복당하는 것이 아니다. 그래서 무조건 전쟁을 피하고자 국가적인 굴욕과 더 큰 피해를 감수하는 것은 우책(愚策)이다.

....

故用兵之法(고용병지법), **十則圍之**(십즉위지), **五則攻之**(오즉공지), **倍則分之**(배즉분지), **敵則能戰之**(적즉능전지), **少則能逃之**(소즉능도지), **不若則能避之**(불약즉능피지). **故小敵之堅**(고소적지견), **大敵之擒也**(대적지금야).

【직역】

그러므로(故) 용병(用兵)의(之) 법(法)은 열배(十)면(則) 적(之)을 포위(圍)하고, 다섯 배(五)면(則) 적(之)을 공격(攻)하고, 두 배(倍)면(則) 적(之)을 분할(分)하고, 대등(敵)하면(則) 적(之)과 능히(能) 싸워야(戰) 하고, 적보다 적(少)으면(則) 능히(能) 적(之)으로부터 도피(逃)하고, 각종 조건이 적보다 못하(不若)면(則) 능히(能) 적(之)을 피(避)해야 한다. 그러므로(故) 소부대(小)가 대적하는(敵) 것이(之) 견고(堅)하면 대부대(大)인 적(敵)의(之) 포로(擒)가 된다(也).

圍(위): 에워싸다, 포위하다, 포위   倍(배): 곱, 갑절, 많게 하다
敵(적): 상대방, 적, 대등하다, 대적(대항)하다
少(소): 적다, 젊다, 젊은이   若(약): 같다, 만약
避(피): 피하다, 회피하다, 물러가다, 숨다
堅(견): 견고하다, 강경하게 맞서다   擒(금): 사로잡다, 붙잡다, 포로, 지다

【의역】

전쟁을 하는 법은, 적군보다 전투력(병력)이 10배면 포위하고, 5배면 공격하고, 2배면 적을 분리한 후 각개격파하고, 대등하면 최선을 다하여 싸우고, 적보다 적은 병력이면 적으로부터 도피하고, 전력이 약하면 결전을 회피한다. 그러므로 전투력이 약한 부대가 무리하게 싸우면 대부대인 적에게 패하게 된다.

【해설】

여기서는 일반적인 전투력 운용에 관해서 설명하고 있다. 전투력 운용은 상황(피 · 아 전투력 수준, 지형, 기상, 임무 등)에 맞게 적용해야 한다. 적군보다 많아야 이길 수 있는 것은 아니다. 적보다 적은 숫자로도 적을 분리해서 각개 격파하는 방법도 있다. 대표적인 사례가 나폴레옹의 내선작전이다. 병법은 일반적인 상식을 제공하는 것이지, 불문

율로 받아들여서는 안 된다.

삼십육계의 마지막 계인 36계가 '적보다 약하면 도망하는 게 상책이다'라는 '走爲上(주위상)'이다. 적보다 전투력이 약하면 부딪히지 말고 우선 피해서 전투력을 보존하고, 차후 작전을 준비하라는 것이다. 후퇴하는 것을 불명예로만 알고, 절대 후퇴하지 않겠다며 진지를 무조건 사수하면 아군이 전멸할 수 있다. 작전적 또는 전술적 후퇴는 필요하다. 물론 부대의 임무에 따라 절대 사수해야 하는 때도 있다.

삼국지에 나오는 '칠종칠금(七縱七擒)'이라는 고사가 있다. 제갈량(諸葛亮)이 맹획(孟獲)을 사로잡은 고사에서 비롯된 것으로, '마음대로 잡았다 놓아주었다 함'을 비유하여 이르는 말로 '칠금(七擒)'이라고 줄여서 부르기도 한다. 오늘날 이 말은 '상대편을 마음대로 요리하다'라는 뜻으로 비유되어 사용되고 있다.

···

夫將者(부장자), **國之輔也**(국지보야). **輔周則國必强**(보주즉국필강), **輔隙則國必弱**(보극즉국필약).

【직역】

대체로(夫) 장수(將)는(者) 국가(國)의(之) 재상(輔)이다(也). 보좌(輔)가 지극(周)하면(則) 국가(國)는 반드시(必) 강(强)해지고, 보좌(輔)에 틈(隙)이 생기면(則) 국가(國)는 반드시(必) 약(弱)해진다.

輔(보): 돕다, 보조자, 재상　　　周(주): 두루, 온전히 하다, 철저하다
隙(극): 틈, 빈틈이 있다, 갈라지다

【의역】

군의 고급 지휘관이 올바른 상황판단으로 조치하거나 건의하고 상호 단결하며 평상시부터 국방을 튼튼히 하면, 국가는 강해지는 것이고, 개인의 영달과 이익 추구, 상호 알력이나 다툼 등으로 보좌에 틈이 생기면 국가는 약해진다.

【해설】

일부 해설서에 '國之輔也(국지보야)'의 해석을 '국가를 보좌하는 사람이다', '국가의 기둥이다'하고 있다. 물론 의역에는 문제가 없지만, 여기에서는 '보조하는 신하', 즉 '재상'의 의미이고, '輔周(보주)'과 '輔隙(보극)'에서의 '輔'는 장수의 군주에 대한 '보좌하는 행위'로 이해해야 한다.

....

故君之所以患於軍者三(고군지소이환어군자삼). **不知軍之不可以進而謂之進**(부지군지불가이진이위지진), **不知軍之不可以退而謂之退**(부지군지불가이퇴이위지퇴). **是謂縻軍**(시위미군).

【직역】

그래서(故) 군주(君)가(之) 군대(軍)에(於) 환난(患)이 되는 까닭(所以)에는(者) 세(三) 가지가 있다. 군대(軍)가(之) 진격(進)에 있어서(以) 불가함(不可)을 알지(知) 못(不)하고(而) 군대(之)에게 진격(進)하라고 말(謂)하고, 군대(軍)가(之) 후퇴(退)에 있어서(以) 불가(不可)한 상황임을 알지(知) 못(不)하고(而) 군대(之)에게 후퇴(退)하라고 말(謂)

한다. 이것(是)을 속박(縻)된 군대(軍)라 한다(謂).

所以(소이): 까닭, 이유, 원인, 조건   患(환): 근심, 걱정, 재난
進(진): 나아가다, 힘쓰다   退(퇴): 물러나다, 물리치다, 바래다, 쇠하다
縻(미): 고삐, 속박하다

【의역】

군주가 군대에 환난을 가져오는 것이 세 가지가 있다. 군대의 진격이 불가능한 것을 모르면서 진격을 명령하는 것이고, 군대의 후퇴가 불가능한 것을 모르면서 후퇴를 명령하는 것이다. 이것을 장수의 지휘권한이 군주에게 속박된 군대라고 한다. 이는 군주가 군대의 전투력 운용까지 간섭해서는 안 된다. 전장은 현장 지휘관이 가장 잘 알기에 현장 지휘관에게 맡겨야 한다.

【해설】

'縻軍(미군)'에서 '縻(미)'는 의미 그대로 '말이나 소를 몰거나 부리려고 재갈이나 코뚜레, 굴레에 잡아매는 줄'로, '縻軍(미군)'이란 군주가 말이나 소처럼 군대를 마음대로 부리는 상황으로 군대의 독자적인 작전이 불가한 상태라고 할 수 있다.

···

不知三軍之事(부지삼군지사), 而同三軍之政者(이동삼군지정자), 則軍士惑矣(즉군사혹의). 不知三軍之權(부지삼군지권), 而同三軍之任(이동삼군지임), 則軍士疑矣(즉군사의의).

군주가 전군(三軍)의(之) 사정(事)을 모르고(不知)서(而) 전군(三軍)의(之) 행정(政)에 간섭(同)하는 것(者)이면(則) 군사(軍士)들은 미혹(惑)하게 된다(矣). 군주가 전군(三軍)의(之) 책략(權)에 대해서 모르(不知)면서(而) 전군(三軍)의(之) 지휘(任)에 개입(同)하면(則) 군사(軍士)들은 의심(疑)을 품는다(矣).

同(동): 참여하다, 함께하다	惑(혹): 미혹하다, 의심하다
矣(의): ~이다, 뿐이다	權(권): 권세, 권력, 저울추, 책략, 임기응변
任(임): 맡기다, 책무, 마음대로	疑(의): 의심하다, 믿지 아니하다, 미혹되다

【의역】

군주가 전군의 사정을 모르고 군대의 행정에 간섭하면, 군사들이 의혹하게 된다. 군주가 군대의 지휘하는 방법을 모르면서 군대의 인사에 간섭하면, 군사들이 의심하게 된다. 이는 군 통수권자가 군대 전반에 대한 지식이 없는 상태에서 인사행정과 지휘체계에 간섭해서는 안 된다는 점을 강조하고 있다. 능력 위주가 아닌 코드 인사를 하면 장병들이 의혹과 의심을 하게 되어 부대 단결을 해치게 된다. 이런 군대는 제대로 전투력 발휘가 되지 않아 패배할 수밖에 없다.

【해설】

일부 해설서에서 '則(즉)'의 해석을 '즉시'라고 하는데, 이는 오역이다. 여기에서 '則(즉)'은 '~이면', '~하면'의 뜻이다.

三軍旣惑且疑(삼군기혹차의), **則諸侯之難至矣**(즉제후지난지
의). **是謂亂軍引勝**(시위난군인승).

【직역】

전군(三軍)이 이미(旣) 미혹(惑)되고 또(且) 의심(疑)을 하면(則) 제
후(諸侯)의(之) 어려움(難)이 미칠(至) 것이다(矣). 이(是)를 일러(謂)
군대(軍)를 혼란(亂)하게 하여 적의 승리(勝)를 끌어들인다(引)고 한다.

旣(기): 이미, 벌써   且(차): 또, 또한, 만일
難(난): 어렵다, 삼가다, 재앙   亂(란): 어지럽다, 난리
引(인): 끌다, 당기다, 인도하다, 뒤로 물리다(=退)

【의역】

군대가 공명정대한 인사와 올바른 지휘권 보장을 통해 굳게 단결되
어야 승리할 수 있지, 간섭이 만연하면 지휘체계가 문란해져서 전투력
발휘가 안 되어 패배할 수밖에 없다.

【해설】

일부 해설서에는 '亂軍引勝(난군인승)'을 '군대를 방해하여 승리의
기회를 놓치다'로 해석하여, '引(인)'을 '퇴출시키다, 뒤로 물리치다'의
뜻으로도 해석하기도 한다. 하지만 앞선 내용이 다른 제후국의 침입을
묘사하고 있기에 '引(인)'의 해석을 적의 승리를 '끌어들인다'로 하는
것이 타당하다.

스포츠에서도 구단주가 감독의 권한을 침해하는 지나친 간섭으로

패하는 사례가 많다. 하물며 군에 대해서 전문지식이 없는 통수권자의 간섭이 만연하고, 개인의 영달만을 우선시하는 자들이 고급 간부로 있다면 전쟁에서 패배할 것이 불을 보듯 뻔하다.

....

故知勝有五(고지승유오)**, 知可以戰與不可以戰者勝**(지가이 전여불가이전자승)**, 識衆寡之用者勝**(식중과지용자승)**, 上下同欲 者勝**(상하동욕자승)**, 以虞待不虞者勝**(이우대불우자승)**, 將能而君 不御者勝**(장능이군불어자승)**. 此五者**(차오자)**, 知勝之道也**(지승지 도야)**.**

【직역】

그러므로(故) 승리(勝)를 아는(知) 것에는 다섯 가지(五)가 있다(有). 싸움(戰)이 가능한지(可以)와(與) 싸움(戰)이 불가한지(不可以)를 알(知)면(者) 승리(勝)하고, 부대의 많고(衆) 적음(寡)의(之) 운용(用)에 대해서 알(識)면(者) 승리(勝)한다. 상관(上)과 하급자(下)가 같은(同) 욕구(欲)이면(者) 이기고(勝), 적을 헤아림(虞)으로(以) 헤아리지(虞) 못하는(不) 적을 기다리(待)면(者) 승리(勝)하며, 장수(將)가 유능(能)하고(而) 군주(君)가 간섭(御)하지 않으(不)면(者) 승리(勝)한다. 이(此) 다섯 가지(五)가(者) 승리(勝)를 아는(知) 것의(之) 방법(道)이다(也).

與(여): 주다, 함께하다, 및 　　　　　者(자): 사람, ~면, 것
識(식): 알다, 지식, 기록하다(지), 깃발(치)
衆(중): 무리, 백성, 많다 　　　　　寡(과): 적다, 없다, 드물다

虞(우): 방비하다, 준비하다, 근심하다, 헤아리다

待(대): 기다리다, 대비하다, 막다　　　御(어): 거느리다, 통솔하다, 다스리다

【의역】

승리를 예견할 수 있는 다섯 가지는 전쟁의 가부를 아는 결정 능력, 적과 전력을 비교한 다음 전력의 많고 적음을 고려하여 부대를 운용하는 능력, 상하 간 같은 목표로 일치단결하는 능력, 적 행동을 예측하고 대비하는 능력, 군주의 간섭을 받지 않는 지휘관의 작전지휘 능력이다.

【해설】

군주가 간섭하지 말아야 한다는 것은 작전지휘에 관한 부분이지, '정치적 목적을 달성하기 위한 수단으로서의 전쟁'을 수행하는 측면을 고려한다면 정치적 결정을 하는 것까지 해당하는 것은 아니다.

위대한 장군들은 대부분 승리할 수 있는 전투에서만 전투했다. 즉, 승리하기 어려운 전투는 피해서 불필요한 전투력 손실을 막았다. 그리고 부대원들이 신편(新編)되어 전투력 발휘가 제한되면 작은 전투의 승리로 구성원들에게 승리감을 맛보게 하여 차후의 더 큰 전투에서 승리할 수 있는 여건을 조성했다.

단결된 부대가 가장 강하다. 그래서 군에서 '사기(士氣)', '군기(軍紀)', '단결(團結)'을 강조한다. '사기'와 '군기'의 궁극적인 목표는 부대를 '하나로 단결'시키는 데 있다.

故曰(고왈), **知彼知己**(지피지기), **百戰不殆**(백전불태). **不知彼 而知己**(부지피이지기), **一勝一負**(일승일부). **不知彼不知己**(부지 피부지기), **每戰必殆**(매전필태).

【직역】

그래서(故) 말하길(曰), 적(彼)을 알고(知) 나(己)를 알면(知) 백번 (百) 싸워도(戰) 위태롭지(殆) 않고(不), 적(彼)을 모르고(不知) 나(己) 를 알면(知) 한 번(一) 이기고(勝) 한 번(一) 진다(負). 적(彼)을 모르 고(不知) 나(己)도 모르면(不知) 싸울(戰) 때마다(每) 반드시(必) 위태 롭다(殆).

殆(태): 위태하다, 위험하다, 대개   負(부): 짐을 지다(메다), 승부에서 패하다
每(매): 매번, 늘, 마다

【의역】

적을 알고 나를 알면 매번 싸워도 위태롭지 않고, 적을 모르고 나만 알면 한 번은 이기고 한 번은 질 것이며, 적을 모르고 나도 모르면 싸 울 때마다 위태롭다. 이는 아군과 적군의 능력(강·약점)을 정확하게 알아야 승리 확률이 높다. 우선 나의 전투능력을 알고, 적의 강점과 약 점을 파악한다. 그리고 나의 강점으로 적의 약점을 쳐야 한다. 싸울 때 는 적과 나의 능력을 바로 알아야 유리한 전투를 전개할 수 있다.

【해설】

통상적으로 '知彼知己(지피지기)면 百戰百勝(백전백승)'이라는 말을

많이 한다. 그러나 적을 알고 나를 안다고 매번 싸워서 승리할 수 있는 것은 아니다. 전쟁이란 승리할 수도 있고, 패배할 수 있으며, 무승부인 경우도 많다. 적과 아군의 능력을 알면 승리 확률이 높은 것이다. 기상과 지형까지 내 편이 되도록 활용할 수 있다면 승리할 확률은 더 높아진다.

모공(謀攻) 후술

『손자병법』의 사상은 부전승(不戰勝) 사상이라고 할 수 있다. 즉, 가능하면 싸우지 않고 승리를 추구하라고 한다. 비록 전쟁에서 이긴다고 하더라도 아군이 큰 피해를 볼 수밖에 없다. 그래서 용병의 상책은 적의 전쟁 의지를 사전에 꺾어서 싸우지 않고 전쟁의 목적을 달성하는 것이고, 그다음이 외교 관계를 와해시키는 것이다. 우리나라 역사에서는 고려의 서희(徐熙)가 거란의 소손녕과 담판을 통해 전쟁을 피하면서도 국익을 챙겼던 사례가 있다.

거란군이 고려를 1차 침입했을 때로, 거란장수 소손녕이 국경을 침입하고 고려에 항복을 요구했다. 당시 거란은 최전성기로 동북아의 강대국이었다. 고려는 투항론과 할지론(평양 이북의 땅을 양도하자는 주장)으로 국론이 나뉘어 있었다. 1차와 2차 협상이 실패하자 3차 협상자로 서희가 나섰다.

서희는 소손녕이 신하의 예법에 따르라는 거만함에 굴하지 않고, 오히려 노한 기색으로 숙소로 들어가 움직이지 않았다. 결국, 소손녕이 기 싸움에서 지고, 서로 대등하게 예식 절차를 수락하면서 회담을 시작했다. 소손녕이 고려는 신라의 땅을 계승하였고, 거란은 고구려의 땅을 계승했다고 우기며 고구려의 옛땅을 요구했다. 이에 서희는 고려가 바로 고구려의 후예라는 논리를 펴서 소손녕과의 1차 논쟁에서 이겼다. 그리고 거란의 고려 침공 목적인 송나라와의 전면전 시 배후 안정이라는 것을 간파하고, '거란이 고려 북쪽에 있는 여진족을 몰아내고 강동 6주를 고려에 양도하면 된다'라는 점을 주장하여 회담을 성공시켰다.

서희의 외교 성공은 거란의 의도와 능력을 명확하게 간파하고, 회담의 주도권을 확보한 상태에서 담판했기에 가능했다. 담판이 단순히 말을 논리적으로 잘해서 승리했다고 보면 오산이다. 고려는 거란군의 추가적인 침공에 대비하여 군사를 배치한 상태로 회담을 했기 때문에 원하는 바를 얻을 수 있었다. 외교가 탁상공론이 되지 않았던 이유가 여기에 있다.

제4편 군형(軍形)[24]

군형편에서는 먼저 싸움에 패하지 않는 태세를 갖추고 나서 압도적인 우세로 적의 약점을 공략하라고 강조하고 있다. 그래서 이겨놓고 싸우라고 강조하는 것이다. '軍形'이란 군의 배치 형태로, 전투력을 가장 잘 발휘할 수 있는 태세를 말한다. 즉, 공격 에너지가 천길 높이의 계곡에 축적된 물이 터지면 모든 것을 쓸어 버릴 수 있는 것과 같은 상태를 말한다.

손자는 싸워 이길 수 없을 때는 방어를, 싸워 이길 수 있을 때는 공격하라고 하고 있다. 혹자는 방어가 공격보다 낫다고 하고, 혹자는 공격이 방어보다 낫다고 한다. 이는 그 나라가 처한 상황과 대응전략을 고려하여 결정할 문제이지, 일방적으로 공격이 더 유리하다거나 방어가 더 유리하다고 할 수는 없다. 방어가 낫다는 사상에 몰입되어 방어 일변도로 작전을 수행한다면 절대 승리할 수도 없고, 군인들의 사고 자체가 수동적이고 피동적으로 바뀌게 된다.

적에게 패하지 않는 태세를 어떻게 갖출 것인가? 먼저 적과 싸울 수

---

24) 원래는 '形'편이다. 군의 태세를 논하다 보니 '군형'편이라고 한다.

있는 훈련되고 지휘통제가 일사불란한 군대를 육성해야 한다. 그리고 최소한 적과 대등한 수준의 무기체계를 갖추어야 한다. 아울러 적보다 전투에 유리한 지형을 점유 내지는 통제할 수 있어야 한다. 물론 적에게 최후의 일격을 가할 수 있는 비장의 무기가 있으면 더욱더 효과적이다.

방어 시에는 땅속 깊이 숨어서 적이 정탐하지 못하게 하고, 공격시에는 높은 하늘에서 적의 움직임을 보면서 작전을 펼칠 수 있어야 한다. 그래야만 적의 허점을 찾고 이용할 수 있다. 현대전의 특징을 통해 말하자면, 주요 전략적 무기체계는 적에게 탐지되지 않도록 하고, 적보다 우위의 정보자산을 활용하여 적의 동정을 살피고 약점을 이용해야 한다.

적에게 약점이 없으면 어떻게 해야 할까? 적의 약점이 드러나기만을 기다려서는 안 된다. 가용한 책략을 활용하여 내분을 조장하고 약점을 인위적으로 조성해야 한다. 수단과 방법이 비도덕이고 비윤리적이라고 주저해서는 안 된다. 전쟁에서는 모든 수단과 방법을 동원하여 적에게 승리해야 한다. 국제질서는 냉엄한 현실이다. 외교를 맺고 경제를 교류하는 것도 자국의 이익을 위해서임을 잊어서는 안 된다. 더욱이 전쟁을 예방하기 위해서는 '눈에는 눈', '이에는 이'라는 단호한 자세가 필요하다.

孫子曰(손자왈), 昔之善戰者(석지선전자), 先爲不可勝(선위불가승), 以待敵之可勝(이대적지가승). 不可勝在己(불가승재기), 可勝在敵(가승재적).

【직역】

손자(孫子)가 말하길(曰), 옛날(昔)에(之) 싸움(戰)을 잘하는(善) 자(者)는 먼저(先) 적이 이기지(勝) 못할(不可) 나의 태세를 만들고(爲), 적(敵)의 허점을 기다림(待)으로써(以) 승리(勝)가 가능(可)한 상태에 이른다(之). 승리(勝)가 불가(不可)한 것은 내(己)게 있고(在), 승리(勝)가 가능(可)한 것은 적(敵)에게 있다(在).

昔(석): 옛날, 어제, 섞이다(착)　　　　爲(위): 만들다, 이르게 하다
之(지): ~에 이르다(=到, 至), ~해서(순차적 발생을 나타내는 '而'와 같은 용법)
以(이): ~함으로써, ~하도록 하다　　　在(재): ~에 달려 있다, ~에 있다

【의역】

옛날에 전쟁을 잘하는 자는 적이 나를 이길 수 없는 태세를 먼저 만들어 놓고, 적의 허점을 노려 승리의 조건을 만들어낸다. 적이 승리할 수 없는 상태로 만드는 것은 나에게 달려 있고, 내가 승리할 수 있는 것은 내가 승리할 기회를 제공하는 적에게 달려 있다.

【해설】

승리하기 위해서는 먼저 적의 의도를 간파하고 나의 부대의 약점을 보완하여 적에게 패할 수 없는 상태로 만들어야 하고, 내가 이길

수 있도록 적의 허점을 식별해 내야 한다. 만약 적에게 허점이 없다면 허점이 생길 수 있도록 상황을 조성해야 한다. 허점을 만들어야 한다면 술(術)이 필요하다. 고대 병법에서는 술(術)을 위한 사고력과 행동력으로 권(權, 융통성·임기응변), 기(奇, 변화·변칙) 등을 제시하고 있다.

....

故善戰者(고선전자), **能爲不可勝**(능위불가승), **不能使敵必可勝**(불능사적필가승). **故曰**(고왈), **勝可知**(승가지), **而不可爲**(이불가위).

【직역】

그러므로(故) 싸움(戰)을 잘하는(善) 자(者)일지라도 (나로 하여금 적이) 이길(勝) 수 없도록(不可) 만들(爲) 수 있으나(能), 적(敵)으로 하여금(使) (내가) 반드시(必) 이길(勝) 수 있게(可) 할 수는 없다(不能). 그래서(故) 말하길(曰), 승리(勝)를 알 수(可知)는 있으나(而), 만들(爲) 수는 없다(不可).

【의역】

전쟁을 잘하는 자는 아군의 대비태세를 갖추어 적군의 승리가 불가능하게 할 수 있으나, 적으로 하여금 내가 반드시 이길 수 있게 할 수는 없다. 그러므로 승리는 예측할 수는 있지만, 적이 나의 의도대로 따라오지 않으면 억지로 만들 수는 없다.

적 또한 아군의 공격에 대비태세를 마련하고 있으면 아군의 승리를 장담할 수 없다는 것을 말한다. 적 스스로 무너지도록 적을 조종 및 통제할 수 있어야 완전한 승리가 가능하다.

....

不可勝者(불가승자)**,** **守也**(수야)**. 可勝者**(가승자)**,** **攻也**(공야)**.** **守則不足**(수즉부족)**,** **攻則有餘**(공즉유여)**. 善守者**(선수자)**,** **藏於九地之下**(장어구지지하)**. 善攻者**(선공자)**,** **動於九天之上**(동어구천지상)**. 故能自保而全勝也**(고능자보이전승야)**.**

【직역】

승리(勝)를 불가(不可)하게 하는 것(者)은 방어(守)이다(也). 승리(勝)를 가능(可)하게 하는 것(者)은 공격(攻)이다(也). 방어(守)하면(則) 부족(不足)하고, 공격(攻)하면(則) 여유(餘)가 있다(有). 방어(守)를 잘하는(善) 자(者)는 깊은(九) 땅(地) 속의(之) 아래(下)에 숨어(藏) 있는 것처럼 하고, 공격(攻)을 잘하는(善) 자(者)는 높은(九) 하늘(天)의(之) 위(上)에서 움직이는(動) 것처럼 한다. 그러므로(故) 능히(能) 자신(自)을 보존(保)하여(而) 완전한(全) 승리(勝)를 하는 것이다(也).

餘(여): 남다, 남기다, 나머지, 여분   藏(장): 감추다, 숨기다, 숨다

【의역】

전투는 피 · 아의 전력을 비교하여 아군의 유리한 여건을 최대한 활

용하는 방책을 사용해야 한다. 방어는 적이 아군의 약점을 탐지하지 못하도록 지하 깊숙한 곳에 있는 것처럼 부대를 운용하여 적의 공격을 차단하고, 공격은 높은 곳에서 내려다보듯 적 부대의 운용을 간파하여 약점을 공격한다. 전투는 나의 피해를 최소화하여 확실한 승리를 확실히 추구해야 한다.

【해설】

'九地(구지)', '九天(구천)'의 '九'는 극단의 수치(數値)를 나타낸다. 일부 해설서에서 '九地(구지)'를 『손자병법』 제11편의 이름인 '아홉 가지의 지형'의 모든 지형이라고 해석하는 사례가 있는데, 여기에서는 '아주 깊은 지형'을 의미한다. 현대전에서도 인원, 장비 또는 시설의 보호와 기밀 유지를 위해 지하화하고 있다. '九天(구천)'을 하늘을 아홉 개로 나누어 모든 하늘로 해석하는 사례가 있는데, 여기에서는 '아주 높은 하늘'을 의미하는 것으로 전장을 가시화해야 한다는 것을 의미한다. 현대전에서도 상공에서 적을 내려다보며 작전하기 위해 유·무인 정찰기, 정찰위성 등을 활용하고 있을 뿐만 아니라, 기타 가용 정보자산을 활용하여 전장 환경을 최대한 가시화하는 것을 원칙으로 삼는다.

일부 해설서에서 '수비를 잘하는 자는 다양한 지형을 이용하여 적을 막아내고 공격을 잘하는 자는 다양한 기상 조건을 이용하여 구동한다.'라고 해석하는 데 의역이 심한 경우다.

見勝不過衆人之所知(견승불과중인지소지)**, 非善之善者也**(비
선지선자야)**. 戰勝而天下曰善**(전승이천하왈선)**, 非善之善者也**(비
선지선자야)**.**

【직역】

승리(勝)를 보는(見) 것이 여러(衆) 사람(人)이(之) 아는(知) 정도
(所)에 불과(不過)하다면 선(善) 중의(之) 선(善)의 것(者)이 아니(非)다
(也). 전쟁(戰)에서 승리(勝)하여(而) 천하(天下)의 사람이 잘했다(善)
고 말하면(曰) 선(善) 중의(之) 선(善)의 것(者)이 아니(非)다(也).

善(선): 착하다, 좋다, 잘하다, 훌륭하다, 첫째 등급

【의역】

대중이 이길 수밖에 없는 싸움이라는 것을 모두가 예견한 승리는 최
고가 아니다. 어렵게 승리하여 모든 사람이 잘했다고 칭찬하는 전쟁은
최고가 아니다. 적의 전투력을 약화해 놓는 등 승리의 조건을 너무도
당연한 상태로 만들어 놓고 승리를 거둔다면, 일반 대중이 승리에 대
해 예측조차도 할 필요가 없는 상태일 것이고 이로 인해서 잘 싸웠다
고 평가하지도 않을 것이다.

【해설】

'善之善(선지선)'이란 '잘한 것 중에서 더 잘한 것'으로 '최고'라는 의
미다. 영어로는 'Best of Best'라고 할 수 있다.

故擧秋毫不爲多力(고거추호불위다력), **見日月不爲明目**(견일
월불위명목), **聞雷霆不爲聰耳**(문뢰정불위총이).

【직역】

그래서(故) 가늘고 가벼운 털(秋毫)을 든다(擧)고 센(多) 힘(力)이 되
지(爲) 않고(不), 해(日)와 달(月)을 본다(見)고 밝은(明) 눈(目)이 되지
(爲) 않으며(不), 천둥소리(雷霆)를 들었다(聞)고 밝은(聰) 귀(耳)가 되
지(爲) 않는다(不).

擧(거): 들다, 일으키다, 다, 모든   雷(뢰): 우레, 천둥
霆(정): 천둥소리, 번개   聰(총): 귀가 밝다, 총명하다

【의역】

너무나 가벼운 털을 들고 힘이 세다고 하지 않는다. 밝게 빛나는 해
와 달을 보는 것을 눈이 밝다고 하지 않는다. 천둥과 벼락과 같은 큰
소리를 듣는 것을 귀가 밝다고 하지 않는다. 누구나 알 수 있는 너무나
당연한 사실을 가지고 특별하다거나 최고라고 할 수는 없다는 것이다.

【해설】

'秋毫(추호)'는 가을철에 털을 갈아서 가늘어진 짐승의 털로, 몹시
작고 가벼움을 비유하고 있다.

'雷霆(뢰정)'은 천둥과 벼락을 의미한다.

古之所謂善戰者(고지소위선전자), 勝於易勝者也(승어이승자야). 故善戰者之勝也(고선전자지승야), 無智名(무지명), 無勇功(무용공). 故其戰勝不忒(고기전승불특). 不忒者(불특자), 其所措必勝(기소조필승), 勝已敗者也(승이패자야). 故善戰者(고선전자), 立於不敗之地(입어불패지지), 而不失敵之敗也(이불실적지패야).

【직역】

옛날(古)에(之) 이른바(所謂) 잘(善) 싸웠다(戰)는 자(者)는 쉽게(易) 이기는(勝) 데서(於) 승리(勝)한 자(者)이다(也). 그러므로(故) 싸움(戰)을 잘하는(善) 자(者)의(之) 승리(勝)는 지혜(智)롭다는 명성(名)도 없고(無), 용맹(勇)하다는 전공(功)도 없(無)다(也). 그러므로(故) 그러한(其) 전쟁(戰)의 승리(勝)는 (어떠한) 착오도(忒) 없다(不). 착오가(忒) 없다(不)라는 것(者)은 그것이(其) 반드시(必) 이길(勝) 수 있도록 조치한(措) 바이고(所), 이미(已) 패(敗)한 것을 이긴(勝) 것(者)이다(也). 그러므로(故) 싸움(戰)을 잘하는(善) 자(者)는 패배(敗)하지 않(不)는(之) 상황(地)에(於) 서고(立), 적(敵)의(之) 패배(敗)를 놓치지(失) 않(不)는다(也).

易(이): 쉽다, 평평하다, 바꾸다(역)　　忒(특): 어긋나다, 틀리다, 착오가 있다
措(조): 두다, 조치하다, 처리하다, 섞다　　失(실): 잃다, 놓치다, 도망치다, 허물

【의역】

전쟁은 사전에 아군에게 유리한 상황을 조성해 놓고 압도적으로 유

리한 위치에서 조직적인 전투력 발휘가 안 되는 적을 상대로 완벽한 승리를 추구하는 것이다. 그리고 아군은 먼저 적에게 패배하지 않을 태세를 만들어 놓고, 패배할 수밖에 없는 적의 잘못이나 실수를 놓치지 않는다.

【해설】

이 문구 전의 문구들로부터 내재된 사상은 도가 사상과 관계가 깊음을 보여준다. 『도덕경』 제17장에, "太上下知有之(태상하지유지) 其次親而譽之(기차친이예지) … 가장 좋은 것은 아랫사람이 그가 존재함을 아는 것이고, 다음은 그와 친해서 그를 칭찬하는 것이며 … "라고 하였다. 전쟁이 '대중이 예상하려는 대상이 되거나 그 결과를 두고 평가하려는 대상'이 되면 비록 승리했다 하더라도 이미 최고라 할 수는 없다. 자연의 흐름처럼 가장 자연스러운 상태로 승리하였을 때 진정한 최고라 할 수 있다. 이때 대중은 너무나도 당연한 것으로 여기게 되며, 이에 따라 예상하거나 평가할 필요도 없게 된다. 그냥 전쟁이 있었으며 그냥 승리했다는 걸 아는 정도이다. 이처럼 『손자병법』을 비롯한 병가(兵家)의 서적들에는 도가 사상이 배어 있다. 물론 국가를 지켜내려는데 기초하고 있는 부분에서는 유가 사상과 솔선수범을 제시하는 부분에서는 묵가 사상과도 관계가 깊다. 병가 사상은 특정 사상을 비판하면서 대립 관계로 성립된 사상 체계가 아니라, 다양한 사상을 수용하면서 성립된 사상 체계이다. 『손자병법』의 여러 부분에서 이러한 면들을 확인할 수 있다.

是故勝兵先勝而後求戰(시고승병선승이후구전), **敗兵先戰而後求勝**(패병선전이후구승). **善用兵者**(선용병자), **修道而保法**(수도이보법), **故能爲勝敗之政**(고능위승패지정).

【직역】

이러므로(是故) 승리(勝)하는 군대(兵)는 먼저(先) 이겨놓(勝)고(而) 나서(後) 전쟁(戰)을 하고(求), 패(敗)하는 군대(兵)는 먼저(先) 싸우(戰)고(而) 나서(後) 승리(勝)를 구한다(求). 용병(用兵)을 잘하는(善) 자(者)는 도(道)를 행하고(修) 나서(而) 법(法)을 보완(保)한다. 그러므로(故) 능히(能) 승패(勝敗)의(之) 법칙(政)을 만들(爲) 수 있다.

修(수): 닦다, 꾸미다, 갖추다, 실행하다, 따르다, 다스리다, 행하다
爲(위): 만들다, 주재하다, 관장하다   政(정): 군사행정, 정사, 법, 법칙, 일

【의역】

통상 승리하는 군대는 먼저 승리할 수 있는 유리한 상황을 만들어 놓고 준비가 안 된 적과 전쟁하고, 패배하는 군대는 적에 대해 제대로 파악도 하지 않은 채 먼저 전쟁에 돌입한 후에 승리를 추구한다. 용병을 잘하는 자는 상하가 일치단결하여 생사를 함께하고 승리를 위한 여건과 준비태세를 물 흐르듯 자연스럽게 조성하여, 이를 기초로 법과 제도를 정비한다. 이로써 전쟁의 주도권을 쥐고 유리하게 전개한다.

【해설】

'而後(이후)'는 '~이후에'인 '以後(이후)'와 같이 해석할 수도 있다.

'而(이)'는 말을 잇는 조사로 '그리고', '그러나'로 대부분 쓰인다. 따라서 여기에서는 '而(이)'와 '後(후)'를 따로 떼어서 '~하고 난 후에'로 해석하는 것도 가능하다.

'修道而保法(수도이보법)'의 '道(도)'와 '法(법)'은 제1편의 五事(道, 天, 地, 將, 法)를 아우르고 있다. 상하가 하나가 되어 같이 죽고 같이 죽을 수 있는 상태로 다스리고, 군의 편제로부터 인사와 군수 분야까지 보완하고 유지한다는 의미이다.

'能爲勝敗之政(능위승패지정)'의 해석을 '승패의 정사를 할 수 있다', '승패의 결정권을 장악할 수 있다', '승패를 좌우할 수 있다' 등으로 다양하게 하고 있다. 여기에서 '政'은 '나라를 다스리는 정사', '일반적인 업무'라는 의미를 고려해 볼 때, '승패와 관련된 일을 장악할 수 있다.'라고 볼 수 있고, '정'을 '법칙'으로 보아 '승패의 법칙을 만들 수 있다.'라고 할 수 있다.

兵法一曰道(병법일왈도), 二曰量(이왈량), 三曰數(삼왈수), 四曰稱(사왈칭), 五曰勝(오왈승). 地生度(지생도), 度生量(도생량), 量生數(양생수), 數生稱(수생칭), 稱生勝(칭생승).

【직역】

병법(兵法)에는 첫째(一)가 국토의 크기(度)라 하고(曰), 둘째(二)가 자원의 양(量)이라 하고(曰), 셋째(三)가 군사의 수(數)이라 하고(曰), 넷째(四)가 전력의 우위(稱)이라 하고(曰), 다섯째(五)가 승리(勝)를 예측하는 것이라 한다(曰). 지형(地)은 국토의 넓이(度)를 낳고(生), 국토의 넓이(度)는 자원의 양(量)을 낳고(生), 자원의 양(量)은 군사의 수(數)를 낳고(生), 군사의 수(數)는 전력의 우위(稱)를 낳고(生), 전력의 우위(稱)는 승리(勝)를 낳는다(生).

度(도): 법도, 길이, 자   量(량): 양, 헤아리다
數(수): 수량, 셈, 세다
稱(칭): 저울(=秤), 저울질하다, 경중(輕重)을 재다

【의역】

용병 원칙의 다섯 가지 요소는 첫째는 국토의 크기, 둘째는 생산량, 셋째는 병력의 수, 넷째는 전력의 우열, 다섯째는 승리 판단이다. 지형에서 국토의 크기가 결정되고, 국토의 크기에서 자원의 양이 결정되고, 자원의 양에서 군사의 수준이 결정되고, 군사의 수준에서 전력의 우열이 결정된다. 전력의 우열이 승리를 결정한다.

【해설】

거꾸로 전쟁의 승리는 전력의 비교에 따른 우위에 있는 나라가 승리하고, 전력의 우위는 전력을 형성하는 자원(인원, 물자)이 많은 나라가 우위에 있고, 자원이 많은 나라는 물자가 풍부하다는 것이고, 물자가 풍부하다는 것은 나라의 크기가 크다고 볼 수 있다. 물론 손자는 상하 단결과 속임수, 기세, 변화와 융통성·창의성, 기습 등을 제시하면서 전쟁 수행을 위한 물리적 양이 절대적인 것이 아님을 보여준다. 그러나 이러한 무형적 요소 내지는 술적 요소 등을 제외하고 표면화된 요소들을 기초로 보면, 여기에서 제시하는 요소들이 전쟁의 승패를 가늠하는 객관적인 요소들임이 분명하다.

일부 서적에서 '度(도)'를 '원정의 길이'로, '量(량)'을 '동원물자의 양'으로, '數(수)'를 '군의 숫자'로 해석하고 있다. 물론 '원정의 길이'가 '동원물자의 양'을 좌우하기도 하지만, 대부분이 적의 상태(규모, 대비형태)에 따라 좌우되는 경우가 더 타당하다. 만약 '量生數(양생수)'에서 동원물자의 양에 의해 군의 숫자가 결정된다고 한다면 실제로는 원정하는 군의 규모에 따라 동원물자의 양이 정해지는 현실과 상반된다.

국토가 넓고 물량과 인적자원이 풍부했던 중국이 역사적으로 오랑캐라고 무시한 변방 국가로부터 자주 침략당하고 그들에 대한 원정에서는 패배한 사례가 많다. 특히, 청일전쟁에서는 무기체계와 수준이 비슷했음에도 훈련 수준이 월등히 우수한 일본군에게 완패하기도 하였다. 따라서 이 내용은 외형적으로 드러나는 전력을 가늠하는 객관적 서술이라 할 수 있다.

··

故勝兵若以鎰稱銖(고승병약이일칭수), **敗兵若以銖稱鎰**(패병약이수칭일). **勝者之戰民也**(승자지전민야), **若決積水於千仞之谿者**(약결적수어천인지계야), **形也**(형야).

【직역】

그러므로(故) 승리(勝)하는 군대(兵)는 일(鎰)로써(以) 수(銖)를 저울질(稱)하는 것과 같고(若), 패배(敗)하는 군대(兵)는 수(銖)로써(以) 일(鎰)을 저울질(稱)하는 것과 같다(若). 이기는(勝) 자(者)가(之) 군사들(民)을 싸우게(戰) 하는 것은(也) 천(千) 길(仞) 높이의(之) 계곡(谿)에 모아(積) 둔 물(水)을 터뜨리는(決) 것(者)과 같은(若) 군형(形)이다(也).

鎰(일): 무게의 단위. 24냥 　　　　銖(수): 1냥의 1/24　　鎰 = 576銖

決(결): 터뜨려 쏟아내다, 터지다　　積(적): 쌓다, 모으다, 부피

仞(인): 길이의 단위. 한 길은 사람의 키 정도의 길이

谿(계): 계곡, 시내(=溪), 시냇물

【의역】

전쟁의 승리는 피·아 전력의 우위에서 결정된다. 승리하기 위해서는 적보다 압도적인 전력의 우위를 확보해야 한다. 그리고 그러한 압도적인 전력을 순간적으로 쏟아낼 수 있는 태세를 갖추는 것이 형세이다.

【해설】

물리학에서 위치에너지를 생각하면 쉽다. Ep = mgh, 중력가속도(g)는 불변하므로, 에너지를 높이기 위해서는 질량(m)과 높이(h)를 변화시켜야 한다. 그래서 나의 질량(m)도 한계가 있으니 높이(h)를 높여서 나의 에너지인 힘을 키워야 한다. 즉 적보다 높은 위치에서 에너지를 크게 할 필요가 있는 것이다. 여기에서 높이(h)는 여러 가지가 있다. 실제로 물리적 위치를 나타내는 감제고지[25], 인공위성, 정찰기 등을 들 수 있고, 심리적인 우위도 필요하다. 심리적으로 상대적 우위를 점하여야 적과 싸워 이길 수 있다. 격투기 경기에서도 경기 전 눈싸움에서 지고 들어가면 지기 십상이다. 실제 전투에서도 상대적 우위를 점하기 위해 적개심을 불태우는 행위를 한다. 그래서 선봉 부대를 중

---

25) 감제고지(瞰制高地) : 적의 활동을 살피기에 적합하도록 주변이 두루 내려다보이는 고지로 적보다 높은 위치.

요하게 여긴다. 왜냐하면, 처음에 전투하는 부대가 이겨야 부대 전체의 사기가 오르기 때문이다.

'形(형)'을 '軍形(군형)'이라고도 한다. 이는 군대의 작전에 있어서 먼저 아군을 불패의 위치에 놓고, 적의 취약점에 아군의 집중된 압도적인 우세로 타격을 가하는 것으로 반드시 승리할 수밖에 없는 상태라고 할 수 있다. 좀 더 폭넓게 바라보면 전력의 우위를 넘어 승리의 여건을 우위에 가져다 놓는 것을 포함한다고 볼 수도 있다. 따라서 일단 적과의 싸움이 시작되면 천 길 낭떠러지에 모아 놓은 물을 일시에 터뜨리는 것과 같이 압도적인 상태로 승리해야 한다.

군형(軍形) 후술

형(形)이란 상대가 감히 범접할 수 없는, 상대를 압도하는 모습의 군대라고 할 수 있다. 따라서 불패의 위치를 점하고 있으면서 싸우면 반드시 승리하는 군대의 위용을 말한다. 군형 편 마지막 구절에 나오는 '若決積水於千仞之谿者'인 '천길 높이 계곡의 물을 가두어 두었다가 터뜨리는 것과 같다'가 바로 형(形)이다.

상대를 압도하는 역량을 가진 군대란 어떤 군대를 말하는가? 소부대로부터 대부대에 이르기까지 실전적인 훈련이 잘되어있고, 사기가 왕성하며, 군기가 엄정한 단결된 군대라고 할 수 있다. 이러한 군대는 구성원 모두가 자신감이 넘치며, 피를 흘리는 전투를 두려워하지 않는다.

상대를 압도하는 것은 무기체계가 우수하고 병력이 많아야 하는 것은 아니다. 전력이 약한 적을 상대로 쉬운 승리를 경험하다 보면 싸우면 항상 이길 수 있는 강한 군대가 되어 간다. 한번 패한 군대는 상대를 두려워하게 되고, 한번 승리한 군대는 상대에 대한 자신감을 느끼게 된다. 그래서 승리한 군대는 계속 승리하고, 패배한 군대는 계속 패배하는 것이다.

실제 예로 6·25전쟁 시 북진을 거듭하던 미군이 중공군의 기습적인 출현으로 패배하다 보니 후퇴를 거듭하였다. 그러다가 미 8군 사령관으로 새로 부임한 '리지웨이' 장군의 전략에 따라 '지평리' 전투에서 승리하게 되고 다시 자신감을 찾게 되었다. 한번 자신감을 되찾으면 사기가 오르고 적을 두려워하지 않게 된다. 당시 미 23연대에 배속되어 전투에 참가한 프랑스대대의 대대장 '몽클레어' 중령은 원래 중장이었는데 한국의 자유를 위해 중령으로 계급을 낮추고 참전한 인물이다. 프랑스대대의 혁혁한 공으로 지평리가 사수되었다.

따라서 무적의 군대를 만드는 것은 상대가 감히 공격할 수 없는 방어태세를 갖추고, 전력이 약해진 적을 상대로 승리를 추구하는 군대다. 적의 전력이 강하면 전력이 약해지거나 허점이 드러나기를 기다리거나, 내부분열을 조장하여 적의 전력을 약화시켜야 한다. 그리고 강한 훈련과 정신교육 등 다양한 방법으로 우군 구성원들의 자신감을 키워야 한다.

제5편 병세(兵勢)[26]

병세 편에서는 말 그대로 '군대의 힘'으로 군대의 편성, 지휘계통, 기정(奇正), 허실(虛實) 등 군대 운용의 기세에 관해 설명하고 있다. 이러한 군대의 힘을 최대로 발휘하여 숫돌로 계란을 치듯이 손쉽게 적을 격파하는 것이다.

군대가 힘을 발휘하기 위해서는 먼저 일사불란한 지휘가 가능하도록 부대가 편성되어야 한다. 그리고 기병(변칙)과 정병(원칙)의 배합전을 수행하여 아군이 전장의 주도권을 확보한 상태에서 조성된 적의 허점에 대하여 최대의 전력을 짧은 순간에 발휘하여 쉬운 승리를 추구해야 한다.

'기정(奇正)'에 관한 함의는 무수하다. '正'의 의미는 '유일한(一) 목표인 적을 향해 공격하는(걸어가는=足) 모습'이라고 할 수 있다. 그래서 적을 정벌하는 것이 정당하다는 명분으로 '바르다'라는 뜻과 정정당당하게 공격한다는 의미가 내포되어 있다. 그리고 '奇'의 의미는 '크

---

26) 원래 '勢'편이다. 전쟁의 기술을 논하고 있어서 '군대의 기세'라는 의미인 '兵勢'라고 했다.

게(大) 보이도록 하는 것이 가능(可)하다'로 일종의 '속임수'라고 보면 된다. 전쟁 자체가 속임수를 바탕으로 하는 것이기 때문에 얼마나 적을 잘 속이냐에 따라 승패가 갈린다. 따라서 '正'의 의미는 '정병', '작전의 원칙', '정면공격', '정공법', '본대', '유형전력', '정력' 등으로 다양하게 해석하고 있다. '기'의 의미는 '기병', '작전의 변칙', '측면이나 후면 공격', '기공법', '특수부대', '무형전력', '계책' 등으로 다양하게 해석하고 있다. 그래서 손자가 '이정합(以正合) 이기승(以奇勝)'이라고 한 것에 대한 해석이 분분하다.

앞 편에서 '형(形)'이 군대의 진형이 적을 압도하는 당당함을 표현하는 위치에너지라면, '세(勢)'는 적을 향해 움직이는 운동에너지라고 할 수 있다. 운동에너지는 속도의 힘을 이용하여 한 번의 전투로 적을 휩쓸어버리는 기세라 할 수 있다. 적을 압도하는 높은 위치에너지를 만들어서 적의 허점에 순간적으로 큰 운동에너지를 구사하는 것이다. 다르게 표현하면 실전적인 훈련으로 왕성한 사기와 엄정한 군기를 갖춘 정예군을 양성하고, 다양한 속임수(탁월한 전술)로 적의 허점을 식별하거나 조성하여 일사불란한 지휘체계로 일격에 적을 쓸어버리는 것이라 할 수 있다.

孫子曰(손자왈), **凡治衆如治寡**(범치중여치과), **分數是也**(분수시야). **鬪衆如鬪寡**(투중여투과), **形名是也**(형명시야). **三軍之衆**(삼군지중), **可使必受敵而無敗者**(가사필수적이무패자), **奇正是也**(기정시야). **兵之所加**(병지소가), **如以碬投卵者**(여이하투란자), **虛實是也**(허실시야).

【직역】

손자(孫子)가 말하길(曰), 무릇(凡) 많은(衆) 병력을 다루는(治) 것과 적은(寡) 병력을 다루는(治) 것을 마찬가지로 할 수 있음(如)은 부대 편성(分數)이다(是也). 많은(衆) 병력을 싸우게 하는(鬪) 것이 적은(寡) 병력을 싸우게 하는(鬪) 것과 마찬가지로 할 수 있음(如)은 지휘수단(形名)이다(是也). 전군(三軍)의(之) 병력(衆)이 반드시(必) 적(敵)을 맞이(受)하여(而) 패(敗)함이 없도록(無) 할 수(可使) 있는 것은 기정(奇正)이다(是也). 군대(兵)가(之) 공격(加)하는 것(所)이 숫돌(碬)로(以) 알(卵)에 던지는(投) 것과 같은(如) 것(者)은 허실(虛實)이다(是也).

分數(분수): 조직편제
鬪(투): 싸우다, 경쟁하다, 싸움, 싸우게 하다
形名(형명): 지휘와 명령체계　　　　受(수): 만나다, 당하다
奇(기): 기이하다, 괴상하다, 뛰어나다, 속임수
正(정): 바르다, 정당하다, 다스리다　　碬(하): 숫돌
投(투): 던지다, 뛰어들다, 보내다　　卵(란): 알, 기르다
虛(허): 비다, 헛되다

【의역】

대체로 적은 병력을 통제하듯이 대규모의 병력을 지휘할 수 있는 것은 군대를 '몇 개로 나눈(分數)' 전투편성을 제대로 했기 때문이다. 적은 병력을 지휘하듯이 대규모 병력을 지휘할 수 있는 것은 '사전에 정한 약속을 잘 표현하는(形名)' 지휘통제수단이 있기 때문이다. 대규모의 군대를 지휘하면서 적과 맞서 싸우더라도 패배하지 않는 것은 기책과 정공법의 원칙을 조화롭게 운용하기 때문이다. 군대가 공격할 때는 숫돌로 알을 깨뜨리듯이 쉽게 이기는 것은 적의 강점과 약점을 잘 알고 있기 때문이다. 이렇듯 군대가 승리하기 위해서는 아군의 지휘체계가 갖추어져 지휘관의 작전 의도에 따라 일사불란하게 부대가 움직일 수 있어야 한다.

【해설】

분수(分數)를 굳이 한 글자씩 풀이하자면 '몇 개로(數) 나눈다(分).'로 볼 수 있다. 그런 의미에서 여러 서적에서 '전투편성'의 의미로 해석하였다. 형명(形名)을 한 글자씩 풀이하자면 '정한 바(名)를 잘 표현한다(形).'로 볼 수 있다. 형명(形名)에 대해 위나라의 조조는 형(形)은 旌旗(깃발)이고, 명(名)은 金鼓(징과 북)이라고 하였다. 무선통신이 발달하지 않았던 고대 시기에는 깃발과 징, 북으로 부대의 전진과 후퇴, 이합집산(離合集散)을 통제했다. 이것들은 당시의 지휘통제 수단이었다.

凡戰者(범전자), 以正合(이정합), 以奇勝(이기승). 故善出奇者(고선출기자), 無窮如天地(무궁여천지), 不竭如江河(불갈여강하). 終而復始(종이부시), 日月是也(일월시야). 死而復生(사이부생), 四時是也(사시시야).

【직역】

무릇(凡) 전쟁(戰)이라는 것(者)은 정병(正)으로(以) 맞붙고(合) 기책(奇)으로 승리(勝)한다. 그러므로(故) 기책(奇)을 잘(善) 내놓는(出) 자(者)는 천지(天地)와 같이(如) 막힘(窮)이 없고(無), 강물(江河)과 같이(如) 마르지(竭) 않는다(不). 끝(終)나면서(而) 다시(復) 시작(始)함은 해(日)와 달(月)이다(是也). 죽(死)으면서(而) 다시(復) 살아남음(生)은 사계절(四時)이다(是也).

合(합): 합하다, 만나다, 싸우다, 맞붙다 　　奇(기): 기이하다, 기만하다, 속임수
窮(궁): 다하다, 궁하다, 마치다, 연구하다　竭(갈): 다하다, 물이 마르다(=渴)
復(부): 다시, 거듭, 회복하다(복), 되돌리다(복), 겹치다(복)

【의역】

대체로 전쟁은 정병(드러나는 예상 가능한 방법으로 병력을 운용하는 것)으로 대적하고 기책(예상할 수 없는 방법으로 병력을 운용하는 것)으로 승리한다. 그러므로 기책을 잘 운용하는 자는 천지처럼 작전에 막힘이 없고 강물처럼 마르지 않는다. 끝난 것처럼 보이면서도 다시 시작하는 것이 해와 달과 같다. 죽은 것처럼 보이면서도 다시 살아나는 것이 사계절의 변화와 같다. 이렇듯 기책의 운용은 자연현상과

같이 무궁무진하다.

【해설】

손자는 전쟁의 속성이 속임수임을 말한다. 따라서 드러난 전력과 보이지 않는 술책이 병합되어 운용되어야 승리할 수 있다고 강조하고 있다. 기책 운용의 설명을 해가 아침에 떠서 저녁에 사라졌다가 다시 다음 날 아침에 뜨기를 반복하고, 달이 초승달, 상현달, 보름달, 하현달, 그믐달에서 다시 초승달로 반복하며, 계절이 봄, 여름, 가을, 겨울에서 다시 봄으로 반복하는 자연현상으로 비유하고 있다. 이렇듯 기책을 자유로운 사고로 무궁무진하게, 그래서 적이 알 수 있을 듯하면서도 모르게 운용할 수 있어야 함을 강조하고 있다.

이정합(以正合) 이기승(以奇勝)에 대해서 다양한 해설이 있다. 통상 '전쟁이란 정병(정력)으로 맞붙고, 기병(기책)으로 승리한다'라고 풀이하고 한다. 정병이란 외부에 드러나는 실질적인 유·무형 전투력을 말한다. 기병이란 적이 알 수 없는 병력 운용을 말한다. 奇正(기정)의 '正(정)'을 드러날 수밖에 없는 병력 운용의 틀이라면, '奇(기)'는 드러나지 않는 병력 운용의 술(術)이라 할 수 있다. 작전의 원칙이란 작전을 계획, 준비, 실시하는 데 있어서 적용해야 할 지배적인 원리로, 이것은 정공법과 변화의 기술을 포함하고 있다고 할 수 있다.

일부 해설서에는 '死而復生(사이부생)'을 '死而更生(사이갱생)'으로 표기하고 있다. 원문에는 '復(부)'가 맞다. 그런데 '從而復始(종이부시)'의 '復(부)'를 '복'으로 표기하고 있어서 바로 잡는다. '復(부)'와 '更(갱)' 모두 '다시'라는 의미를 지니고 있다.

聲不過五(성불과오), 五聲之變(오성지변), 不可勝聽也(불가승청야). 色不過五(색불과오), 五色之變(오색지변), 不可勝觀也(불가승관야). 味不過五(미불과오), 五味之變(오미지변), 不可勝嘗也(불가승상야). 戰勢不過奇正(전세불과기정), 奇正之變(기정지변), 不可勝窮也(불가승궁야). 奇正相生(기정상생), 如循環之無端(여순환지무단), 孰能窮之(숙능궁지).

【직역】

소리(聲)는 다섯 가지(五)에 불과(不過)하지만, 오성(五聲)의(之) 변화(變)는 모두(勝) 들을(聽) 수(可) 없(不)다(也). 색(色)은 다섯 가지(五)에 불과(不過)하지만, 오색(五色)의(之) 변화(變)는 모두(勝) 볼(觀) 수(可) 없(不)다(也). 맛(味)은 다섯 가지(五)에 불과(不過)하지만, 오미(五味)의(之) 변화(變)는 모두(勝) 맛볼(嘗) 수(可) 없(不)다(也). 전쟁(戰)의 형세(勢)는 기정(奇正)에 불과(不過)하지만 기정(奇正)의(之) 변화(變)는 모두(勝) 다할(窮) 수(可) 없(不)다(也). 기(奇)와 정(正)의 서로(相) 낳음(生)은 순환(循環)의(之) 끝(端)이 없는(無) 것과 같아(如) 누가(孰) 그것(之)의 다함(窮)을 알 수(能) 있겠는가?

聲(성): 소리, 이름, 명예, 밝히다
勝(승): 이기다, 훌륭하다, 모두, 다하다
色(색): 색, 빛깔
味(미): 맛, 기분, 취향, 맛보다
窮(궁): 다하다, 끝나다
環(환): 돌아오다, 갚다, 다시

變(변): 변하다, 속이다, 변화
聽(청): 듣다, 판결하다, 밝히다
觀(관): 보다, 점치다, 용모
嘗(상): 맛보다, 일찍이
循(순): 돌다, 좇다
端(단): 끝, 처음, 단정하다

소리의 기본은 다섯 가지에 불과하지만, 이것이 변화하면 모두를
다 듣는 것은 불가능하다. 색의 기본은 다섯 가지에 불과하지만, 이것
이 변화하면 모두를 다 보는 것은 불가능하다. 미각의 기본은 다섯 가
지에 불과하지만, 이것이 변화하면 그 모두를 다 맛보는 것은 불가능
하다. 병력을 운용하는 것도 기정(奇正) 두 가지에 불과하지만, 기정의
변화를 다 알 수는 없다. 기정은 상생하여 서로 승수효과를 내며, 기정
의 변화를 다 알 수는 없다.

【해설】

오성(五聲) : 궁(宮)-도, 상(商)-레, 각(角)-미, 치(徵27))-솔, 우(羽)-라

오색(五色) : 청(靑), 황(黃), 적(赤), 백(白), 흑(黑)

오미(五味) : 쓴맛(苦), 단맛(甘), 신맛(酸), 짠맛(鹹), 매운맛(辛)

....

激水之疾(격수지질), **至於漂石者**(지어표석자), **勢也**(세야). **鷙
鳥之疾**(지조지질), **至於毀折者**(지어훼절자), **節也**(절야). **是故善
戰者**(시고선전자), **其勢險**(기세험), **其節短**(기절단), **勢如擴弩**(세
여확노), **節如發機**(절여발기).

【직역】

세찬(激) 물(水)의(之) 빠름(疾)이 돌(石)을 떠내려가게 하는(漂) 데

---

27) 徵 : 부를 '징'이지만, 음률 이름을 말할 때는 '치'로 읽는다.

에(於) 이르는(至) 것(者)은 기세(勢)다(也). 사나운(鷙) 새(鳥)의(之) 빠름(疾)이 작은 (새의 뼈를) 부러뜨리는(毀節) 데에(於) 이르는(之) 것(者)은 절(節)이다(也). 그러므로(是故) 싸움(戰)을 잘하는(善) 자(者)는 그(其) 세(勢)가 험(險)하고 그(其) 절(節)이 짧다(短). 세(勢)는 당겨진(擴) 활(弩)과 같고(如), 절(節)은 발사하는(發) 기계(機)와 같다(如).

激(격): 격하다, 격렬하다, 세차다
疾(질): 병, 빠르다　漂(표): 표류하다, 띄우다
鷙(지): 맹금(독수리, 매)　　　　毀(훼): 헐다, 부수다, 제거하다
折(절): 꺾다, 부러지다　　　　　毀折(훼절): 부딪쳐 꺾다
節(절): 리듬, 템포, 마디, 절도, 단락　險(험): 험하다, 높다
短(단): 짧다, 가깝다, 결점　　　擴(확): 넓히다, 확대하다, 늘리다
弩(노): 쇠로 된 발사 장치가 달린 활　機(기): 기계, 기회, 계기, 권세

【의역】

　격렬한 물이 빠르고 세차게 흘러 무거운 돌을 떠내려가게 하는 것이 기세다. 사나운 새가 질풍처럼 날라와 작은 새의 뼈를 부러뜨리는 것은 적절한 타이밍의 템포이다. 이래서 전쟁을 잘하는 자는 기세가 험하고 그 템포가 짧다. 그 기세는 잡아당긴 활과 같고 그 템포는 발사하는 방아쇠와 같다.

【해설】

　노(弩)란 화살을 멀리 발사하기 위해서 쇠로 된 방아쇠가 있는 큰 활이다. 따라서 세라는 것은 활의 줄을 당겨 놓은 폭발력이 최대인 상태이다. 절이란 쇠뇌의 방아쇠를 적절한 시기에 당기는 것과 같아야 한다. 전쟁에서 승리하기 위해서는 아군의 유·무형의 전력을 최대로

만든 상태에서 적의 약점에 압도적인 힘을 가장 적절한 순간에(템포를 유지하여) 투사해야 한다.

'節(절)'의 해석을 '거리', '리듬', '템포', '속도' 등으로 다양하게 하고 있다. '節短(절단)'을 해석하기 위해 '거리가 짧다'라고 하면, '節(절)'의 의미가 너무 협소하다. 축구선수가 달리기만 빠르다고 드리블을 잘하는 것은 아니다. 상대의 움직임에 따라 리듬을 탈 수 있어야 한다. 당겨진 쇠뇌를 발사하는 것은 목표물(적)을 맞히기 위함이다. 목표물을 정확히 맞혀 타격을 주기 위해서는 적의 움직임을 고려하여 적절한 시기를 결정하고 제때 발사해야 한다. 따라서 '節(절)'의 의미는 '리듬, 템포, 타이밍'이라 할 수 있다.

쇠뇌인 '弩(노)'는 삼국시대 이전부터 사용되었다. 우리나라의 쇠뇌의 성능이 우수하여 당(唐)이 신라의 노사(弩師) 구진천(仇珍川)을 데려가 쇠뇌를 제작하게 하였다는 기록이 『삼국사기』에 있다.

....

紛紛紜紜(분분운운), **鬪亂而不可亂也**(투란이불가난야). **渾渾沌沌**(혼혼돈돈), **形圓而不可敗也**(형원이불가패야).

【직역】

어지럽고(紛紛) 엉켜서(紜紜) 전투(鬪)가 어지러운(亂) 상태가 되어도(而) 혼란(亂)해질 수(可) 없(不)다(也). 뒤섞이고(渾渾) 엉기어(沌沌) 진형(形)이 둥글게(圓) 되어도(而) 패배(敗)할 수(可) 없(不)다(也).

紛(분): 어지러운 모양, 섞이다　　　紜(운): 어지럽다　渾(혼): 흐리다, 뒤섞다
沌(돈): 어둡다, 엉기다　　　　　　　圓(원): 둥글다, 온전하다, 구르다

【의역】

　피·아가 뒤섞여 어지러운 상태로 전투가 혼란해져도 아군은 지휘 통제가 갖추어져 혼란스럽지 않다. 적과 진형이 혼란스럽게 뒤엉기어도 변화에 자유자재로 융통성 있게 대처하기 때문에 패배하지 않는다. 지휘통제가 잘 된 부대는 전투 중에 적과 뒤섞여도 혼란스럽지 않고, 전투하면서 전방 위주의 방형(方形)에서 사방을 대처하여야 하는 원형(圓形)으로 바뀌어도 패배하지 않는다는 것이다.

【해설】

　'形圓(형원)'의 해석을 '진영을 둥글게 하여'와 '적에게 포위되어'로 해석하는 경우가 있는데, 여기에서는 '진형(陣形)이 원형(圓形)이 되어'와 '적에게 포위된 상황'으로 해석하는 것이 가능하다고 본다. 진의 형태가 전투 중 혼전으로 인해 원형으로 바뀌는 경우로 적에게 포위되는 상황이 있기 때문이다.

· ·

亂生於治(난생어치), **怯生於勇**(겁생어용), **弱生於强**(약생어강). **治亂**(치란), **數也**(수야). **勇怯**(용겁), **勢也**(세야). **强弱**(강약), **形也**(형야).

【직역】

　어지러움(亂)은 다스림(治)에서(於) 생기고(生), 비겁함(怯)은 용감함(勇)에서(於) 생기고(生), 약함(弱)은 강함(强)에서(於) 생긴다(生). 다스림(治)과 혼란(亂)은 부대편성(數)에 달려 있다(也). 용맹함(勇)과 비겁함(怯)은 기세(勢)에 달려 있다(也). 강함(强)과 약함(弱)은 태세(形)에 달려 있다(也).

亂(란): 어지럽다, 다스리다, 무도하다, 난리
治(치): 다스리다, 고치다, 배우다　　　怯(겁): 겁내다, 약하다, 겁쟁이
勇(용): 용감하다, 날래다, 용사(병사)

【의역】

지휘통제 잘되는 군대도 방심하면 혼란이 발생하고, 용감한 군대도 교만하면 비겁함이 생겨난다. 강한 군대도 게으르면 나약함이 생긴다. 잘 통제되는 것과 통제되지 않아 혼란해지는 것은 적절한 전투편성의 여부다. 용맹과 비겁을 결정하는 것은 부대의 기세에 달려 있다. 또한, 강함과 약함은 전투대형(배치와 기동)이 중요하다.

【해설】

부대편성을 통해 지휘의 혼란을 없애고 부대가 잘 지휘통제되도록 한다. 부대의 기세(사기, 군기, 단결)를 통해 비겁함을 용맹함으로 바꾼다. 전투대형을 통해 약점을 보완하여 강점으로 바꾼다.

故善動敵者(고선동적자), **形之**(형지), **敵必從之**(적필종지). **予之**(여지), **敵必取之**(적필취지). **以利動之**(이리동지), **以卒待之**(이졸대지).

【직역】

　그러므로(故) 적(敵)을 잘(善) 조종(動)하는 자(者)는 이익(之)을 보여주고(形), 적(敵)이 반드시(必) 그것(之)을 쫓도록(從) 한다. 이익(之)을 주고(予), 적(敵)이 반드시(必) 그것(之)을 취하도록(取) 한다. 이익(利)으로(以) 적(之)을 움직이고(動), 부대(卒)로(以) 적(之)을 기다린다(待).

形(형): 모양, 형태, 드러내다, 나타내다
從(종): 쫓다, 따르다, 모시다　　　予(여): 나, 주다
動(동): 움직이게 하다　　　　　　卒(졸): 군사, 집단

【의역】

　적을 잘 조종하는 자는 이익을 보여주고 적이 반드시 그것을 쫓게 한다. 작은 이익을 주어 적이 반드시 그것을 취하도록 만들고, 이익으로 적을 움직이게 하여 아군은 준비된 부대로 성급하고 준비가 미흡한 적을 기다렸다가 격멸한다.

【해설】

　고대로부터 현대전에 이르기까지 전쟁을 잘하는 장수는 적의 견고한 진형이나 태세를 무너뜨린다거나, 아군에게 유리한 조건에서 싸우

기 위해 거짓의 모습(이익)을 보여주어 유인책을 잘 구사했다.

'以卒待之(이졸대지)'의 '卒(졸)'을 '本(본)'으로, '근본태세'나 '본대'로 해석하는 경우도 있다.

대표적인 '形之(형지)'의 사례로 고구려의 을지문덕 장군이 수나라에 거짓으로 패하는 척하면서 평양까지 유인하여 수나라의 전력을 고갈시킨 사례나, 제2차 세계대전 시에 '사막의 여우' 롬멜이 아프리카 전역에서 영국군과 기갑전을 할 때 사전에 88밀리 대공포로 매복 진지를 형성해 놓고 독일군의 소부대 전차로 영국군의 전차부대를 유인하여 격파한 사례가 있다.

....

故善戰者(고선전자), **求之於勢**(구지어세), **不責於人**(불책어인). **故能擇人而任勢**(고능택인이임세). **任勢者**(임세자), **其戰人也**(기전인야), **如轉木石**(여전목석). **木石之性**(목석지성), **安則靜**(안즉정), **危則動**(위즉동), **方則止**(방즉지), **圓則行**(원즉행). **故善戰人之勢**(고선전인지세), **如轉圓石於千仞之山者**(여전원석어천인지산자), **勢也**(세야).

【직역】

그러므로(故) 전쟁(戰)을 잘하는(善) 자(者)는 세(勢)에서(於) 승리(之)를 구(求)하고, 사람(人)에게서(於) 책임(責)을 지우지 않는다(不). 그러므로(故) 사람(人)을 잘(能) 선택(擇)하고(而) 세(勢)를 맡긴다(任). 세(勢)를 맡기는(任) 것(者)은 그(其) 싸우는(戰) 사람(人)을 나무(木)나 돌(石)을 굴리는(轉) 것과 같게(如) 하는 것이다(也). 목석(木石)의(之)

성질(性)은 안정(安)되면(則) 조용(靜)하고, 위태(危)로우면(則) 움직인다(動). 모(方)나면(則) 정지(止)하고, 둥글(圓)면(則) 움직인다(行). 그러므로(故) 전쟁(戰)을 잘하는(善) 사람(人)의(之) 기세(勢)는 천(千) 길(仞) 높이의(之) 산(山)에(於) 있는 둥근(圓) 돌(石)을 굴리는(轉) 것과 같은(如) 것(者)이며 이를 세(勢)라고 한다(也).

責(책): 꾸짖다, 나무라다, 책임   擇(택): 가리다, 고르다, 선택하다
任(임): 맡기다, 맡다, 책무   轉(전): 구르다, 회전하다, 터득하다
靜(정): 고요하다, 깨끗하다, 조용하다   方(방): 모, 네모, 방위, 방법
仞(인): 길다, 재다, 깊다, 길(길이의 단위)

【의역】

전쟁을 잘하는 자는 전쟁이 승패를 세에서 구하지, 다른 사람에게 책임을 묻지 않는다. 그러므로 능력 있는 자를 택하여 그에게 권한을 준다. 세를 잘 다루는 자는 전쟁을 할 때 전력을 나무와 돌을 굴리는 것과 같이 운용한다. 나무와 돌의 성질은 안정된 곳에서는 움직이지 않고, 위태로운 곳에서는 움직인다. 네모난 것은 정지하고 원형의 것은 굴러간다. 그러므로 세를 만들어 전쟁을 잘하는 자는 원형의 돌을 천 길 높이의 산에서 굴리는 것과 같다.

【해설】

세의 특성을 잘 활용하는 자가 전쟁에서 승리하는 것이다. 세라는 것은 높은 산에서 잘 굴러가는 둥근 돌을 굴리는 것처럼, 가속을 붙여서 에너지를 최대로 높인 상태로 적을 타격하는 것이다.

세(勢)를 통상 '기세(氣勢)', '형세(形勢)', '권세(權勢)'로 표현하고 있다. 모두 '세력'을 의미한다. 즉 힘을 만들어내고 힘을 운용하는 것

이라고 할 수 있다. 지휘관은 군대 집단의 힘을 어떻게 하면 최대로 키우고, 가장 날카롭고 사납게 만들 수 있는지에 대해 연구하여 실제 작전에 구사할 수 있어야 한다.

병세(兵勢) 후술

뛰어난 전략가가 되기 위해서는 용병술의 원리를 터득해야 한다. 용병술의 원리는 수학의 공식처럼 자연과 인간관계의 원리를 이해하고 실생활에 적용이 가능한 상태라고 볼 수 있다. 예를 들어 뉴턴의 힘의 법칙을 전장의 상황과 연결해 볼 수 있다. 전쟁은 상대가 있는 피·아의 승부 세계이기에 이기기 위해서는 적보다 나의 힘이 상대적으로 커야 한다. 나의 힘(전력)을 키우는 방법이 무엇인지를 상정해 보고, 뉴턴의 힘의 2법칙인 'F=ma' 즉, '힘=질량×가속도'를 적용해 보자. 먼저 m(질량)은 '유형전력'으로 단시간 내에 키울 수가 없다. 또한 인적, 물적 자원 등 국가적 지원의 한계가 있다. 물론 장기적인 계획으로 적보다 우수한 무기체계를 개발하고 정예 강병을 육성하는 것도 중요하다. 따라서 유형전력의 육성과 함께 a(가속도)인 '무형전력'을 최대로 키워야 한다. 무형전력에는 '사기', '군기', '단결', '지휘통솔력', '작전 수행능력', '책략', '전략·전술', '전통과 명예', '군인정신', '책임감' 등 수없이 많다. 이중 전군의 사기가 왕성하고, 군기가 엄정하며, 최고 지휘관을 중심으로 굳게 단결된 상태로 만들고, 적의 약점을 최대로 활용할 수 있는 기책(奇策)을 적보다 빠른 템포로 펼쳐나간다면 승리할 수 있다.

세(勢)는 에너지와 같다. 에너지를 크게 위치에너지와 운동에너지로 구분하여 설명하면, 위치에너지는 'Ep=mgh'인 '질량×중력가속도×높이'이다. 중력가속도(g)는 변화가 없으므로 질량(m)과 높이(h)

를 조정하되, 질량도 한계가 있어서 높이를 높여야 에너지를 증대시
킬 수 있다. 높이에는 무형전력도 포함된다. 적을 정신적으로 압도하
는 자세, 적을 패배시킬 수 있다는 강한 전투의지, 부대 조직력 등을
포함할 수 있다. 스포츠에서도 상대나 상대팀에게 지지 않는다는 생각
과 이길 수 있다는 자신감이 무엇보다 중요하다. 그리고 운동에너지는
'Ek=1/2mv2'인 '질량×속도2'이다. 질량(m)의 크기는 한계가 있으므
로 속도(v)를 높여야 한다. 속도를 높이면 에너지는 두 배로 늘어난다.
속도에는 부대의 기동 속도, 작전 수행력, 상황 판단력 등이 있다. 운
동에너지를 크게 하려면 아군이 적군보다 빠르게 판단하고 신속하게
기동해야 한다. 그렇게 하면 적보다 유리한 위치를 점할 수 있게 되고,
적의 허점을 타격할 수 있는 여건을 조성할 수 있다. 따라서 군대의 에
너지인 세를 크게 하려면 상대보다 높은 위치에서 빠른 속도를 발휘하
도록 평상시 군대를 체계적으로 훈련하고 육성해야 한다.

제6편 허실(虛實)

허실 편에서는 적을 이기는 비결로 아군의 '實'로써 적의 '虛'를 치라고 한다. 변화무쌍한 허실 속에서 적을 아군의 의지대로 움직이되, 적에게 조종당해서는 안 된다는 것을 강조한다.

손자는 아군이 공격할 때 적이 방어할 수 없는 것은 적의 허를 찔렀기 때문이고, 아군이 물러날 때 적이 추격할 수 없는 것은 아군의 이동속도가 빨라서 적이 따라올 수 없기 때문이라고 하였다. 이렇듯 아군은 공격할 때는 집중된 힘으로 적의 허점을 치고, 철수할 때는 일사불란한 지휘통제로 적의 추격 속도를 능가해야 한다.

손자는 적은 드러나게 하고 아군은 드러나지 않게 하여, 아군은 집중하고 적은 분산시켜서 열로써 하나를 치는 효과를 발휘해야 한다고 하고 있다. 이는 상대적 전투력 우세를 달성하여 적을 각개 격파하는 효과를 발휘하는 것이다.

허실 편의 핵심은 한마디로 표현하면 '피실격허(避實擊虛)'이다. 적의 강점은 피하고 허점이나 약점을 치라는 뜻으로, 실제 전장에서는 대단히 어려운 과제이다. 피실격허를 실제 전장에서 구현하기 위해서는 우선 아군에 대한 지휘통제 체계가 완벽하게 갖추어져야 한다. 지휘통제 체계가 확립되지 않은 부대는 전투력 발휘가 제대로 되지 않는다. 지휘관의 의도대로 전술적 운용이 불가하기 때문이다. 다음은 정보 능력의 우위가 달성되어야 한다. 적의 강점과 약점을 파악하기 위해서는 정보력이 적보다 우세하지 않고서는 불가능하다. 그리고 작전보안이 철저하게 유지되어 아군의 기밀이 누설되지 않도록 하고, 적이 아군을 정탐하지 못하게 해야 한다. 그다음은 전장의 주도권을 쥐고 아군의 의도대로 적을 유인하고, 아군이 원하는 지역에서 압도적인 전투력으로 전투력이 약화된 적을 쳐야 한다.

손자는 용병의 이치는 물의 성질과 같다는 '병형상수(兵形象水)'로 표현하고 있다. 물은 땅의 형태에 따라 다양한 흐름을 만들어내듯이, 최상의 용병술은 적의 허실에 따라 다양하게 변화하여 승리를 만들어 낸다는 것이다. 이는 전략가는 자연의 현상이나 법칙을 용병술에 적용하는 응용력과 상황변화에 대한 융통성·창의성을 갖추어야 한다는 의미이기도 하다. 탁월한 전략가가 되기 위해서는 일상적인 상식을 용병술에 활용할 수 있도록 세상의 이치를 단순화하여 이해하고 활용하도록 하여야 한다. 원리를 알되 관념을 타파해야 한다.

孫子曰(손자왈), **凡先處戰地而待敵者佚**(범선처전지이대적자 일), **後處戰地而趨戰者勞**(후처전지이추전자로). **故善戰者**(고선전 자), **致人而不致於人**(치인이불치어인).

【직역】

손자(孫子)가 말하길(曰), 대체로(凡) 먼저(先) 싸우는(戰) 장소(地) 를 차지(處)하고(而) 적(敵)을 기다리는(待) 자(者)는 편안(佚)하고, 싸 우는(戰) 장소(地)를 늦게(後) 차지(處)하고(而) 싸움(戰)을 쫓는(趨) 자 (者)는 수고롭다(勞). 그러므로(故) 싸움(戰)을 잘하는(善) 자(者)는 적 (人)을 이끌어가(致)고(而) 적(人)에게(於) 이끌리지(致) 않는다(不).

佚(일): 편안하다(↔勞), 숨다, 달아나다　　　趨(추): 달리다, 뒤쫓다
致(치): 도달하다, 부르다, 가하다, 지배하다(주도하다), 끌어들이다

【의역】

대체로 전장(戰場)을 선점하여 적군을 상대하는 군대는 편안하다. 전장에 적보다 늦게 도착하여 황급하게 싸움을 쫓는 군대는 전열이 흐 트러지고 피로하다. 그래서 전쟁을 잘하기 위해서는 사전에 충분하게 전투 준비가 된 상태에서 전투 준비가 미흡한 적을 맞아 싸우고, 전장 (戰場)의 주도권을 쥐고 나의 의도대로 작전해야 한다.

【해설】

'致人而不致於人(치인이불치어인)'에서 '致(치)'가 '도달하다', '끌어 들인다', '(압력, 영향 등을) 가하다, 지배하다(주도하다)'의 의미로, '致

人(치인)'은 '주도권을 쥐고 적을 다양한 속임수로 나의 의대대로 끌고 간다'라는 뜻이고, '不致於人(불치어인)'은 '적의 속임수나 의도에 휘말리지 않는다'라는 뜻이다.

....

能使敵人自至者(능사적인자지자), **利之也**(이지야). **能使敵人不得至者**(능사적인부득지자), **害之也**(해지야). **故敵佚能勞之**(고적일능로지), **飽能飢之**(포능기지), **安能動之**(안능동지).

【직역】

능히(能) 적(敵人)으로 하여금(使) 스스로(自) 오도록(至) 하는 것(者)은 적(之)을 이롭게 하기(利) 때문이다(也). 능히(能) 적(敵人)으로 하여금(使) 원하는 곳에 이르지(至) 못하게(不得) 하는 것(者)은 적(之)을 해롭게 하기(害) 때문이다(也). 그래서(故) 적(敵)이 편히 쉬면(佚) 적(之)을 피로(勞)하게 할 수(能) 있어야 하고, 적이 배가 부르면(飽) 적(之)을 굶주리게(飢) 할 수(能) 있어야 하며, 적이 편안(安)하면 적(之)을 움직이게(動) 할 수(能) 있어야 한다.

利(이): 이롭다, 이롭게 하다   害(해): 해롭다, 해롭게 하다, 해로움(↔利)
飽(포): 배부르다(↔飢), 만족하다, 배불리
飢(기): 굶주리다, 주리다(=饑), 기근

【의역】

이익과 해로움을 적절하게 운용해서 내게는 유리하고, 적에게는 불리하게 하여, 적을 나의 의도대로 마음대로 조종할 수 있어야 함을 강조하고 있다. 적을 지속적으로 괴롭혀 지치게 해서 적이 수동적인 상태가 되게 하여 아군이 전장의 주도권을 계속 유지해야 한다.

【해설】

'敵佚能勞之(적일능로지)'는 적이 편하게 쉬고 있으면 쉴 수 없도록 적을 피로하게 계속 괴롭히라는 의미다. 적이 피로하면 만사가 귀찮아서 전투에 집중할 수 없고, 아군이 작전을 주도할 수 있다.

⋯⋯⋯⋯⋯⋯⋯⋯⋯⋯⋯⋯⋯⋯⋯⋯⋯⋯⋯⋯⋯⋯⋯⋯⋯⋯⋯⋯⋯

出其所不趨(출기소불추)**, 趨其所不意**(추기소불의)**. 行千里而不勞者**(행천리이불로자)**, 行於無人之地也**(행어무인지지야)**.**

【직역】

적(其)이 쫓아(趨) 올 수 없는(不) 곳(所)으로 나아가고(出), 적(其)이 생각하지(意) 못한(不) 곳(所)으로 나아간다(趨). 천(千) 리(里)를 행군(行)해도(而) 피로(勞)하지 않은(不) 것(者)은 적(人)이 없(無)는(之) 지역(地)으로(於) 행군(行)하기 때문이다(也).

【의역】

적이 추격하거나 생각하지 못한 곳으로 진격해야 불의의 기습을 달성할 수 있고, 적이 배치되지 않은 곳으로 행군해야 적의 저항이 없으므로 피로하지 않다.

【해설】

'出其所不趨(출기소불추)'는 적이 아군을 추격할 수 없는 곳으로 진격하라는 의미다. 적이 아군의 진격을 알았다 하더라도 대응할 시간이 없어서 추격이 불가하게 만들라는 의미도 포함한다.

攻而必取者(공이필취자), 攻其所不守也(공기소불수야). 守而必固者(수이필고자), 守其所不攻也(수기소불공야).

【직역】

공격(攻)하여(而) 반드시(必) 탈취할(取) 수 있는 것(者)은 적(其)이 지키지(守) 않는(不) 곳(所)을 공격(攻)하기 때문이다(也). 지켜(守)서(而) 반드시(必) 견고하게(固) 할 수 있는 것(者)은 적(其)이 공격(攻)할 수 없는(不) 곳(所)을 지키기(守) 때문이다(也).

【의역】

공격 시에는 적의 대비상태를 알고 적의 취약점을 공격하기 때문에 내가 원하는 것을 얻을 수 있고, 방어 시에는 나의 취약점을 적이 알 수 없도록 해서 나의 대비된 강점에 적이 공격하기 때문에 적의 공격이 성공할 수 없다.

【해설】

'攻其所不守也(공기소불수야)'는 적이 지키지 않는 방어가 취약한 곳을 공격한다는 의미다.

故善攻者(고선공자), **敵不知其所守**(적부지기소수). **善守者**(선수자), **敵不知其所攻**(적부지기소공).

【직역】

그러므로(故) 공격(攻)을 잘한다(善)면(者) 적(敵)이 지켜야(守) 할 그(其) 곳(所)을 알지(知) 못하게(不) 하고, 방어(守)를 잘한다(善)면(者) 적(敵)이 공격(攻)할 그(其) 곳(所)을 알지(知) 못하게(不) 한다.

【의역】

공격을 잘하는 자는 아군의 공격 기도가 노출되지 않도록 하여 적이 방어해야 할 장소를 알지 못하게 한다. 방어를 잘하는 자는 아군의 취약점이 노출되지 않도록 하여 적이 공격해야 할 장소를 알지 못하게 한다.

【해설】

공격할 때는 적이 어느 곳을 방어해야 할지 모르게 아군의 작전 기도가 노출되지 않아야 하며, 양공(佯攻)[28]과 양동(佯動)[29]을 적절하게 배합해야 한다. 방어할 때는 적에게 아군의 취약점이 노출되지 않도록 하여 적이 공격을 집중해야 할 곳을 알지 못하게 해야 한다.

　'者(자)'는 '사람'이나 '부대', 또는 '~하면'으로 해석할 수 있다.

---

28) 거짓으로 공격하는 것으로, 실제 일부 전력(병력, 화력 등)으로 적과 접촉하는 공격 형태이다.

29) 거짓으로 행동을 하는 것으로, 실제 접촉을 하지 않고 부대 전개나 집결 등을 통해 적으로 하여금 오인하여 내가 원하는 방향으로 대응케 하는 데에 그 목적이 있다.

微乎微乎(미호미호), 至於無形(지어무형). 神乎神乎(신호신호),
至於無聲(지어무성). 故能爲敵之司命(고능위적지사명).

【직역】

미묘(微)하고(乎) 미묘(微)하구나(乎). 형태(形)가 없음(無)에(於) 도
달함(至)이여. 신비(神)하고(乎) 신비(神)하구나(乎). 소리(聲)가 없음
(無)에(於) 도달함(至)이여. 그러므로(故) 능히(能) 적(敵)의(之) 목숨
(命)을 맡게(司) 할(爲) 수 있다.

微(미): 작다, 미묘하다   司(사): 맡다, 관장하다, 주관하다, 벼슬

【의역】

뛰어난 전략 전술의 운용은 미묘하여 형체가 없고, 신비하여 소리도
들리지 않는다. 그래서 적의 목숨을 마음대로 주관할 수 있다.

【해설】

본 편에서의 '形(형)'은 형태, 정해진 틀(형식, 방법), 드러나다(보여
지다, 드러나게 하다), 모습 등의 뜻으로 이해할 수 있다.

일부 해설서에서는 '미세하게 다가오니 형체가 없구나. 귀신같이 다
가오니 소리가 없구나. 그러므로 이런 것이 가능해야만 적의 생명을
주관할 수 있는 것이다.'라고 해석하는 경우도 있다. 한자의 해석을 너
무 좁게 하여 의역이 지나친 경우라 할 수 있다.

'能爲敵之司命(능위적지사명)'에서 '司命(사명)'은 생사를 관장하는

성명(星名)[30], 또는 신의 이름이다. 여기서는 '주관자'로 해석할 수도 있다.

··

進而不可禦者(진이불가어자), **衝其虛也**(충기허야). **退而不可追者**(퇴이불가추자), **速而不可及也**(속이불가급야).

【직역】

진격(進)하면(而) 막을(禦) 수(可) 없는(不) 것(者)은 적(其)의 허점(虛)을 찌르기(衝) 때문이다(也). 물러(退)나면(而) 추격(追)이 불가(不可)한 것(者)은 빨라(速)서(而) 미칠(及) 수(可) 없기(不) 때문이다(也).

禦(어): 막다, 방어하다, 금하다, 방어(↔攻)   衝(충): 찌르다, 치다, 부딪히다
追(추): 쫓다, 추격하다, 구하다   及(급): 미치다, 이르다, 함께

【의역】

공격할 때는 적의 대비태세가 취약한 곳을 쳐서 적이 미처 방어할 수 없도록 하고, 물러날 때는 지휘체계가 유지된 상태에서 신속하게 실시하여 적이 추격할 수 없도록 해야 한다. 적의 반격을 받아 공격작전이 실패했거나 차후 작전을 위해 유리한 지역으로 이동할 때 지휘통제 속도가 저하된다면 적의 공격으로 회복할 수 없는 피해를 볼 수도 있다.

---

30) 북두칠성의 네 번째 별인 '생명을 주관하는 별'을 의미한다.

'衝其虛也(충기허야)'는 적이 대비하지 않았거나 대비가 미흡한 적의 허점을 공격한다는 의미다. 여기에서 '衝(충)'은 '치다, 공격하다'의 뜻이다.

....

故我欲戰(고아욕전), 敵雖高壘深溝(적수고루심구), 不得不與我戰者(부득불여아전자), 攻其所必救也(공기소필구야).

【직역】
그러므로(故) 내(我)가 싸우(戰)고자(欲) 하면 적(敵)이 비록(雖) 높은(高) 성채(壘)와 깊은(深) 참호(溝)를 하고 있어도 아군(我)과(與) 싸울(戰) 수밖에 없는(不得不) 것(者)은 적(其)이 반드시(必) 구원(救)해야 할 곳(所)을 공격(攻)하기 때문이다(也).

壘(루): 보루, 진, 성채   溝(구): 도랑, 해자(참호)
救(구): 구원하다, 돕다, 고치다

【의역】
내가 싸우고자 하면 적이 비록 높은 성곽을 쌓고, 깊은 구덩이를 파고 요새화하여 방비하더라도 부득이 나와 싸울 수밖에 없는 이유는 반드시 구하지 않을 수 없는 장소를 공격하기 때문이다. 이는 적이 소중하게 여기고 아끼는 것이나 취약점을 공격하여, 적이 견고한 진지를 버리고 아군에게 유리한 상황 속에서 싸우도록 해야 한다.

【해설】

한(漢)나라의 한신(韓信)이 조(趙)나라를 공격할 때 단순하게 배수의 진을 쳐서 승리한 것으로 착각하는 경우가 많다. 조나라 대군이 지형적 이점을 활용한 영루(營壘)에서 지키고 있어서 조나라 군사가 성(城)이라는 유리한 곳에서 나오도록 배수의 진을 친 것이다. 물론 거짓 패배라는 유인책을 활용하고 성을 점령할 예비병력을 두어 배합 전투가 가능하도록 사전에 조치하여 작전의 성공을 보장했다. 배수진이 실패한 대표적인 사례로는 임진왜란 시 신립(申砬) 장군이 충주 탄금대에서의 실시한 배수의 진이다. 훈련되지 않은 향군(농민군) 8천여 명이 지형의 이점을 전혀 활용하지 못해 전투력이 우수한 왜군에 의해 몰살당한 것이다. 혹자는 『손자병법』의 '사지에 몰아넣은 후에야 살게 되고, 망할 지경이 되어서야 존재하게 된다'라는 문구로 당시에 어쩔 수 없는 선택이었다고 항변하기도 하지만, 용병술에 대한 전문지식이 부족한 장수는 전쟁이나 전투에서 아군에게 커다란 재앙이 될 수 있음을 망각해서는 안 된다. 그래서 '무능한 간부는 적보다 무섭다'라는 경구가 있다.

삼십육계에 비슷한 문구가 '조호이산(調虎離山)'이다. 호랑이는 산이라는 유리한 지형을 활용하기 때문에 호랑이를 꾀어서 산을 떠나게 한다는 것이다. 즉, 호랑이의 이점을 빼앗아 힘을 약화한 다음에 공격한다는 전략이다.

我不欲戰(아불욕전), 雖劃地而守之(수획지이수지), 敵不得與
我戰者(적부득여아전자), 乖其所之也(괴기소지야).

【직역】

내(我)가 싸우지(戰) 않고자(不欲) 하면 비록(雖) 땅(地)에 선을 긋
고(劃)서(而) 그것(之)을 지키(守)더라도 적(敵)이 아군(我)과(與) 싸울
(戰) 수 없는(不得) 것(者)은 적(其)이 싸우고자 하는(之) 바(所)를 어그
러지게(乖) 하기 때문이다(也).

劃(획): 긋다, 계획하다, 나누다   乖(괴): 어그러지다, 어긋나다, 거스르다

【의역】

아군이 전투하고 싶지 않으면 비록 땅에 선을 긋고 방어하더라도,
적이 아군과 감히 싸울 수 없는 이유는 적이 가고자(싸우고자) 하는 의
도를 무너뜨려 놓기 때문이다. 이렇듯 아군의 작전 의도가 적에게 탐
지되지 않아야 하고, 적으로 하여금 스스로 공격에 대한 의구심을 갖
도록 해야 한다. 사전에 소부대 전투에서 승리를 통해 적에게 두려움
을 주었다면 더욱더 효과적이다.

【해설】

일부 해설서에 '劃(획)' 대신에 '畫'로 표기되어 있다. '畫'는 '그림'을
뜻할 때는 '화'로 '긋다'를 뜻할 때는 '획'으로 읽는다. 여기에서는 '긋다'
의 뜻이므로 '劃(획)'과 같은 의미이다.

괴(乖)는 '어그러지다', '어긋나다'의 뜻으로 여기에서는 적의 의도를

무너뜨린다는 뜻을 내포하고 있다. 예를 들면 적이 공격하면 함정에 빠질 것이라는 의심을 들게 하여 적의 의도를 꺾어놓거나 흩트려 놓는 것을 말한다.

공격할 때는 누구나 상대의 전술을 고려하게 마련이다. 특히, 중요 지형을 통과할 때는 더욱 그러하다. 임진왜란 때에도 왜군이 조령(鳥嶺)을 넘을 때 조선군의 배치에 촉각을 곤두세우면서 접근했다. 전혀 병력 배치가 되어있지 않은 것을 알고 조선 장수들의 실력을 더욱 얕보게 되었다. 또한 왜군이 대동강을 건너려고 할 때도 배가 없어서 도하를 못 하던 때에 어설픈 기습으로 반격당해 도주하다가 강의 도섭[31] 지점이 드러나 곧바로 평양성이 함락되기도 하였다.

....

故形人而我無形(고형인이아무형)**, 則我專而敵分**(즉아전이적분)**. 我專爲一**(아전위일)**, 敵分爲十**(적분위십)**, 是以十攻其一也**(시이십공기일야)**.**

【직역】

그러므로(故) 적(人)의 진형을 드러나게(形) 하고(而) 나(我)의 진형은 드러나지(形) 않게(無) 한다면(則) 아군(我)은 하나로(專) 집중하게 되고(而) 적(敵)은 분산(分)된다. 아군(我)은 오로지(專) 하나(一)가 되고(爲), 적(敵)은 분산(分)되어 열(十)이 된다(爲). 이것(是)은 열(十)로

---

31) 공병의 도움 없이 병력이나 장비가 소하천이나 개울을 건너는 것을 말한다. 반면에 '도하'는 수심이 깊은 강이나 하천을 공병이 설치한 부교, 단정, 문교 등을 이용하여 극복하는 것을 말한다.

써(以) 적(其)의 하나(一)를 공격(攻)하는 것이다(也).

專(전): 오로지, 하나로 되다(專一: 동일하다, 일치하다)

【의역】

적은 드러나게 하고 아군은 드러나지 않게 한다. 이로써 아군의 역량은 전부 한 곳으로 집중할 수 있게 되고 적은 분산될 수밖에 없게 된다. 아군을 전부 한 곳으로 집중하게 하고 적군을 열 곳으로 분산시킨다면, 열의 힘으로 적의 하나를 공격하는 것과 같게 된다.

【해설】

전력에 대한 작전보안의 중요성을 강조하고 있다. 적은 아군의 공격 기도를 모르기 때문에 방어전력을 분산하여 배치할 수밖에 없고, 아군은 적의 전력이 분산된 약점에 공격력을 집중할 수 있다. 물론 좀 넓게 보면 정보 분야 전체에서의 우위를 강조하고 있는 부분이라 볼 수도 있다.

···

則我衆而敵寡(즉아중이적과), **能以衆擊寡者**(능이중격과자), **則吾之所與戰者約矣**(즉오지소여전자약의).

【직역】

즉(則), 아군(我)은 많(衆)고(而) 적(敵)은 적다(寡). 다수(衆)로(以) 적은(寡) 것(者)을 공격(擊)할 수(能) 있다면(則) 아군(吾)이(之) 맞서(與) 싸워야(戰) 할 곳(所)이(者) 줄어(約)든다(矣).

寡(과): 적다(↔衆), 드물다

與(여): 적대하다(맞서다), 대치하다, 함께(더불어)

約(약): 맺다, 약속하다, 줄어들다, 적어지다

【의역】

아군은 집중하고 적은 분산되면, 아군은 수가 많고 적군은 적어지게 된다. 이렇듯이 많은 수의 아군으로 부족한 적군을 공격하면 아군이 싸워야 할 대상은 줄어드는 셈이다. 이렇듯 적은 전력이 분산 배치되어 묶이게 되어, 적의 약한 부분에 아군의 병력을 집중하여 국지적인 전력 우세를 달성할 수 있다.

【해설】

일부 해설서에서 '約(약)'을 '곤경에 처하게 된다.'라고 풀이하는데 오역에 가깝다. 여기에서 '約(약)'은 '묶는다'의 뜻이 아닌 '줄어들다', '적다(寡)'의 뜻이다.

....

吾所與戰之地(오소여전지지), **不可知**(불가지), **則敵所備者多**(즉적소비다자), **敵所備者多**(적소비자다), **則吾之所戰者寡矣**(즉오지소전자과의).

【직역】

아군(吾)이 함께(所與) 싸워야(戰) 하는(之) 장소(地)를 알(知) 수 없게(不可) 하면(則) 적(敵)이 대비(備)해야 하는(所) 곳(者)이 많아(多)

진다. 적(敵)이 대비(備)해야 하는(所) 곳(者)이 많아(多)지면(則) 아군(吾)이(之) 싸워야(戰) 할(所) 곳(者)은 적(寡)다(矣).

備(비): 갖추다, 준비하다, 대비하다, 경계

【의역】

아군이 싸울 장소를 적이 모르면 모든 곳을 대비해야 하므로 적의 배비 강도가 약해지고 허점이 많이 노출될 수밖에 없다. 반면에 아군은 적의 허점에 대한 타격의 강도를 높일 수 있다.

【해설】

'敵所備者多(적소비자다)'는 적이 대비해야 할 곳이 많다는 의미로 아군의 작전 기도가 노출되지 않아 적이 싸울 장소를 모르면 적이 아군의 공격에 대비해야 할 장소가 많아진다는 뜻이다.

....

故備前則後寡(고비전즉후과), **備後則前寡**(비후즉전과). **備左則右寡**(비좌즉우과), **備右則左寡**(비우즉좌과). **無所不備**(무소불비), **則無所不寡**(즉무소불과). **寡者備人者也**(과자비인자야), **衆者使人備己者也**(중자사인비기자야).

【직역】

그러므로(故) 전방(前)을 대비(備)하면(則) 후방(後)이 적어(寡)지고, 후방(後)을 대비(備)하면(則) 전방(前)이 적어(寡)진다. 좌측(左)을 대비(備)하면(則) 우측(右)이 적어(寡)지고, 우측(右)을 대비(備)하면(則) 좌측(左)이 적어(寡)진다. 대비(備)하지 않은(不) 곳(所)이 없다(無)면(則) 부족(寡)하지 않은(不) 곳(所)이 없다(無). 적다(寡)는 것(者)은 적(人)을 대비(備)하는 것(者)이요(也), 많다(衆)는 것(者)은 적(人)으로 하여금(使) 아군(己)을 대비(備)하게 하는 것(者)이다(也).

【의역】

적은 아군의 타격 방향에 전력을 집중하기 때문에, 적의 전력을 전방에 집중하면 후방이 열세해지고, 후방에 집중하면 전방이 열세해진다. 좌측을 대비하면 우측이 열세해지고, 우측을 대비하면 좌측이 열세해진다. 대비하지 않을 곳이 없다면 부족하지 않은 곳이 없다. 병력이 적은 이유는 모든 곳의 적에 대비하여야 하기 때문이다. 아군이 많은 이유는 적에게 아군을 대비하도록 만들기 때문이다.

【해설】

작전의 성공을 위해서는 공격 기도에 대한 보안이 그만큼 중요한 것이다. 아군의 기도가 노출되지 않아야 적의 대비가 분산되기 때문이다. 물론 아군의 기도를 기만하기 위한 활동도 필요하다. 이렇듯 모든 곳을 대비하려고 하면 병력이 부족할 수밖에 없다. 따라서 아군은 적이 모든 곳을 대비하도록 만들어야 한다. 그래서 적의 대비 전력을 약화해야 한다.

'衆者使人備己者也(중자사인비기자야)'의 '己(기)'를 '적 자신'이라 하여 "우세하다는 것에게 하여금 자신을 대비하게 하기 때문이다."라고 해석하는 서적도 있다. 여기에서는 '人(인)'과 '己(기)'가 대비되어 있고, 적이 대비하는 것은 아군을 말하기 때문에 "아군이 많은 이유는 적으로 하여금 아군을 대비케 하기 때문이다"라고 해석하는 것이 타당하다.

．．

故知戰之地(고지전지지), **知戰之日**(지전지일), **則可千里而會戰**(즉가천리이회전). **不知戰地**(부지전지), **不知戰日**(부지전일), **則左不能救右**(즉좌불능구우), **右不能救左**(우불능구좌), **前不能救後**(전불능구후), **後不能救前**(후불능구전), **而況遠者數十里**(이황원자수십리), **近者數里乎**(근자수리호).

【직역】

그러므로(故) 싸움(戰)의(之) 장소(地)를 알고(知), 싸움(戰)의(之) 날짜(日)를 알(知)면(則) 천(千) 리(里)의(而) 전투(會戰)가 가능(可)하다. 싸울(戰) 장소(地)를 모르고(不知), 싸울(戰) 날짜(日)를 모르(不知)면(則) 좌측(左)부대가 우측(右)부대를 구원(救)할 수 없고(不能), 우측(右)부대가 좌측(左)부대를 구원(救)할 수 없다(不能). 전방(前)부대는 후방(後)부대를 구원(救)할 수 없고(不能), 후방(後)부대는 전방(前)부대를 구원(救)할 수 없거니(不能)와(而) 하물며(況) 먼(遠) 곳(者)은 수십(數十) 리(里)부터 가까운(近) 곳(者)은 수리(數里)까지 떨어져 있으면 어찌하겠는가(乎)?

可(가): ~이나, 도리어 ~일지라도   會(회): 모이다, 모으다, 만나다
會戰(회전): 교전, 현대전에서는 대병력이 싸우는 큰 전투를 칭하기도 함
況(황)~乎(호): 하물며 ~ 어떻겠는가?

【의역】

전투하게 될 지형과 시기를 잘 알고 있는 자는 천 리나 떨어진 먼 거리라도 전투할 수 있다. 전투하게 될 지형과 시기를 잘 알지 못하는 자는 좌측부대가 우측부대를 구원할 수 없고, 우측부대가 좌측부대를 구원할 수 없다. 전위부대가 후위부대를 구원하는 것이 불가능하고 후위부대가 전위부대를 구원하는 것이 불가능하다. 하물며 아군 부대 간 멀리는 수십 리로부터 가깝게는 수리가 떨어져 있다면 어떻겠는가? 전투에서 승리하기 위해서는 아군 부대 간의 상호 협조 된 작전이 필수적이다. 싸울 장소와 시기를 아군의 부대들이 서로 알아야 협조 된 작전이 가능하다.

【해설】

일부 해설서에는 '戰之日(전지일)'를 '싸울 당시의 기상'으로 풀이하고, '而況遠者數十里(이황원자수십리), 近者數里乎(근자수리호)'를 "상황이 이러면 원거리로는 수십 리, 근거리로는 수리에 떨어진 부대를 지원할 수 없다."라고 풀이하고 있다. '戰之日(전지일)'은 싸울 날짜(일자)이기 때문에 당연히 기상을 고려해야 하지만, 기상뿐만 아니라 여러 가지 요소가 있기 때문에 기상으로 한정되는 것은 해석으로서 미흡하다. 또한 여기에서의 '況(황)'은 '乎(호)'와 상응하여 구문을 형성하고 있는데, 이를 '상황(狀況)'으로 해석하는 것은 잘못이다. 이때의 '況(황)'은 '何況(하황)', '하물며'의 줄임 표현이다.

以吾度之(이오탁지), 越人之兵雖多(월인지병수다), 亦奚益於 勝敗哉(역해익어승패재). 故曰(고왈), 勝可爲也(승가위야). 敵雖 衆(적수중), 可使無鬪(가사무투).

【직역】

내(吾)가 그것(之)을 헤아려(度) 보건대(以) 월나라(越人)의(之) 병 사(兵)가 비록(雖) 많다고(多) 하나, 이 또한(亦) 어찌(奚) 승패(勝敗) 에(於) 도움(益)이 되겠는가(哉)? 그러므로(故) 승리(勝)는 만들(爲) 수 (可) 있다(也)고 말한다(曰). 적(敵)이 비록(雖) 많다(衆)고 하나, 싸울 (鬪) 수 없게(無) 할(使) 수(可) 있다.

度(탁): 헤아리다, 법도(도)　　　　　奚(해)~哉(재): 어찌 ~ 하겠는가?
爲(위): 하다, 되다, 만들다

【의역】

적병의 수가 비록 많다고는 하나 적군이 아군과 전투하지 못하게 할 수 있다. 적의 병력이 많으면 적을 분산시키거나 다른 곳에 묶어 두어 적의 협조 된 작전이 불가능하게 만들어야 한다. 이로써 아군이 유리 한 상황에서 승리를 취할 수 있다.

【해설】

'勝可爲也(승가위야)'를 일부 해설서에서는 "아군의 승리가 당연 하다고 말할 수 있다."라고 해석하고 있는데, 이는 잘못된 해석이다.
　오나라와 월나라는 춘추시대 말기에 양자강 주변에 자리 잡은 국가로 서로 대적하면서 크고 작은 전투를 벌였다. 당시 오왕은 합려와 부차, 월왕은 윤상과 구천이었다. 오나라는 재상 오자서(伍子胥)와 손무(孫武)로 인해 강대국이 되어 초나라를 정복하고 춘추오패(春秋五霸)[32]가 되었다. 합려가 구천과 싸우다 전사하고 아들 부차가 싸워서 이겼을 때, 오자서가 구천을 죽여야 한다고 부차에게 건의했으나 부차가 듣지 않았다. 구천은 미녀와 많은 금은보화를 바치고 풀려나 재상 범려(范蠡)와 함께 국력을 키워 오나라를 정복하였다. 당시 오나라 재상 오자서는 부차가 자신의 의견을 듣지 않고 국방을 소홀히 하자 오나라는 망할 것이라고 예견했다. 오자서는 간신들의 모함을 받아 부차가 준 칼로 자결한다. 오나라는 오자서가 죽은 후 10년도 안 되어 월나라의 공격받고 망한다. 부차는 오자서의 말을 듣지 않았던 자신을 후회하면서 자결했다고 한다.

⋯⋯⋯⋯⋯⋯⋯⋯⋯⋯⋯⋯⋯⋯⋯⋯⋯⋯⋯⋯⋯⋯⋯⋯⋯⋯⋯⋯⋯

故策之而知得失之計(고책지이지득실지계), **作之而知動靜之理**(작지이지동정지리), **形之而知死生之地**(형지이지사생지지), **角之而知有餘不足之處**(각지이지유여부족지처).

【직역】

그러므로(故) 적(之)을 헤아려(策)서(而) 이득(得)과 손실(失)의(之) 계산(計)을 알고(知), 적(之)을 움직이게(作) 해서(而) 움직임(動)과 멈

---

32) 춘추시대 다섯 강대국으로 진(晉), 초(楚), 오(吳), 월(越), 제(齊)를 말한다. 전국시대에는 패권을 다투던 일곱 국가로 전국칠웅(戰國七雄)으로 불린다. 제(齊), 초(楚), 진(秦), 연(燕), 위(魏), 한(韓), 조(趙)를 말한다.

춤(靜)의(之) 이치(理)를 알며(知), 적(之)을 드러나게(形) 해서(而) 죽음(死)과 삶(生)의(之) 땅(地)을 안다(知). 적(之)과 접촉(角)하여(而) 배치의 여유(餘)와 부족(不足)한(之) 곳(處)을 안다(知).

策(책): 계책, 헤아리다
作(작): 부추기다, 짓다, (모종의 행동을) 하게 하다
形(형): 형태, 정해진 틀(형식, 방법), 드러나다, 드러나게 하다, 모습
角(각): 뿔, 다투다, 타진하다, 반응을 떠보다

【의역】

사전에 적에 관한 정보를 통해 강·약점을 파악하고, 적의 움직임을 관찰하여 적 부대의 능력을 살피며, 적의 기도를 드러나게 하여 유불리 점을 파악한다. 적과의 의도적인 접촉을 통해 적의 방어상태 등 강점과 약점을 알아낸다.

【해설】

일부 해설서에는 "그러므로 이해득실을 계산하고 소규모의 작전을 통하여 적의 동정을 살핀다. 아군의 진형을 이용하여 전쟁터의 지형을 살핀다. 정찰을 통하여 적병의 잉여 부분과 부족한 부분을 살핀다."라고 의역적 풀이만 하고 있다. 본서는 중국에서 발행한 고대한어사전과 중국과 대만의 해설서들을 기초로 글자 하나하나를 해석한 것이다.

故形兵之極(고형병지극)**, 至於無形**(지어무형)**, 無形則深間 不能窺**(무형즉심간불능규)**, 智者不能謀**(지자불능모)**.**

【직역】

그러므로(故) 군대(兵)를 운용하는 형태(形)의(之) 극치(極)는 형태 (形)가 없는(無) 것에(於) 이른다(至). 형태(形)가 없(無)으면(則) 깊이 (深) 잠입한 간첩(間)도 엿볼(窺) 수 없고(不能), 지혜로운(智) 자(者)도 계책(謀)을 쓸 수 없다(不能).

間(간): 사이, 틈, 엿보다, 간첩   窺(규): 엿보다, 훔쳐보다, 살펴보다

【의역】

군대를 운용함에 있어 최고 경지는 드러나지 않는 것이다. 군대 의 운용이 형식이나 일정한 틀에 구애됨이 없이 무형의 경지에 이르 면, 적의 간첩이 깊숙이 잠입해 있어도 적이 아군의 작전을 간파할 수 없고, 적의 지혜로운 자도 아군을 약화할 수 있는 계책을 사용할 수 없다.

【해설】

일부 해설서에는 '形兵之極(형병지극) 至於無形(지어무형)'을 '적에 게 병력을 보여주는 극치는 형태가 없는 것에 이르는 것이다'라고 하 며 '形'을 '적을 유인하기 위해 내 부대를 보여준다'라고 해석하기도 한다.

因形而措勝於衆(인형이조승어중), 衆不能知(중불능지), 人皆
知我所以勝之形(인개지아소이승지형), 而莫知吾所以制勝之形
(이막지오소이제승지형). 故其戰勝不復(고기전승불복), 而應形於無
窮(이응형어무궁).

【직역】

적의 형태(形)에 따라(因)서(而) 대부대(衆)에(於) 승리(勝)를 거두어
도(措) 대중(衆)은 알(知) 수 없다(不能). 사람(人)들 모두(皆)가 내(我)
가 승리(勝)한(之) 형태(形)의 조건(所以)은 알(知)아도(而) 내(吾)가 승
리(勝)의(之) 형태(形)를 만들어낸(制) 조건(所以)은 알지(知) 못한다
(莫). 그러므로(故) 그(其) 싸움(戰)의 승리(勝)는 반복(復)하지 않(不)
으며(而) 끝(窮) 없음(無)에 따라(於) 형태(形)를 응용(應)하는 것이다.

措(조): 두다(=造), 처리하다, 섞다(=錯)　　皆(개): 모두, 함께
所以(소이): 원인, 까닭　　　　　　　　　莫(막): 없다, 말다, 불가하다
復(복): 겹치다, 되풀이하다, 거듭(부)

【의역】

군의 전략과 전술의 운용 형태는 무궁무진하므로 적의 진형에 따라
아군의 유리한 태세로 적 부대에 대하여 승리한다. 하지만 일반 대중
은 내가 승리하게 된 피상적인 면만 알게 되지 승리를 만들어낸 본질
적 측면은 알 수 없다. 그러므로 이전의 승리했던 방법을 고수해서는
안 되고, 무궁무진한 상황변화에 맞게 전략전술을 적용해야 한다.

【해설】

'因形而措勝於衆(인형이조승어중), 衆不能知(중불능지)'의 해석이 다양하다. 일부 해설서는 '措(조)'를 '내놓다'로 해석하여 '적의 상황에 따라 승리하여 대중 앞에 놓아도 대중은 그 오묘함을 알지 못한다.'라고 해석한다. 그리고 '衆(중)'의 뜻을 '적 대부대'라고 하기도 하고, '일반 대중'이라고 하기도 한다. 이에 따라 '적 대부대에 승리하여도, 적 대부대는 알지 못한다'라고 해석하거나, '적 대부대에 승리하여도 일반 대중은 알지 못한다'라고 해석하기도 한다.

夫兵形象水(부병형상수), 水之形避高而趨下(수지형피고이추하). 兵之形(병지형), 避實而擊虛(피실이격허). 水因地而制流(수인지이제류), 兵因敵而制勝(병인적이제승).

【직역】

대체로(夫) 군대(兵) 운용의 형태(形)는 물(水)을 닮았다(象). 물(水)의(之) 형태(形)는 높은(高) 곳을 피(避)하고(而) 낮은(下) 곳을 쫓는다(趨). 군대(兵) 운용의(之) 형태(形)도 견고한(實) 곳을 피(避)하고(而) 약한(虛) 곳을 친다(擊). 물(水)은 지형(地)에 따라(因)서(而) 흐름(流)을 만든다(制). 군대(兵)는 적(敵)에 따라(因)서(而) 승리(勝)를 만든다(制).

夫(부): 지아비, 사내, 대저(대체로)　　象(상): 코끼리, 모양, 같다, 비슷하다
避(피): 피하다, 벗어나다, 물러가다, 숨다

군대 운용의 형태는 물의 성질과 비슷하다. 물의 성질은 높은 곳을 피해 아래로 흘러간다. 군대 운용도 적의 견고한 곳인 강점을 피하고 적의 허점을 공격해야 한다. 물이 지형에 맞추어 흐르듯이 군대 또한 적의 상황에 맞추어 승리를 만들어가는 것이다.

【해설】

전쟁(전투)이란 혼자서 하는 것이 아니라 적과 함께하므로 물의 자연스러운 흐름처럼 적의 상황변화에 따라 작전의 융통성이 있게 대응하여야 한다.

....

故兵無常勢(고병무상세), **水無常形**(수무상형), **能因敵變化 而取勝者**(능인적변화이취승자), **謂之神**(위지신).

【직역】

그러므로(故) 군대(兵)의 운용은 일정한(常) 형세(勢)가 없고(無), 물(水)은 일정한(常) 형태(形)가 없다(無). 적(敵)의 변화(變化)에 따라(因)서(而) 승리(勝)를 쟁취(取)할 수(能) 있는 자(者)는 사람들이 그(之)를 신(神)이라 부른다(謂).

【의역】

물의 성질은 담는 용기에 따라 형태가 변화하고, 지형에 따라 변화한다. 이처럼 군대의 운용도 적의 전략·전술의 변화에 따라 아군에게 유리한 형태로 자유자재로 변화하여 승리를 쟁취할 수 있어야 한다. 이렇듯 적의 변화에 따라 승리를 쟁취하는 자를 신이라 일컫는다.

【해설】

노자(老子)[33]도 '상선약수(上善若水)'라 하여, 물처럼 만물을 이롭게 하면서도 자유롭게 변화하고 다투지 아니하는 모습이 최고의 모습(善)이라고 하였다.

우리나라 삼국시대의 고구려 을지문덕 장군은 청천강에서 수나라 대군을 격멸하였다. 당시 소가죽을 이용하여 강물을 막았다고 한다. 치밀한 계획수립과 적시적인 작전 시행이 없었다면 불가능했던 작전으로 현대에 비추어보아도 대단한 작전이 아닐 수 없다.

세계의 역사상 최고 군사령관이 거짓 항복으로 적진에 들어가 직접 적의 동태를 살핀 다음 작전을 펼친 예는 을지문덕 장군이 유일하다. 대단한 배짱과 용기, 지혜를 엿볼 수 있다. 당시 수나라 장수인 우중문에게 보낸 시를 소개하면 다음과 같다.

　與隋將于仲文여수장우중문 (수나라 장수 우중문에게)
　神策究天文신책구천문 (그대의 귀신같은 책략은 하늘의 이치를 다다랐고)
　妙算窮地理묘산궁지리 (그대의 오묘한 꾀는 땅의 이치를 다했네)
　戰勝攻旣高전승공기고 (그대는 싸움에서 이긴 공이 이미 높으니)
　知足願云止지족원운지 (이제 만족함을 알고 전쟁을 그만두기를 바라네)

예나 지금이나 명장은 문무를 겸비해야 한다. 장수가 문(文)이나 무

---

33) 춘추시대 초(楚)나라 사상가로 본명은 이이(李耳)이며, 도가(道家) 사상의 비조(鼻祖)이다. 공자와 동시대 인물이나 20여 년 연배가 높은 것으로 보는 것이 일반적인 견해이다.

(武) 한쪽에 치우치거나 한쪽에 문외한이면 승리는 불가능할 뿐만 아니라 부대가 전멸당하게 된다. 문무를 겸비하여 전쟁에서 승리한 장군의 예를 보면, 을지문덕, 강감찬, 이순신 장군이 대표적이다. 패배한 예는 임진왜란과 병자호란 때 드러난다. 당시 장군들의 이름을 굳이 거론하지 않아도 다 아는 사실이다.

....

故五行無常勝(고오행무상승)**, 四時無常位**(사시무상위)**, 日有短長**(일유단장)**, 月有死生**(월유사생)**.**

【직역】

그러므로(故) 오행(五行)은 항상(常) 이길(勝) 수는 없고(無), 사계절(四時)은 항상(常) 같은 위치(位)가 없고(無), 해(日)는 길고(長) 짧음(短)이 있고(有), 달(月)은 삶(生)과 죽음(死)이 있다(有).

常(상): 떳떳하다, 일정하다, 항상, 늘, 평소   位(위): 자리, 위치, 방위, 지위

【의역】

오행은 항상 상생(相生)과 상극(相剋)이 있다. 그중 하나가 다른 것들을 늘 지배할 수 없다. 사계절의 위치가 봄, 여름, 가을, 겨울로 순환하며 생멸을 반복한다. 해도 계절에 따라 짧거나 길게 변화한다. 달은 한 달을 주기로 차고 기울기를 반복한다. 이렇듯 세상의 만물은 늘 변화한다. 특정의 한 가지 방법이 늘 승리의 방법이 될 수는 없다. 전쟁에서도 상황에 따라 늘 변화해야만 승리할 수 있다.

【해설】

오행(五行)

인간의 생성과 소멸은 우주의 순환하는 이치와 같다. 선인들은 만물의 구성요소를 물(水), 나무(木), 불(火), 흙(土), 쇠(金)의 오행으로 이루어져 있다고 보았다.

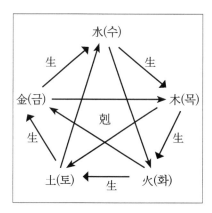

상생(相生)	상극(相剋)
목생화(木生火)	목극토(木剋土)
화생토(火生土)	화극금(火剋金)
토생금(土生金)	토극수(土剋水)
금생수(金生水)	금극목(金剋木)
수생목(水生木)	수극화(水剋火)

자연의 이치를 생각하면 이해가 쉽다. 나무(木)는 물(水)이 있어야 성장한다. 그래서 물(水)이 나무(木)를 낳았다. 나무(木)는 불을 지피기 때문에 불(火)을 낳았다. 불(火)은 재가 되어 흙이 되기 때문에 흙(土)을 낳았다. 흙(土)은 금속을 품고 있어서 쇠(金)를 낳았다. 쇠(金)는 녹아서 액체(물)가 되기 때문에 물(水)을 낳았다고 생각한 것이다. 물(水)은 불을 끌 수 있으므로 불(火)을 이긴다. 나무(木)는 땅을 파고 들어가기 때문에 흙(土)을 이긴다. 불(火)은 쇠를 녹이기 때문에 쇠(金)를 이긴다. 흙(土)은 제방을 쌓아 물을 막기 때문에 물(水)을 이긴다. 쇠(金)는 나무를 자르기 때문에 나무(木)를 이긴다고 생각한 것이다. 예전에 선조들은 이름을 지을 때 항렬(行列)에 따라 오행을 고려하였다. 예를 들면, 상생을 고려하여 '할아버지의 돌림자에 수(水)가 있으면 아버지

의 돌림자에는 목(木)이 들어가고 본인은 화(火)가, 아들은 토(土)가 들
어가는 방식'이다.

허실(虛實) 후술

　허실의 핵심은 '避實而擊虛(피실이격허)'로 적의 실(實)을 피하고, 적의 허(虛)를 치라는 것이다. 이는 적의 대비태세가 잘되어있는 강점을 피하고, 나의 강한 전투력으로 적의 대비가 약한 허점을 공격하라는 의미다. 손자는 '兵形象水(병형상수)'라며 용병술을 물의 속성에 비유하였다. 물은 높은 곳에서 낮은 곳으로 흐르고, 지형의 생김새에 따라 흐르며, 고정불변의 형태가 없다. 그래서 용병술도 고정불변의 방식이 아닌 상황변화에 따라 무궁무진한 기정(奇正)의 변화를 창출하여 승리하라고 하였다.

　우리나라의 전사(戰史)에서 대표적인 사례가 6·25전쟁 시 인천상륙작전이다. 북한의 기습남침으로 낙동강 전선까지 밀린 연합군이 적의 가장 약한 부분인 적 배후와 병참선을 차단하기 위해 인천상륙작전을 치밀하게 계획하고 실시했다. 사전 군산과 삼척 일대에 기만작전인 양동작전을 실시하여 작전의 여건을 조성하였다. 인천상륙작전의 성공은 연합군이 적의 배후를 차단하여 쉽게 적을 와해시킬 수 있었고 연합군이 반격하는 계기가 되었다.

　당시 북한군을 배후에서 조종하던 스탈린과 모택동이 연합군의 상륙지점을 인천으로 정확하게 예측하고 김일성에게 알려주었으나, 김일성은 낙동강 전선에 몰입되어 대비가 미흡했다. 전쟁을 전반적으로 기획, 시행하는 지도자는 바로 앞의 현상에 몰입되기보다는 전체 상황을 그리면서 지도할 수 있어야 한다.

제7편 군쟁(軍爭)

군쟁 편의 '군쟁'은 '피·아 양 군이 승리의 조건, 이익, 주도권을 다 툰다'라는 의미이다. 군쟁의 어려움을 설명하면서 아군의 불리한 점을 유리한 요소로 만들어내는 우직지계(迂直之計)를 강조하고 있다. 그리 고 용병술을 '바람, 숲, 불, 산, 어둠, 천둥'에 비유하여 설명하고 있다.

'쟁(爭)'이란 '다툰다'라는 의미다. 군대가 무엇을 다툰다는 것인가? 그것은 피·아 양 군 간 이익을 다투는 것이다. 여기에서 이익이란 전 장의 주도권을 장악하는 데 필요한 상황이나 환경의 요소이다. 이에 해당하는 것은 지형뿐만 아니라, 기상, 민간 요소, 정보, 피·아의 전 력 수준 등이다.

손자는 '우직지계'를 달성에 필요한 용병술의 모습을 '그 빠르기가 바람과 같고, 그 고요함이 숲과 같고, 침략하는 것이 불과 같고, 움직 이지 않음이 산과 같고, 알기 어려움이 어둠과 같고, 움직임이 천둥과 같다'라고 표현하고 있다. 이 또한 병력의 운용을 자연현상에 빗대어 표현한 것으로, "부대가 기동할 때는 바람처럼 일사불란하게 신속하게 하고, 부대가 통제되어 정숙함은 숲처럼 고요하게 하며, 적을 침략할 때는 거센 불과 같이 순식간에 휩쓴다. 부대가 움직이지 않을 때는 산처럼 거대하고 웅장하여 적이 범접하지 못하고, 적이 부대를 정탐하려고 해도 어둠 속에 있는 것처럼 파악하기 어려우며, 공격하면 천둥 번개가 치는 것처럼 맹렬하게 적이 막을 수 없게 한다."라고 말한다.

손자는 기(氣)의 상태를 "아침의 기운은 날카롭고, 낮의 기운은 게으르며, 저녁의 기운은 돌아가려고 한다."라고 하였다. 이는 단순히 기가 아침, 낮, 저녁에 따라 변화하는 것이 아니라 시간의 변화에 따라 기도 변화함을 말하는 것이다. 이것은 아군의 기세가 가장 예리한 시기를 활용해야 한다는 것과 관련 있다.

손자는 우직지계를 실행하기 위해서는 적을 속여야 함을 강조하고 있다. 적을 속이기 위해서는 적에게 이익을 제시하여 적이 눈앞의 이익을 좇도록 하여 아군에게 유리한 상황을 조성해야 한다고 하고 있다. 손자는 병법의 요체는 속임수임을 우리에게 일관되게 알려주고 있다. 뛰어난 전략가가 되기 위해서는 상대를 속이되 자신은 상대에게 속지 않도록 해야 한다. 이를 위해 인간의 심리를 연구하고 전사의 수많은 기만책을 숙독하며 전장 상황을 고려하여 스스로 많은 워게임을 해야 한다.

孫子曰(손자왈), **凡用兵之法**(범용병지법), **將受命於君**(장수명
어군), **合軍聚衆**(합군취중), **交和而舍**(교화이사), **莫難於軍爭**(막
난어군쟁).

【직역】

손자(孫子)가 말하길(曰), 무릇(凡) 용병(用兵)의(之) 방법(法)은 장
수(將)가 군주(君)로부터(於) 명령(命)을 받아(受), 군(軍)을 합치고(合)
병력(衆)을 모아(聚), 적과 마주(交和)하고(而) 머무르는데(舍), 군쟁
(軍爭)보다(於) 어려움(難)은 없다(莫).

受(수): 받다(↔授), 받아들이다, 회수하다   合(합): 조직하다, 만들다
聚(취): 모으다, 거두어들이다, 무리   交(교): 서로 맞대고 있다, 접촉하다
和(화): 서로 응하다, 군영(軍營)의 문   舍(사): 막사, 주둔하다
莫(막)A於(어)B: B보다 더 A한 것은 없다.

【의역】

전쟁은 통수권자의 명령을 받아 부대를 편성하고 적과 대치함으로
써 시작된다. 이는 국가의 존망과 직결되는 전쟁에서 적보다 먼저 유
리한 요소를 확보하여 주도권을 장악해야 한다. 주도권을 장악해야 하
는 용병의 어려움을 이해해야 한다.

【해설】

'交和(교화)'는 '영루를 세워 적과 마주하다'의 의미다. '和(화)'는 '군
영의 문, 영루의 문'이라는 뜻이다.

군쟁(軍爭)의 의미를 '군대를 동원하여 전쟁한다'라는 의미보다는 '적보다 유리한 요소를 선점하기 위해 다툰다. 즉 주도권 다툼을 한다.'라는 의미가 더 적절하다.

··

軍爭之難者(군쟁지난자), **以迂爲直**(이우위직), **以患爲利**(이환위리). **故迂其途而誘之以利**(고우기도이유지이리), **後人發**(후인발), **先人至**(선인지), **此知迂直之計者也**(차지우직지계자야).

【직역】
군쟁(軍爭)의(之) 어려움(難)이라는 것(者)은 우회(迂)함으로(以) 직진(直)을 만들고(爲), 근심(患)으로(以) 이익(利)을 만든다(爲). 그러므로(故) 그(其) 길(途)을 우회(迂)하게 되나(而), 이익(利)으로(以) 적(之)을 유혹하면(誘), 적(人)보다 후에(後) 출발(發)하고도 적(人)보다 먼저(先) 도착(至)한다. 이것은(此) 우직(迂直)의(之) 계(計)를 아는(知) 것(者)이다(也).

迂(우): 멀다, 에돌다, 굽다(↔直)　　患(환): 약점, 결점, 근심
途(도): 길, 도로(=道)　　　　　　　誘(유): 꾀다, 유혹하다, 유인하다

【의역】
주도권 확보가 어려운 것은 우회하면서 직진하는 효과를 만들어야 하고, 나의 근심(약점)을 이로움(유리함)으로 변화시켜야 하기 때문이다. 그래서 우회하되 이익으로 적을 유인하여 적보다 나중에 출발하더라도 먼저 도착할 수 있다. 이는 적이 배치되지 않았거나 배치가 미

약한 곳으로 돌아가되, 필요시에는 유인책을 써서 적의 배치를 전환해 상황을 아군에게 유리하게 조성해야 한다. 이것이 우회와 직진의 계책을 아는 것이다.

【해설】

우회(迂廻)는 곧바로 가는 것보다 멀리 돌아가는 것을 말한다. 이는 적 병력의 배치나 장애물 등을 고려하여 적의 저항이 가장 적은 곳으로 가는 것이다.

좀 더 넓게 접근하면 우회는 정공법(正)을 쓰는 것만이 능사가 아니라 상황에 따라서는 기책(奇)을 사용해야 하는 것을 의미하는 것이라 할 수도 있다. 이는 일상적인 생활에서도 적용될 수 있다. 원하는 바를 달성하기 위해 어떤 일을 직접적으로 추구하기보다는 대립 관계에 있으면서 장애가 되는 대상에게 이익을 주면서 '일보후퇴, 이보전진'의 자세로 돌아가는 것도 해당한다고 볼 수 있다. 통치술을 논하는『한비자』에서는 이를 '미명(微明)'이라고 표현하고 있다.

···

故軍爭爲利(고군쟁위리), **軍爭爲危**(군쟁위위). **擧軍而爭利**(거군이쟁리), **則不及**(즉불급). **委軍而爭利**(위군이쟁리), **則輜重捐**(즉치중연).

【직역】

그러므로(故) 군쟁(軍爭)은 이익(利)이 되기(爲)도 하고, 군쟁(軍爭)은 위험(危)이 되기(爲)도 한다. 전군(軍)을 이끌(擧)고(而) 이익(利)을 다투(爭)면(則) 목적지에 이르지(及) 못한다(不). 일부(委)의 군(軍)으로(而) 이익(利)을 다투(爭)면(則) 치중대(輜重)를 잃게 된다(捐).

委(위): 맡기다, 버리다, 빼다	委軍(위군): 일부 부대
輜(치): 짐수레	重(중): 무겁다, 소중하다, 많다
輜重(치중): 여러 가지 군수 물품(식량, 탄약 등)	捐(연): 버리다, 없애다, 잃다

【의역】

군쟁은 이익이 될 수도 있고 위험이 될 수도 있다. 이는 군수지원부대까지 모든 부대를 이끌고 군쟁을 다투면 속도가 느려서 원하는 시간에 목적지에 도달할 수 없고, 기동성 있는 일부 부대로만 앞서가게 하면 기동력이 약한 군수부대를 잃게 된다.

【해설】

주도권을 확보하기 위해서는 작전 상황에 맞게 임무 달성이 가능하도록 부대를 편조[34]해야 함을 강조하고 있다. 모든 부대는 항상 자체 방호대책을 구비해야 하고, 전투근무지원부대에 대한 엄호 및 지원 대책을 함께 강구해야 한다.

일부 해설서는 '軍爭爲利(군쟁위리), 軍爭爲危(군쟁위위)'의 '爲(위)'의 뜻을 '만들다'로 해석하여 "군쟁은 이익을 만들기도 하고, 군쟁은 위기를 만들기도 한다."라고 해석하고 있다.

'委軍(위군)'은 '일부 병력을 뺀 부대'로 '육중한 물자와 장비를 제거한 경량화된 부대'를 의미한다.

---

34) 지휘관이 전투편성을 함에 있어 특정 임무 또는 과업을 달성하기 위해 특수하게 부대를 편성하는 것이다.

是故卷甲而趨(시고권갑이추)**, 日夜不處**(일야불처)**, 倍道兼行**
(배도겸행)**, 百里而爭利**(백리이쟁리)**, 則擒三將軍**(즉금삼장군)**. 勁**
者先(경자선)**, 疲者後**(피자후)**, 其法十一而至**(기법십일이지)**.**

【직역】

이래서(是故) 갑옷(甲)을 말아올리(卷)고(而) 추격(趨)하며 낮(日)과
밤(夜)을 쉬지(處) 않고(不) 두 배(倍)의 속도(道)로 행군하여(兼行) 백
리(百里)를 가서(而) 이익(利)을 다투(爭)면(則) 삼군(三)의 장군(將軍)
이 사로잡힌다(擒). 강한(勁) 자(者)는 앞서고(先) 피로한(疲) 자(者) 뒤
처지는(後) 그(其) 방법(法)은 십(十)의 일(一)이(而) 도착한다(至).

卷(권): 책, 감아 말다(=捲)	處(처): 머무르다, 쉬다
倍(배): 곱, 갑절	倍道(배도): 가야 할 길의 두 배의 길
兼(겸): 두 배로, 겸하다, 합치다	兼行(겸행): 두 배로 가다
擒(금): 사로잡다, 붙잡다, 생포하다	勁(경): 굳세다, 강건하다, 억세다
疲(피): 피곤하다, 지치다, 고달프다	

【의역】

중무장을 풀고 경장비로 밤낮을 가리지 않고 두 배 이상의 속도로
백 리 이상을 가면, 장수 대부분이 사로잡히고 강한 병사는 먼저 가고
피로한 병사는 뒤처지게 된다. 이러한 방법은 전투지원부대나 전투근
무지원부대 등은 따라오지 못해 병력의 10분의 1 정도만 겨우 목적지
에 이른다. 작전의 성격을 고려하지 않고 아군의 능력을 무시한 채 적
을 따라잡기 위해 속도만을 강조하면 약한 부대나 인원이 따라오지 못

해 작전에 실패할 수밖에 없다.

【해설】

'倍道兼行(배도겸행)'은 두 배가 되는 길을 두 배의 빠른 속도로 행군하는 것을 말한다.

三將軍(삼장군)은 삼군(三軍)의 장군이다. '삼군(三軍)'은 고대 중국, 우리나라 등에서 전장의 군대를 좌·중·우군, 전·중·후군, 상·중·하군 등으로 편성하던 것을 두고 전군(全軍)을 통칭하는 말로 사용되었다.

....

五十里而爭利(오십리이쟁리), **則蹶上將軍**(즉궐상장군), **其法 半至**(기법반지). **三十里而爭利**(삼십리이쟁리), **則三分之二至**(즉 삼분지이지). **是故軍無輜重則亡**(시고군무치중즉망), **無糧食則亡** (무양식즉망), **無委積則亡**(무위적즉망).

【직역】

오십리(五十里)를 가서(而) 이익(利)을 다투(爭)면(則) 상장군(上將軍)을 잃고(蹶) 그(其) 방법(法)은 병력의 절반(半)만 도착한다(至). 삼십리(三十里)를 가서(而) 이익(利)을 다투(爭)면(則) 삼분(三分)의(之) 이(二)가 도착한다(至). 이(是) 때문에(故) 군대(軍)는 치중대(輜重)가 없으(無)면(則) 망하고(亡), 식량(糧食)이 없으(無)면(則) 망하고(亡), 비축물자(委積)가 없으(無)면(則) 망한다(亡).

蹶(궐): 넘어지다, 거꾸러뜨리다, 사망하다, 잃다, 실패하다, 기세가 꺾이다

委(위): 쌓다, 모으다　　　　　　委積(위적): 비축물자

【의역】

오십 리 거리를 두 배의 속도로 경쟁하여 이동하면 상장군이 위험해지고, 병사의 절반이 목적지에 도착한다. 삼십 리 거리를 두 배의 속도로 경쟁하여 이동하면 삼 분의 이만 목적지에 도착하게 된다. 그래서 군대는 군수물자가 없으면 망하고, 군량이 없으면 망하며, 비축된 물자가 없으면 망한다.

【해설】

추격하는 이동 거리가 멀수록 목적지에 도착하는 규모가 작아지고 삼군 중 앞서가던 지휘관의 부대가 작전에 실패하게 됨을 설명하고 있다. 전쟁은 일회성의 소부대 전투로 끝나는 것이 아니라 장기간의 작전으로 이루어지기 때문에 군수지원의 중요성을 강조하고 있다. 현대전도 총력전으로 수행되는 만큼 전쟁 지속능력이 어느 때보다 중요하다.

일부에서는 현대전은 신속한 정밀타격전으로 수행되기 때문에 전쟁이 순식간에 끝나는 것으로 생각하기 쉽다. 그러나 현대전에서도 장기간 지속되는 경우가 종종 있다. 따라서 장기전을 대비한 상태에서 적의 허를 찌르는 기습전으로 나아가야 한다. 장기전에 대한 대비가 부족하여 실패한 사례도 많다.

故不知諸侯之謀者(고부지제후지모자)**, 不能豫交**(불능예교)**.
不知山林**(부지산림)**, 險阻**(험조)**, 沮澤之形者**(저택지형자)**, 不能
行軍**(불능행군)**. 不用鄕導者**(불용향도자)**, 不能得地利**(불능득지
리)**.**

【직역】

그러므로(故) 제후(諸侯)의(之) 모략(謀)을 모르(不知)면(者) 사전
(豫)에 외교(交)를 할 수 없다(不能). 산림(山林), 험한 지형(險阻), 늪
지(沮澤)의 지형(形)을 모르(不知)면(者) 행군(行軍)이 불가능(不能)
하다. 현지(鄕) 길 안내자(導)를 이용하지 않으(不用)면(者) 지형(地)의
이점(利)을 얻을(得) 수 없다(不能).

豫(예): 미리(=預)	阻(조): 험하다, 막히다
沮(저): 막다, 저지하다, 습지	澤(택): 못, 늪
沮澤(저택): 늪지	鄕(향): 시골, 향하다(=向)
導(도): 이끌다, 인도하다, 유도, 안내	

【의역】

이웃 국가의 전략적 의도를 모른다면 외교를 할 수 없고, 산림, 지형
의 험난함, 늪지대의 지형을 모른다면 행군을 할 수 없다. 적국 현지인
의 길 안내를 활용하지 않는다면 지형의 이점을 얻을 수 없다.

【해설】

고대로부터 적국을 침입하기 위해서는 우선 적의 의도를 파악한 후

에 외교를 통해 승리의 여건을 조성하였고, 지형에 관한 사전 탐사를 통해 작전계획을 수립하였으며, 해당 지형을 잘 아는 적군이나 현지 주민 등 첩자의 도움을 받았다.

고구려와 당나라 간의 전쟁에서도 당나라가 연개소문의 첫째 아들인 연남생을 앞세웠다. 임진왜란 시에도 일본군이 사전에 주요 도로망 등을 파악하고 준비했고, 지형을 잘 아는 조선인을 고용하여 효과적으로 진격할 수 있었다. 병자호란 시에도, 6·25전쟁 시에도 향도를 운용했다.

....

故兵以詐立(고병이사립), **以利動**(이리동), **以分合爲變者也**
(이분합위변자야).

【직역】

그러므로(故) 전쟁(兵)은 속임수(詐)로(以) 성립(立)하고, 이익(利)으로(以) 움직이고(動), 나누고(分) 합하는 것(合)으로(以) 변화(變)를 만드는(爲) 것(者)이다(也).

立(립): 존재하다, 세우다   詐(사): 속이다, 가장하다, 말을 꾸미다, 거짓
爲(위): 삼다(以A爲B: A로 B를 삼다), 만들다, 다스리다, ~하게 되다

【의역】

전쟁은 속임수로 이루어지고, 이익(유리함)에 따라 움직이며, 부대의 분산과 집중을 통해 변화를 만드는 것이다.

　전쟁은 속임수가 주를 이루는 현실임을 고려하여 적을 속여야 하고, 아군이 적에게 속아서는 안 된다. 아군에게 유리하도록 적을 이익으로 유인하여야 한다. 부대를 상황과 목적에 맞게 분산과 집중을 통해 우위를 달성하는 등 승리의 여건을 조성해야 한다.

．．．

　故其疾如風(고기질여풍)**, 其徐如林**(기서여림)**, 侵掠如火**(침략여화)**, 不動如山**(부동여산)**, 難知如陰**(난지여음)**, 動如雷霆**(동여뇌정)**.**

【직역】

　그러므로(故) 그(其) 신속함(疾)은 바람(風)과 같고(如), 그(其) 평온함(徐)은 숲(林)과 같고(如), 침략(侵掠)하는 모습은 불(火)과 같고(如), 움직이지(動) 않을(不) 때는 산(山)과 같고(如), 알기(知) 어려움(難)은 그늘(陰)과 같고(如), 움직임(動)은 천둥 번개(雷霆)와 같다(如).

疾(질): 질병, 해치다, 빠르다(↔徐)　　徐(서): 천천히, 평온하다
侵(침): 침범하다, 범하다　　　　　　　掠(략): 빼앗다, 노략질하다, 탈취하다
雷霆(뇌정): 천둥 번개

【의역】

　군대를 신속하게 움직일 때는 질풍처럼 빠르게 하고, 조용하게 할 때는 숲처럼 고요하게 하며, 적을 공격할 때는 불처럼 맹렬하게 한다. 움직이지 않을 때는 산처럼 경거망동하지 않아야 하고, 아군 작전의

기도는 어두워 보이지 않는 그늘처럼 알기 어렵게 하며, 일단 군대를 움직이면 천둥 번개가 치듯이 매우 신속하고 맹렬하게 해야 한다. 이렇듯 작전수행은 부대의 신속한 기동력 구비, 구성원의 침착성 유지, 공격의 과감성, 철저한 작전보안, 전광석화와 같은 행동이 요구된다.

【해설】

당시의 공격 및 방어의 환경·개념은 현대전의 그것과 다르다는 것을 염두에 두고『손자병법』을 바라보면 좋을 것 같다. 성(城)을 두고 공방을 벌인다든가, 공격하는 부대에 대한 매복 공격은 현대전의 그것과 유사점이 있으나 정규부대 간의 그것은 특정 장소에서 피·아가 만나 자웅을 겨루었다. 이 경우 공격하는 측과 방어하는 측이 나누어져 있다고 하기보다는 피·아 상호 간 진형(陣形)을 갖추어 동시 충돌(공격)하는 모습이었다. 따라서『손자병법』에서 기술한 '공격'은 현대전과 같은 '방어'을 염두에 둔 것이 아닐 수 있음을 고려해야 한다.

掠鄉分衆(약향분중), **廓地分利**(확지분리), **懸權而動**(현권이동).

【직역】

적지(鄉)에서 약탈(掠)하면 병사(衆)에게 나눠주고(分), 점령지(地)를 넓히면(廓) 이익(利)을 나누고(分), 저울추(權)를 달아(懸) 보고(而) 움직인다(動).

鄉(향): 고대의 지방 행정조직, 여기에서는 지방·성읍을 나타냄
廓(확): 넓히다(=擴), 둘레(곽)　　　　懸(현): 매달다, 걸다

權(권): 저울추, 융통성, 권력

【의역】

적지에서 빼앗은 노획물은 부대에 골고루 분배해 주고, 넓힌 점령지가 생기면 그 이익을 나누어 주며, 상황판단을 잘하는 자가 승리한다.

【해설】

'懸權(현권)'은 저울추를 달아 본다는 의미로, 이해득실을 따져 보고 작전 수행에 옮기라는 의미이다.

이익분배의 공정성은 예나 지금이나 같다고 본다. 전쟁의 이익이 골고루 돌아가도록 분배하고, 피 · 아의 상황판단을 통해 적의 약점에 아군의 전력을 집중해야 한다.

先知迂直之計者勝(선지우직지계자승), **此軍爭之法也**(차군쟁지법야).

【직역】

우직(迂直)의(之) 계책(計)을 먼저(先) 아는(知) 자(者)가 승리한다(勝). 이것이(此) 군쟁(軍爭)의(之) 법칙(法)이다(也).

法(법): 방법, 법칙, 원리

【의역】

우직지계의 장단점을 잘 아는 자가 승리한다. 이것이 전장의 주도권을 획득하는 법칙이다.

【해설】

『손자병법』의 '우직지계(迂直之計)'는 리델하트의 '간접접근전략'과 일맥상통한다. 리델하트의 심리적 측면의 '최소예상선[35]'은 손자의 '적이 예상하지 않은 곳으로 진출(出其不意)'과, 리델하트의 물리적 측면의 '최소저항선[36]'은 손자의 '적이 대비하지 않은 곳을 공격(攻其無備)'과 같다.

....

軍政曰(군정왈), 言不相聞(언불상문), 故爲鼓金(고위고금), 視不相見(시불상견), 故爲旌旗(고위정기). 夫金鼓旌旗者(부금고정기자), 所以一人之耳目也(소이일인지이목야).

【직역】

『군정(軍政)』에서, 말(言)이 서로(相) 들리지(聞) 않기(不) 때문에(故) 북(鼓)과 징(金)을 사용하고(爲), 보고자(視)해도 서로(相) 보이지(見) 않기(不) 때문에(故) 깃발(旌旗)을 사용한다(爲)고 하였다(曰). 대체로(夫) 징(金), 북(鼓), 깃발(旌旗)은(者) 사람(人)의 귀(耳)와 눈(目)을 하나(一)로 하기 때문(所以)이다(也).

---

35) 적의 입장에서 아군이 공격하지 않으리라고 생각하는 지점 또는 지역이다.
36) 적의 입장에서 아군이 공격하지 않으리라고 생각하여 군사적인 대비책을 강구하지 않은 지점 또는 지역이다.

爲(위): 사용하다, 하다, 되다 　　鼓(고): 북, 북소리, 맥박
金(금): 쇠, 돈, 징(=鉦) 　　　　旌(정): 기, 나타내다
旗(기): 기, 표지

【의역】

전쟁터에서는 말을 서로 들을 수 없으니, 소리가 잘 들리는 북과 징으로 신호한다. 눈으로 서로 부대의 위치나 행위를 볼 수 없으니, 잘 보이는 깃발로 신호한다. 이런 징과 북, 깃발 등은 모두 병력들의 이목을 끌기 위해 사용하는 것이다.

【해설】

현대전에서는 유무선 통신망이 발달하여 작전을 수행하면서 무선통신망을 적극적으로 활용하지만, 소부대에서는 깃발이나 불빛 등을 이용한 수신호(手信號)도 보조수단으로 활용하고 있다.

『군정(軍政)』이라는 병서(兵書)는 지금은 전해 내려오지 않으나 손무가 활동하던 당시(춘추시대 말기)에 존재했다고 한다.

일부 해설서에는 '所以一人之耳目也(소이일인지이목야)'의 '人(인)'을 '民(민)'으로 표기하고 있다. 둘 다 같은 뜻이라 무방하다.

....

人旣專一(인기전일), **則勇者不得獨進**(즉용자부득독진), **怯者不得獨退**(겁자부득독퇴), **此用衆之法也**(차용중지법야).

【직역】

부대원(人)이 이미(旣) 하나로(專一)로 되면(則) 용감한(勇) 자(者)도

홀로(獨) 전진(進)할 수 없고(不得), 겁쟁이(怯者)도 홀로(獨) 물러(退)날 수 없다(不得). 이것이(此) 많은 병사(衆)를 운용(用)하는 방법(法)이다.

勇(용): 용감하다(↔怯), 날래다, 용사   怯(겁): 겁내다, 약하다, 겁쟁이
獨(독): 홀로, 오직

【의역】

부대원에게 시각과 청각 신호를 습득시켜 일사불란하게 만들면 용감한 자도 홀로 진격하지 않고, 겁쟁이도 홀로 퇴각하지 않는다. 이처럼 부대원을 하나의 조직으로 움직이게 하는 것이 용병의 방법이다.

【해설】

지휘통제 수단에 의해 부대원의 행동을 통일시키면 용감하다고 혼자서 앞서 행동하거나 겁이 많다고 먼저 도망가지 않는다. 그래서 평상시 부대의 전통을 중시하고 명예를 고양하는 것이다.

....

故夜戰多火鼓(고야전다화고), **晝戰多旌旗**(주전다정기), **所以變人之耳目也**(소이변인지이목야).

【직역】

그러므로(故) 야간(夜)전투(戰)에서 불(火)과 북(鼓)을 많이(多) 사용하고, 주간(晝) 전투(戰)에서 깃발(旌旗)을 많이(多) 사용한다. 이는 부대원(人)의(之) 귀(耳)와 눈(目)을 변화(變)시키기 때문이다(所以).

多(다): 많다(↔少), 낫다, 두텁다　　變(변): 변화하다, 임기응변하다, 적응하다

【의역】

야간전투에서는 불과 북을 많이 사용하고 주간 전투에서는 깃발을 많이 사용한다. 이것은 병사의 눈이 낮에 잘 보이고, 병사의 귀가 밤에 잘 들리는 특성을 활용한 것이다.

【해설】

주간전투이든 야간전투이든 간에 병력들을 가장 효과적으로 주목시킬 수 있는 신호수단을 사용해야 한다. 그래서 야간에는 잘 보이는 불빛과 가장 잘 들리는 북소리를 활용하는 것이고, 주간에는 잘 보이는 깃발을 활용하는 것이다.

· ·

故三軍可奪氣(고삼군가탈기)**, 將軍可奪心**(장군가탈심)**. 是故 朝氣銳**(시고조기예)**, 晝氣惰**(주기타)**, 暮氣歸**(모기귀)**.**

【직역】

그러므로(故) 전군(三軍)의 기(氣)를 빼앗을(奪) 수 있고(可), 장군(將軍)의 마음(心)도 빼앗을(奪) 수 있다(可). 이러한(是) 이유는(故) 아침(朝)의 기(氣)는 날카롭고(銳), 낮(晝)의 기(氣)는 게으르고(惰), 저녁(暮)의 기(氣)는 돌아가고자(歸) 하기 때문이다.

奪(탈): 빼앗다, 약탈하다　　氣(기): 기운, 사기, 힘, 날씨
心(심): 마음, 생각, 심장　　銳(예): 날카롭다(↔鈍), 날래다, 빠르다
惰(타): 게으르다, 소홀히 하다, 게으름　歸(귀): 돌아가다, 돌아오다, 따르다

【의역】

대부대인 적군의 사기를 **빼앗을** 수 있고, 적장의 마음도 **빼앗을** 수 있다. 그러한 이유는 작전 초기의 기세는 예리하고, 작전 중기의 기세는 게을러지고, 작전 말기의 기세는 기력이 다해 본영으로 돌아가기만 생각하기 때문이다.

【해설】

일반적으로 기세는 아침에 예리하고, 낮에는 게을러지고, 저녁에는 돌아가려는 성질이 있다. 이는 시간에 따라 기가 무디어지고 약해진다는 것이다. 따라서 작전할 때는 적의 기가 약할 때, 나의 기가 강할 때를 알아야 한다. 그리고 적의 기세를 약하게 하는 방법과 나의 기세를 강하게 유지하는 방법 또한 알아야 한다.

여기에서는 아침, 낮, 저녁을 작전 수행의 초기, 중기, 말기로 비유하였다.

황산벌 전투와 관련하여, 백제의 계백 장군이 신라 관창의 목을 베어 신라 진영으로 돌려보내 신라군의 사기가 올라가서 백제가 패한 것으로 믿고 있는 경우가 많다. 심지어 학교 교육에서마저 그 당시 계백 장군이 관창의 목을 돌려보내지 않았다면 백제가 승리했을 것이라고 주장하기도 한다. 당시 백제군은 전력의 열세로 전투력이 바닥 상태였다. 이미 승부는 신라군 쪽을 기울어져 있었고, 단지 관창의 역할이 신라군의 사기를 북돋아 승리를 조금 더 빨리 앞당겼을 뿐이다. 대

장군인 계백이 당시의 상황에 무지해서 그렇게 행동했겠는가? 패배를 인지하고 어린 관창에 대한 예우를 한 것에 불과하다. 당시 백제의 조정은 부패하여 전쟁 대비에 대한 의견이 갈리고, 지방호족들의 지원을 제대로 받지 못한 상태에서 전쟁에 임했다. 그래서 계백 장군도 전쟁의 패배를 인지하고 눈물을 머금고 자신의 손으로 처자식을 죽인 다음 전장에 임하였다. 당시 백제군이 승리하려 했다면, 성충이나 흥수의 의견처럼 탄현에서 지형의 이점을 이용해야 했고, 신라군의 보급부대를 지속적으로 습격함으로써 전쟁 수행의 지속력을 파괴했어야 했다.

....

故善用兵者(고선용병자), 避其銳氣(피기예기), 擊其惰歸(격기타귀), 此治氣者也(차치기자야). 以治待亂(이치대란), 以靜待譁(이정대화), 此治心者也(차치심자야).

【직역】

그러므로(故) 용병(用兵)을 잘하는(善) 자(者)는 그(其) 날카로운(銳) 기세(氣)를 피하고(避), 그(其) 게으르고(惰) 돌아가려는(歸) 기세를 친다(擊). 이것이(此) 기세(氣)를 다스리는(治) 것(者)이다(也). 다스려짐(治)으로써(以) 적의 혼란(亂)을 기다리고(待), 고요함(靜)으로써(以) 시끄러움(譁)을 기다린다(待). 이것이(此) 마음(心)을 다스리는(治) 것(者)이다.

譁(화): 시끄럽다(=喧), 떠들썩하다, 허풍 치다

【의역】

용병을 잘하는 자는 적의 예리한 기세를 피하고 나태해지거나 사기가 꺾여 돌아가려고만 하는 적군을 타격한다. 반대로 아군의 기운은 일사불란하고 사기왕성한 상태로 유지한다. 이것이 기운을 다스리는 것이다. 지휘통제가 잘되는 군대로써 혼란한 적군을 기다리고, 기도비닉(企圖秘匿)을 잘되는 군대로써 지휘통제가 잘되지 않는 적군을 기다린다. 이것이 병력들의 마음을 다스리는 원리이다.

【해설】

용병할 때는 적의 사기가 왕성하였을 때는 피하고 적의 사기가 꺾이고 저하되었을 때를 기다려 치는 것이다. 아군은 기운이 잘 유지되어 지휘통제가 잘되게 하고 적군의 기운이 쇠락하여 지휘통제가 무너지고 군기가 문란해지기를 기다려 타격한다.

기운(사기, 예기, 기세 등)은 시간이 지날수록 꺾이고, 게을러져 전쟁이 없는 상태로 돌아가고 싶게 만든다. 아군의 기운이 강하고, 적의 기운이 약할 때를 이용하는 것이 중요하다. 심리전, 공보전, 전자전 등 다양한 작전 방법을 통하여 적의 기운이 약해지도록 조성하는 것도 피·아의 기운이 충돌하는 전장을 운영하는 기술이다.

以近待遠(이근대원), **以佚待勞**(이일대로), **以飽待飢**(이포대기), **此治力者也**(차치력자야). **無邀正正之旗**(무요정정지기), **勿擊堂堂之陣**(물격당당지진), **此治變者也**(차치변자야).

【직역】

가까움(近)으로써(以) 멀리 온(遠) 적을 기다리고(待), 편안함(佚)으로써(以) 피로한(勞) 적을 기다리고(待), 배부름(飽)으로써(以) 배고픈(飢) 적을 기다린다(待). 이것이(此) 힘(力)을 다스리는(治) 것(者)이다(也). 질서정연(正正)한(之) 깃발(旗)은 맞이하지(邀) 말고(無), 위풍당당(堂堂)한(之) 진형(陣)은 치지(擊) 마라(勿). 이것이(此) 전장에서의 변화(變)를 다스리는(治) 것(者)이다(也).

邀(요): 저지하다, 맞이하다　　　正(정): 바르다, 바람직하다
堂(당): 집, 당당하다　　　　　　陣(진): 진, 진을 치다, 대열

【의역】

미리 아군은 전장 가까운 곳에 주둔해 있다가 원거리에서 오는 적을 기다리고, 아군을 충분히 휴식하고 충전케 한 다음 피로한 적을 기다린다. 또한 배부른 군대로써 배고픔에 허덕이는 적을 기다린다. 이것이 전력을 다스리는 것이다. 질서정연하게 정렬된 군대와는 맞서 싸우지 말고, 군진(軍陣)의 기세가 위엄있고 당당한 적을 공격하지 않는다. 이것이 전장에서 상황의 변화에 따라 융통성 있게 대처하는 것이다.

【해설】

아군은 전력이 잘 유지되게 하고 적의 전력은 저하되도록 하여 적과 교전해야 함을 말하고 있다. 또한 전장의 상황변화를 고려하여 융통성 있게 대처하도록 강조한다. 이 모든 것들은 피ㆍ아가 충돌하는 전장에서 주도권을 갖고 전장을 지배하기 위한 방법ㆍ원리들이다.

'正正(정정)'은 깃발이 질서정연한 상태로 대오가 흐트러짐이 없는 상태를 말하고, '堂堂(당당)'은 군진의 기세가 위엄이 있고 씩씩한 상태를 말한다.

....

故用兵之法(고용병지법), **高陵勿向**(고릉물향), **背丘勿逆**(배구물역), **佯北勿從**(양배물종), **銳卒勿攻**(예졸물공), **餌兵勿食**(이병물식), **歸師勿遏**(귀사물알), **圍師必闕**(위사필궐), **窮寇勿迫**(궁구물박), **此用兵之法也**(차용병지법야).

【직역】

그러므로(故) 용병(用兵)의(之) 법(法)은 높은(高) 구릉(陵)의 적을 향(向)하지 말고(勿), 언덕(丘)을 등진(背) 적을 맞받아(逆) 치지 말고(勿), 거짓(佯) 도망(北)하는 적을 쫓지(從) 말고(勿), 정예(銳)군대(卒)는 공격하지(攻) 말고(勿), 미끼로(餌) 쓰인 적병(兵)을 물지(食) 말고(勿), 되돌아가는(歸) 군대(師)는 막지(遏) 말고(勿), 포위된(圍) 군대(師)는 반드시(必) 퇴로를 터주고(闕), 궁지에(窮) 몰린 적(寇)을 압박(迫)하지 말라(勿). 이것이(此) 용병(用兵)의(之) 방법(法)이다.

陵(릉): 구릉(큰 언덕), 무덤, 험하다　　勿(물): 말다, 아니다, 없다

向(향): 향하다, 나아가다, 방향　　　背(배): 등, 등지다, 배반하다

丘(구): 언덕, 구릉, 무덤　　　　　　逆(역): 거스르다, 반대로, 맞이하다

佯(양): 거짓, 가장하다, 속이다　　　北(배): 도망하다, 달아나다, 패하다, 북쪽(북)

餌(이): 미끼, 먹이, 유혹하다　　　　遏(알): 막다, 저지하다, 끊다

圍(위): 포위하다, 에워싸다, 포위　　闕(궐): 터주다, 부족하다, 구멍·틈

寇(구): 도둑(=賊), 외적　　　　　　迫(박): 핍박하다, 압박하다, 다그치다

【의역】

　군대를 운용하는 법은 아군보다 높은 유리한 고지에 진을 치고 있는 적을 향하여 공격하지 말고, 유리하게 언덕을 등진 적을 공격하지 말며, 패배한 척 거짓으로 도망가는 적을 무작정 쫓지 말고, 정예부대를 얕잡아 공격하지 말라. 적의 유인책에 걸려들지 말고, 퇴각하는 적 부대를 무조건 막지 마라. 포위된 적군은 반드시 틈을 주어 도망갈 길을 터주고, 궁지에 몰린 적을 지나치게 압박하지 말라. 이것이 용병의 방법이다.

【해설】

　유리한 위치에 있는 적을 공격하면 아군의 피해가 크기 때문에 함부로 공격하지 말라는 것이다. 적의 유인작전에 말려들지 말며, 적의 정예부대를 얕잡아 공격해서는 안 된다. 퇴각하는 적, 포위된 적, 궁지에 몰린 적을 압박하지 않고 일부러 퇴로를 열어주어 전투의지를 꺾은 다음에 격멸하라는 것이다. 적이 살고자 하는 본능과 맞서면 초인적인 역량이 발휘될 수 있으므로 이러한 부분마저도 고려하라는 의미이다.

　'窮寇勿迫(궁구물박)'은 쥐가 궁지에 몰리면 고양이에게 달려들듯이, 궁지에 몰린 적이 필사적으로 저항할 때 아군의 피해가 클 수 있으니 지나치게 압박하지 말라는 의미다.

군쟁(軍爭) 후술

군쟁(軍爭)은 전쟁에서 유리한 고지를 점하기 위한 전장의 주도권을 확보하는 방법에 관해서 설명하고 있다. 이를 한마디로 표현하면 우직지계(迂直之計)라고 할 수 있다. 우직지계는 영국의 군사이론가인 리델하트가 강조한 간접접근전략의 '최소저항선' 및 '최소예상선'과 일맥상통한다. 간접접근전략은 리델하트가『손자병법』을 읽고 다른 전사와 접목하여 자신의 이론으로 체계화한 것이다.

우직지계의 용병술은 전략적 · 작전적 · 전술적 차원에서 다양한 제대에서 다양한 방식으로 구사되어야 한다. 소부대 전투로부터 대부대 전투에 이르기까지 적의 강점과 약점을 파악하고 기만술을 접목하여 아군에게 유리한 작전 여건이 조성되도록 지휘관과 참모의 활동이 집중되어야 한다.

기동은 속도와 리듬이 접목된 예술과 같다. 축구선수가 달리기만 빠르다고 상대편 선수를 드리블로 돌파할 수 있는 것이 아니다. 상대편 선수의 움직임에 맞게 속도를 조절하는 리듬을 타야 한다. 병력의 운용도 적의 기도를 고려하여야 하고, 아군에게 유리하도록 이익으로 유인하는 기만작전이 병행되어야 한다.

기동하는 군대의 특징을 바람, 숲, 불, 산, 어둠, 천둥으로 표현하고 있다. 이는 부대가 빠르게 이동할 때는 바람처럼 일사불란하게 순식간에 움직이고, 천천히 이동할 때는 숲처럼 조용한 상태로 은밀하게 움직이며, 공격할 때는 불과 같이 맹렬하게 타올라 막을 수 없는 기세가 되어야 한다. 병력 운용은 산처럼 움직임이 없고 범접할 수 없는 웅장함을 유지하여야 하며 어둠처럼 적에게 탐지되지 않도록 하여야 한다. 또한, 적이 대응할 수 없도록 기민해야 하며, 어떤 상황에서도 지휘통제가 일사불란해야 한다.

완벽한 지휘통제는 하루아침에 완성되는 것이 아니다. 부단한 실전적인 훈련과 교육을 통해서 부대의 전장 군기가 확립되고 지휘관을 중심으로 부대원이 일치단결되어야 하며, 상·하급지휘관이 평상시부터 공동의 전술관을 공유해야 비로소 가능하게 된다.

제8편 구변(九變)[37]

　구변 편에서는 전쟁에 있어서 다양한 지형에 대응해서 무한한 변화를 통한 전략을 설명하고 있다. 전장의 유불리를 잘 헤아려서 고정된 생각을 벗어나 상황에 맞는 전략을 선택하라고 강조한다. 또한, 유비무환의 태도와 장수가 범하기 쉬운 다섯 가지 위험성을 제시하고 있다.

　손자는 장수가 상황에 달라질 수 있는 지형적 조건을 꿰뚫어 보지 못하여 이에 대응하지 못한다면 비록 피상적으로 지형을 안다고 하더라도 실질적인 지형의 이점을 얻을 수 없다고 하였다. 이는 다양한 상황변화에 따른 융통성 있는 용병술을 구사하여 이익을 얻어야 한다는 의미이다. 고지식한 지휘관이라면 단순히 표면적으로 드러나는 지형의 유불리만을 고려하여 작전을 수행할 수 있다. 상황에 따라 달라지는 지형적 의미를 고려해야 할 뿐만 아니라 적의 상태, 기상의 조건, 아군의 능력 등 다양한 상황까지도 고려하여 작전을 수행해야 한다.

---

37) '九變'이 변화의 '아홉 가지 변화유형'을 가리키는 것이 아니라, '다양한 변화'를 의미한다. '9'는 '다수'의 의미다.

손자는 지혜로운 장수는 용병의 이로움과 해로움을 모두 고려해야
한다고 강조한다. 불리한 상황에서도 아군에게 유리한 면을 찾아내거
나 조성하여 이를 활용하여야 하고, 유리한 상황에서도 불리한 면을
고려하여 회피하거나 불리한 상황을 제거하여야 한다. 전장의 상황은
이로움과 해로움이 공존해 있음을 명심하고 이로움과 해로움을 잘 활
용하고, 때에 따라서는 이들을 조성하거나 제거하여 승리를 추구하여
야 한다.

손자는 유비무환(有備無患)을 강조하고 있다. 적이 오지 않기를 바
라지 말고, 나의 대비태세를 믿어야 한다. 적이 공격하지 않기를 바라
지 말고, 적이 나를 공격할 수 없는 상태를 믿어야 한다. 이는 적이 공
격하고 싶어도 나의 방어준비태세가 강력하여 감히 엄두를 내지 못하
게 만들어야 한다는 의미이다. 현대적 전쟁관을 끌어와서 좀 더 나아
가 얘기한다면, 국력의 요소[38]를 모두 활용하여 적은 공격할 수 없고
나는 공격 받을 수 없는 상태로 여건을 조성해야 한다는 것까지 포함
할 수도 있겠다.

손자는 장수가 범하기 쉬운 위험한 다섯 가지 자질을 설명하고
있다. 편중되고 극단적인 장수의 자질은 전장의 상황을 올바로 인식하
지 못하고 적의 유인책에 쉽게 말려들 수 있다. 이 경우 군대가 무너지
고 장수마저 죽는 재앙이 뒤따른다. 따라서 지휘관은 개인적인 감정에
치우쳐 이성적인 판단을 하지 못하고 용기[39]와 결단력이 부족해서는
안 된다.

---

38) 'DIME'으로 표현하며, 외교(Diplomacy), 정보(Information), 군사(Military), 경
제(Economy)가 이에 해당한다.
39) 물리적인 용기, 만용(蠻勇)이 아니라, 책임질 수 있는 용기, 이익(명예나 물질)을
버릴 수 있는 용기를 말한다.

孫子曰(손자왈), 凡用兵之法(범용병지법), 將受命於君(장수명어군), 合軍聚衆(합군취중), 圮地無舍(비지무사), 衢地合交(구지합교), 絕地無留(절지무류), 圍地則謀(위지즉모), 死地則戰(사지즉전).

【직역】

손자(孫子)가 말하길(曰), 무릇(凡) 용병(用兵)의(之) 법(法)은 장수(將)가 임금(君)으로부터(於) 명령(命)을 받아(受) 군대(軍)를 조합(合)하고 병력(衆)을 모은다(聚). 움푹 꺼진 지형(圮地)에서는 숙영(舍)하지 말고(無), 도로가 발달한 네거리 지형(衢地)에서는 외교(交)를 맺고(合), 길이 끊겨 낭떠러지 지형(絕地)에서는 머무르지(留) 말고(無), 포위된 지형(圍地)에서는 곧바로(則) 계략(謀)을 강구하고, 죽음의 땅(死地)에서는 곧바로(則) 싸워야(戰) 한다.

圮(비): 무너지다, 허물어지다, 무너뜨리다   舍(사): 군대가 머물러 숙영하다
衢(구): 사방으로 통하는 큰길, 네거리, 갈림길   絕(절): 끊다, 넘다, 넘어가다

【의역】

군대의 운용법으로 장수가 군주의 출동 명령을 받은 이후에는 군대를 편성하고 병력을 모은 다음, 숙영은 움푹 꺼져 방어가 불리한 지형을 피하고, 도로가 사통팔달한 지형에서는 동맹을 맺어 그 길을 사용하기 편하게 해주며, 길이 끊긴 불리한 낭떠러지 지형에서는 적의 공격에 취약하기에 시간을 끌며 머물지 말아야 한다. 또한, 애로 및 험한 산 등으로 둘러싸인 지형에서는 포위되기 쉬우므로 속히 빠져나갈 계

책을 강구하고, 일단 들어가고 나면 길이 없어 빠져나갈 수 없는 사지
에서는 죽기를 각오하고 싸워야 한다.

【해설】

九地篇(구지편)에서 圮地(비지)를 산림, 습지, 험준한 지형이라고 설
명한다. 따라서 圮地(비지)는 氾地(범지)라고 볼 수도 있으며, 氾과 泛,
汎은 서로 통하는 이체자로 '큰물이 넘치다'의 뜻이라는 관점도 있다.

'絶地(절지)'에 대해 일부 해설서에서는 나의 영토가 아닌 적이나 인
접국의 영토에서 싸우게 되어 배후가 끊기게 되는 조건을 갖는 지형으
로 설명하고 있다. 九地篇(구지편)에서 내 영토를 벗어나 전투를 수행
하므로 형성되는 지형적 조건임을 제시한다.

'圍地(위지)'도 단순히 '포위된 지형'이 아닌, 험준하고 隘路(애로)한
지형 조건으로 포위되기 쉬운 지형으로 확대해석할 필요가 있다. 九地
篇(구지편)에서 배후가 험한 지형으로 되어있고 앞은 애로한 지형이라
설명한다.

⋯⋯⋯⋯⋯⋯⋯⋯⋯⋯⋯⋯⋯⋯⋯⋯⋯⋯⋯⋯⋯⋯⋯⋯⋯⋯⋯⋯⋯⋯⋯

途有所不由(도유소불유), **軍有所不擊**(군유소불격), **城有所不
攻**(성유소불공), **地有所不爭**(지유소부쟁), **君命有所不受**(군명유소
불수).

【직역】

길(途)에는 경유(由)해서는 안 될(不) 길(所)이 있고(有), 군대(軍)에
는 쳐서는(擊) 안 될(不) 적(所)이 있으며(有), 성(城)에는 공격(攻)해서

는 안 될(不) 성(所)이 있다(有). (또한) 지형(地)에는 다퉈서는(爭) 안 될(不) 지형(所)이 있고(有), 임금의 명령(君命)에는 받아서는(受) 안 될(不) 명령(所)이 있다(有).

由(유): 말미암다, 거치다, 경유하다, 행하다

【의역】

가서는 안 되는 길이 있고, 공격해서는 안 되는 군대가 있으며, 공격해서는 안 되는 성이 있다. 다퉈서는 안 되는 지형이 있고, 군주의 명령에도 따라서는 안 되는 명령이 있다.

【해설】

세상의 일에는 때가 있고 순리가 있으므로 상황판단을 잘해서 이기는 전쟁을 해야 한다. 나에게 불리한 작전을 수행해서는 안 된다. 피·아의 전투력 수준과 지형 및 기상의 유·불리를 현장 지휘관이 잘 판단하여 상황에 맞게 작전을 수행해야 함을 강조하고 있다.

군주의 명령이라도 따라서는 안 되는 때가 있다. 현장의 상황은 현장 지휘관이 누구보다도 잘 알기 때문이다. 물론 정치적·전략적 차원에서 내린 결정을 따르지 않을 수 있다는 것을 의미한다고 보기는 어렵다. 현대적 전쟁 수행 개념과 결부하여 접근하면, 권한 위임을 최대한 보장하는 임무형 지휘(Mission Command)와 관련 있다고 볼 수 있다. 더 확장해 보면 헌법에서 제시하는 군의 존재 이유, 국가의 존재 이유 등 본질적 가치와 상충하는 정치적 결정은 헌법이 추구하는 가치의 하위 가치로 이해할 수도 있을 것이다.

故將通於九變之利者(고장통어구변지리자)**, 知用兵矣**(지용병의)**.**
將不通於九變之利者(장불통어구변지리자)**, 雖知地形**(수지지형)**,**
不能得地之利矣(불능득지지리의)**. 治兵不知九變之術**(치병부지구
변지술)**, 雖知五利**(수지오리)**, 不能得人之用矣**(불능득인지용의)**.**

【직역】

그러므로(故) 장수(將)가 구변(九變)하는 상황의(之) 이점(利)에(於) 통달(通)하면(者) 용병(用兵)을 아는(知) 것이다(矣). 장수(將)가 구변(九變)하는 상황의(之) 이점(利)에(於) 통달(通)하지 못(不)하면(者) 비록(雖) 지형(地形)을 안다고(知) 하더라도 지형(地形)의(之) 이점(利)을 얻을(得) 수(能) 없다(不). 군대(兵)를 통솔(治)함에 있어서 구변(九變)의(之) 운용술(術)을 모르면(不知), 비록(雖) 다섯 가지(五)의 이점(利)을 안다고(知) 하더라도 군대(人)의(之) 운용술(用)을 얻지(得) 못할(不能) 것이다(矣).

九變(구변): 수많은 변화	利(리): 순리(順利), 이용하다, 이익
者(자): 사람, 것, 장소, ~한다면	得(득): 알다, 이해하다, ~할 수 있다

【의역】

장수가 수많은 상황변화에서 이로움을 취하는 것에 통달하면 비로소 용병을 안다고 할 수 있다. 그러나 장수가 수많은 상황변화에서 이로움을 취하는 것에 통달하지 못한다면 비록 피상적으로 지형을 안다고 하더라도 지형에서 오는 이로움을 진정으로 이용할 수 있다고 할 수는 없다. 군대를 지휘하는 데 있어 수많은 상황변화에서 이로움을

취하는 것을 알지 못하면, 비록 지형에 관하여 앞에서 제시한 다섯 가지(圮地無舍, 衢地合交, 絕地無留, 圍地則謀, 死地則戰)로부터 이로움을 취하는 것을 안다고 하더라도 군대를 운용하는 술을 아는 것은 아니다.

【해설】

지휘관은 단순히 지형과 관련된 부대 운용의 원리만을 알아서는 안되고, 변화되는 상황에서 지형을 이용하고 지형 조건으로부터 이로움을 취하는 지형안(地形眼)을 갖추어야 한다. 지형안을 갖추기 위해서는 평소에 부단한 자기 노력이 필요하다. 기본적인 독도법(讀圖法) 훈련으로부터, 전사(戰史)를 기초로 가상 사례를 염두에 두고 실제 지형과 대조하고 사색하는 등 자신만의 지형안을 성장시키고 확장해야 한다.

⋯⋯⋯⋯⋯⋯⋯⋯⋯⋯⋯⋯⋯⋯⋯⋯⋯⋯⋯⋯⋯⋯⋯⋯⋯⋯⋯⋯⋯

是故智者之慮(시고지자지려)**, 必雜於利害**(필잡어이해)**. 雜於利而務可信也**(잡어리이무가신야)**. 雜於害而患可解也**(잡어해이환가해야)**.**

【직역】

이러한(是) 이유로(故) 지혜로운(智) 자(者)는(之) 다음 사항을 고려한다(慮). 이로움(利)과 해로움(害)에 대해서(於) 반드시(必) 섞어서(雜) 생각한다. 이로움(利)을(於) 섞고(雜) 나서(而) 상대가 믿도록(可信) 힘써야(務) 한다(也). 해로움(害)을(於) 섞고(雜) 나서(而) 근심(患)을 풀 수(可解) 있다(也).

雜(잡): 섞다, 배합하다　　　　患(환): 근심, 걱정, 병, 재앙

解(해): 풀다, 해결하다, 변명

【의역】

지혜로운 자는 반드시 이로움과 해로움을 함께 고려한다. 그는 해로운 상황을 접하게 되면 이로운 상황을 동시에 떠올려 고려하므로 그가 수행하는 작전 수행도 믿을 만하게 되고, 이로운 상황에 부딪히면 해로운 상황을 함께 생각하여 판단하므로 그가 수행하는 일 앞에 놓인 해로움도 해결될 수 있다.

【해설】

상황을 판단하고 작전계획을 수립할 때는 이로움과 해로움을 함께 고려하고, 적군과 아군의 강점과 약점, 작전의 유불리를 동시에 바라봐야 한다. 그래야만 사고와 관점이 한쪽으로 치우치지 않고 모든 요소를 예상할 수 있다. 이때 비로소 온전한 작전을 펼칠 수 있게 된다. 이러한 장수는 지혜롭다는 평판을 들을 수 있게 되고, 그가 수행하는 작전은 믿음이 가며 난관을 쉽게 극복해 나갈 수 있다.

......

是故屈諸侯者以害(시고굴제후자이해), **役諸侯者以業**(역제후자이업), **趨諸侯者以利**(추제후자이리).

【직역】

이러하므로(是故) 제후(諸侯)를 굴복(屈) 시키려면(者) 해로움(害)으

로(以) 하고, 제후(諸侯)를 부역(役) 시키려면(者) 일(業)로(以) 하며,
제후(諸侯)를 쫓게(趨) 하려면(者) 이익(利)으로(以) 한다.

是故(시고): 이러하므로, 이래서   屈(굴): 굽히다, 쇠하다, 꺾다, 억누르다
業(업): 일, 일하다, 공적, 이미   趨(추): 뒤쫓다, 달아나다, 취하다

【의역】

제후를 굴복시키려면 제후의 관점에서 해로움을 줄 수 있다는 것을
보여줘야 하고, 제후를 부리려면 나의 실력이 범접할 수 없을 정도로
강하다는 것을 보여줘야 한다. 또한, 제후가 따르게 하려면 그에게 이
익을 미끼로 제공하여 그 이익을 좇도록 하여야 한다.

【해설】

'屈諸侯者以害(굴제후자이해)'에서 '害(해)'의 의미는 '해로움으로 적
에게 가하는 위협'인 것이다. 현대적 의미로는 군사전략 중에 강압전
략 또는 강제전략이라고 할 수 있다.

손자의 시대는 춘추시대로 패권을 행사하던 나라들이 있었으나 당
시의 관념적으로는 모두 천자가 존재하는 주나라에 대한 봉건국에 불
과하였다. 즉 당시 사회의 전반적인 권력 구조는 중앙 권력과 제후의
관계로써 사회와 국가가 통치되던 시기였다. 이처럼 중앙 권력이 절대
적인 권력을 행사할 수는 없던 권력 구조 안에서 중앙 권력이 제후들
을 이끌고 나아가기 위한 전략을 이 부분에서 제시하고 있다.

故用兵之法(고용병지법), **無恃其不來**(무시기불래), **恃吾有以 待也**(시오유이대야). **無恃其不攻**(무시기불공), **恃吾有所不可攻 也**(시오유소불가공야).

【직역】

그러므로(故) 용병(用兵)의(之) 법(法)은 적(其)이 오지(來) 않는다 (不)고 믿지(恃) 말고(無), 내게(吾) 대비(待)가 되어(以) 있음(有)을 믿 어라(恃). 적(其)이 공격(攻)하지 않는다(不)고 믿지(恃) 말고(無), 내게 (吾) 적이 공격(攻)할 수 없는(不可) 곳(所)이 있음(有)을 믿어라(恃).

無(무): ~하지 마라, 아니다, 없다　　　恃(시): 믿다(=信), 의지하다, 가지다

【의역】

용병의 방법은 다음과 같다. 적이 오지 않을 것이라고 믿지 말고 내 가 어떤 적도 대적할 수 있는 준비 상태로 기다리고 있음을 믿어라. 적 이 공격하지 않을 거라 믿지 말고 어떤 적도 공격할 수 없는 상태의 나 를 믿어라.

【해설】

'無恃其不攻(무시기불공)'에서 '其(기)'는 '적(敵)'의 의미로 '장차 적 이 공격하지 않는다고 믿지 말라'는 뜻이다. 일부 해설서에 '其(기)'를 '장차(앞으로)'의 의미로 보고, '적'이 생략되었다고 해석하기도 한다.

유비무환(有備無患)의 자세를 강조하고 있는 부분이다. 대비태세를 완비하여 내가 대비되어 있음을 믿고, 이를 통해 어떠한 적도 격퇴할

수 있다는 자신감을 부대원들에게 심어주어야 한다.

···

　故將有五危(고장유오위), **必死可殺也**(필사가살야). **必生可虜
也**(필생가로야). **忿速可侮也**(분속가모야). **廉潔可辱也**(염결가욕
야). **愛民可煩也**(애민가번야).

【직역】
　그러므로(故) 장수(將)에게는 다섯(五) 가지 위험(危)이 있다(有). 반
드시(必) 죽음(死)을 무릅쓰면 죽임(殺)을 당할 수(可) 있다(也). 반드
시(必) 살겠다(生)고 하면 포로(虜)로 잡힐 수(可) 있다(也). 분노(忿)를
잘 내면(速) 모욕(侮)을 당할 수(可) 있다(也). 너무 깨끗함(廉潔)만을
추구하면 치욕(辱)을 당할 수(可) 있다(也). 백성(民)을 너무 사랑(愛)
하면 번민(煩)에 빠질 수(可) 있다(也).

虜(로): 포로, 포로로 잡다	忿速(분속): 성(분노)을 잘 내다
侮(모): 업신여기다	廉(렴): 청렴하다, 검소하다
潔(결): 깨끗하다, 맑다, 청렴하다	速(속): 재촉하다, 빠르다
辱(욕): 모욕하다, 욕보이다, 수치당하다	煩(번): 번거롭다, 괴로워하다, 번민

【의역】
　장수에게는 다섯 가지 위험한 자질이 있다. 장수가 상황판단을 제대
로 하지 못하고 융통성이 없어 무용만 믿고 치밀한 계략 없이 무모하
게 죽을 각오로 싸운다면 강한 적에게 죽기 쉽고, 자신의 생명에 너무
집착하면 싸움을 쉽게 포기하고 포로가 되기 쉽다. 이성적인 판단을

못 하고 쉽게 분노를 잘하면 모욕당하기 쉽고, 너무 자신의 깨끗함만을 추구하고 자존심이 강하면 작은 실수에도 치욕을 당하기 쉽다. 그리고 백성을 너무 사랑하면 백성에게 작은 해가 되는 작전에도 번민하게 되어 작전에 지장을 초래할 수 있다.

【해설】

'必死可殺(필사가살)'에서 '可(가)'는 '~할 수 있다'로 볼 수도 있으나, '~를 허용하다'로 해석하면 좀 더 자연스러울 수 있다. '~를 허용하다'로 직역해 본다면, '반드시 죽겠다고 한다면 죽임을 허용하게 된다'라고 의미를 정리해 낼 수 있다. 뒤에 따르는 같은 구조의 문장들도 동일한 맥락으로 바라볼 수 있다.

장수는 상황에 맞춰 이성적이고 유연한 사고(思考)를 해야 한다. 극단에 치우친 사고와 행동은 작전을 그르치게 하기 쉽다.

일부 해설서에는 '忿速可侮也(분속가모야)'를 '분노와 빠른 속도만을 생각한다면 수모를 당할 것이다.'라고 해석하고 있다. 여기에서 '忿速(분속)'은 '분노를 참지 못하고 성격이 급한 것'을 나타내는 것으로 보는 것이 좋다.

'모(侮)'는 누군가를 대상으로 '조롱하다, 업신여긴다'에, '욕(辱)'은 스스로 '수치스러움을 느낀다'에 많이 쓰인다. 따라서 참지 못하고 분노를 쉽게 내는 장수는 성급하게 행동하고 부하들을 재촉하여 패착에 이르게 되어 상대의 조롱거리가 될 수 있다. 또한, 너무 청렴결백함만을 추구하면 자신의 작은 실수나 결점에도 수치심을 느껴 임무를 제대로 수행하지 못할 수도 있다.

『육도』에서는 장수의 결함을 열 가지로 분류하고 있다. 성질이 너무 용맹하여 생명을 가볍게 여기는 것, 성급하여 너무 서두르는 것, 탐욕

스러워 재물과 이익을 좋아하는 것, 마음씨가 너무 약해 생명을 살상하지 못하는 것, 지혜가 있으나 마음에 겁이 많은 것, 남의 말을 너무 믿는 것, 청렴결백하기만 하고 다른 사람을 아끼지 않는 것, 결단력이 부족하여 의심을 잘하는 것, 너무 고집이 세어 자기 의견만 고집하는 것, 나약하여 모든 일을 남에게 맡기는 것이다.

『손빈병법』에서는 장수의 결함을 20가지로 분류하고 있다. 재능이 없는데도 자신이 능력 있다고 자랑함, 교만함, 지위를 탐함, 재물을 탐함, 말과 행동이 경솔함, 망설이며 결단력 부족함, 용기가 부족함, 체력이 약하고 추진력 없음, 신의가 없음, 행동이 느리고 머리가 둔함, 게으름, 잔인하고 난폭함, 이기적이고 멋대로 행동함, 군기가 문란함 등이다.

『장원(將苑)』에서는 장수의 결함을 8가지로 분류하고 있다. 대의가 아닌 탐욕을 하는 것, 나보다 뛰어난 자를 질투하는 것, 참언(讒言)[40]을 싫어하고 아첨을 좋아하는 것, 남의 치부와 단점만을 지적하는 것, 행동이 말을 뒷받침하지 않는 것, 과도한 취미활동(주색잡기)을 하는 것, 사적인 이익을 위해 거짓말을 하는 것, 함부로 말을 내뱉고 생각 없이 일을 처리하는 것이다.

『울료자』에서는 장수의 폐단을 12가지로 분류하고 있다. 잘못된 계획을 실천하는 것, 무고한 자를 죽이는 것, 사심(私心)으로 편파적인 행동을 하는 것, 잘못에 대한 충고를 듣기 싫어하는 것, 백성들의 재물을 탕진하는 것, 남의 모함이나 적의 모략을 받아들이는 것, 경솔하게 출병하는 것, 현명한 측근을 멀리하여 고집스럽고 어리석은 행동을 하는 것, 이익을 탐하는 것, 소인배를 가까이하는 것, 국방의 대비책을

---

40) 거짓으로 꾸며 남을 헐뜯어 윗사람에게 고하여 바치다.

세우지 않는 것, 명령을 제대로 이행하지 못하는 것이다.

凡此五者(범차오자), 將之過也(장지과야). 用兵之災也(용병지재야). 覆軍殺將(복군살장), 必以五危(필이오위), 不可不察也(불가불찰야).

【직역】

무릇(凡) 이(此) 다섯(五) 가지는(者) 장군(將)의(之) 과오(過)다(也). 용병(用兵)의(之) 재앙(災)이다(也). 군대(軍)가 뒤집히고(覆) 장군(將)이 죽는(殺) 것은 반드시(必) 이 다섯(五) 가지의 위험(危) 때문(以)이니 살피지(察) 않을 수(不可) 없(不)다(也).

過(과): 지나다, 경과하다, 허물, 잘못　　覆(복): 엎어지다, 넘어지다, 덮다(부)

【의역】

대체로 이러한 다섯 가지는 장군이 범하기 쉬운 잘못이며, 용병에 있어 재앙이 된다. 군대가 붕괴되고 장군이 죽는 것은 반드시 이 다섯 가지(必死, 必生, 忿速, 廉潔, 愛民)의 위험한 자질 때문이니 세심히 살펴야 한다.

【해설】

장수의 이러한 다섯 가지 위험한 자질은 장수가 군대를 패착으로 몰고 가기 때문에 반드시 살펴서 지휘관이나 중요 직위에 임명해서는 안 된다. 이성적인 판단을 하지 못하고 자신의 아집에 사로잡혀서 군대를 패배하게 할 수 있으므로 국가의 존망과 국민의 생사가 달린 전쟁에는 등용하는 것은 적절하지 않다.

구변(九變) 후술

구변(九變)이란 다양한 상황변화에 융통성 있게 적용하는 용병술이라고 할 수 있다. 군 지휘관이 사고가 고착되어 융통성이 없다면 변화하는 전장 상황에 맞는 용병술을 펼칠 수 없다. 심지어 적의 유인전술에 말려들기 쉽다. 우리나라 역사상 가장 뛰어난 용병술을 발휘한 인물 중의 한 명은 이순신 장군이다.

이순신 장군은 올곧은 성품으로 두 번이나 억울하게 백의종군했지만, 주변을 탓하지 않고 오직 나라와 백성을 먼저 생각한 위인이다. 임진왜란 당시 초기전투에서 왜군에게 전패를 당하면서 장수들은 겁을 먹고 도망하기에 바빴다. 이때 오직 이순신 장군만이 해전에서 연전연승하여 조선을 구했다. 이순신 장군은 중과부적의 전력으로도 매번 지형과 기상, 정보원을 활용한 뛰어난 용병술로 대승을 거두었다. 이렇게 모든 전투에서 완전한 승리를 거둔 이순신 장군이 진정한 군신(軍神)이다. 일부 새로운 시각을 선보이는 양 원균을 두둔하면서 이순신 장군을 은근히 폄하하기도 하고, 은둔설이나 자살설로 이순신 장군을 헐뜯는 무리도 있다. 과거의 상황을 전장에서 직접 목격하지 않고서 오로지 손에 쥔 몇몇 기록과 자신만의 관념에서 본 해석으로 마치 실체를 말하는 것처럼 기만하는 태도들이 양심 있고 깨어있는 사람으로 포장되는 현실이 안타깝다.

이순신 장군의 유비무환 자세는 후손들이 본받아야 할 중요한 덕목이다. 전라 좌수사에 임명되자 곧바로 전선(戰船)을 만들고, 둔전을 설치하여 군비를 확충했다. 그리고 실전과 같은 강한 훈련을 실시하고, 엄정한 군기를 확립하는 등 왜군의 침략에 대비했다. 당시 왜군의 침입이 있을 것이라고 예견할 수 있었지만 제대로 대비한 장수가 거의 없었던 사실을 떠올려 보면 존경하지 않을 수 없다.

이순신 장군의 '必死則生(필사즉생), 必生則死(필생즉사)'의 명구를 손자가 말한 위험한 장수의 모습인 '必死可殺也(필사가살야), 必生可虜也(필생가로야), 반드시 죽음을 무릅쓰면 적에 의해 죽임을 당할 수 있다. 반드시 살겠다고 하면 적에 의해 포로로 잡힐 수 있다'로 생각할 수 있다. 손자가 말하는 위험한 장수는 치밀한 계략도 없이 단지 죽음을 두려워하지 않는 무모한 태도로 임하는 것을 말한다. 이순신 장군은 사전에 수많은 정보를 수집하여 이를 바탕으로 부하들과 치밀한 작전 회의를 거친 다음, 치밀한 계략을 가지고 전투에 임했다. 또한, 부하들만 희생시키는 승산 없는 무모한 전투를 벌이지 않았다. 승산 없는 전투를 지시하는 임금과 상부의 지시에 응하지 않을 만큼 확고한 병법적 지식과 용기를 가지고 전장에 섰다. 이순신 장군은 모든 전투에서 죽음을 두려워하지 않은 채 진두지휘하였으나, 만용(蠻勇)으로 돌진하는 무모한 지휘관이 아니었다.

제9편 행군(行軍)

　행군 편에서는 행군과 숙영에 관해서 설명하고 있다. 또한 지형과 적의 배치를 파악하여 아군에게 유리한 지형 선택과 상황에 맞는 지휘 통솔을 강조하고 있으며, 적정의 징후를 판단하는 방법에 대해서도 논하고 있다.

　손자는 산악, 하천, 늪지, 평지에서 진을 편성하고 용병하는 방법에 관하여 설명하며, 지형은 상대적으로 높고 양지바른 유리한 위치를 점하고, 적의 기습에 대비해야 한다고 강조하고 있다.

　손자는 또한, 전장에서 자연현상과 적정의 관찰을 통해 적의 징후와 의도를 파악하는 방법을 제시하며, 적의 행동을 피상적으로 관찰하여 판단하지 말고, 적의 숨은 의도를 파악해서 대비하라고 한다. 전략가는 적의 행동으로부터 그 이면의 심리상태까지도 파악할 수 있어야 한다.

　손자는 사려 깊은 행동을 하고, 적을 경시하는 행동을 해서는 안 된다고 강조한다. 지휘관이 자기 능력을 과신하고 적의 능력을 과소평가해서 신중하지 못한 행동으로 전투에 패한 사례가 많다. 아무리 약하게 보이는 적일지라도 상대의 능력을 경시해서는 안 된다.

손자는 부하들과 친해지지도 않았는데 벌을 주면 복종하지 않게 되고, 복종하지 않으면 쓰기가 어렵다고 한다. 그러면서 이미 친해진 이후에도 벌하지 않으면 역시 쓸 수 없다고 한다. 이는 진정으로 부하들을 사랑하여 부하들이 자발적으로 상관을 따르게 하고, 신상필벌(信賞必罰)을 공정하게 하라는 의미다. 상벌이 공정하지 않으면 조직의 단결력은 약해져서 궁극에는 무너질 수밖에 없다.

예로부터 성공한 대다수 장수는 부하들과 동고동락(同苦同樂)하며, 부하들은 친자식처럼 아끼고 사랑했다. 그래서 부하들이 상관을 위해 죽음을 불사하고 전투에 임한 것이다. 대표적인 사례가 오기(吳起)의 부자지병(父子之兵)으로, 오기는 부하의 등창 속 고름을 자신의 입으로 빨아서 낫게 하였다.[41] 옛날 의료기술이 발달하지 않았던 시기에 대장군이 부하의 등창을 입으로 빨아서 낫게 하는 행위는 누구나 할 수 있는 행동이 아니다. 우리나라의 젊은 간부들도 초급간부 시절부터 부하들을 진정으로 아끼고 사랑하는 자세를 견지하여 부하들의 자발적인 복종을 이끌어야 한다.

---

41) 오기는 병법에 매우 능한 사람으로 부하들의 마음을 움직이기 위해서 이러한 행동을 하였다. 『사기(史記)』에 나타난 그의 정치적 행보를 보면 이러한 행동이 진심이 아니라 계산적이고 의도된 행동이었을 수 있으나 분명한 건 이런 행위를 통해 부하들과 혼연일체가 되었다는 점이다.

孫子曰(손자왈), 凡處軍相敵(범처군상적), 絕山依谷(절산의곡), 視生處高(시생처고), 戰隆無登(전륭무등), 此處山之軍也(차처산지군야).

【직역】

손자(孫子)가 말하길(曰) 대체로(凡) 적(敵)과 상대(相)하는 상황에 처한(處) 군대(軍)는, 산(山)을 넘을(絕) 때는 계곡(谷)에 의지(依)하고, 시야(視)가 생기는(生) 높은(高) 곳(處)에 위치하고, 높은 곳(隆)에서 싸울(戰) 때는 오르지(登) 말라(無). 이것(此)이 산악(山)에서(處)의(之) 군대(軍)이다(也).

絕(절): 지나다, 뚫고 넘어가다   依(의): 접근하다, 의지하다, 기대다, 따르다
隆(륭): 높은 곳   登(등): 오르다, 올리다

【의역】

산악지역 전투에서는 가능한 한 적보다 높은 곳에 위치하여 관측과 사계가 확보되어 적을 감제할 수 있어야 한다. 산을 넘어야 할 때는 도로가 발달한 넓은 계곡 길을 활용하고, 높은 곳에 있는 적에 대해서 불리하게 오르면서 싸우지 말라. 이것이 산악에서 전투의 방법이다.

【해설】

'視生(시생)'에 관한 두 가지 관점이 있다. 통상 해설에서는 '生(생)'을 '생긴다'라는 동사로 보아 '시야(視野)가 생기는 곳'으로 해석한다. 반면 조조는 '生(생)'을 '양지(陽地)'를 의미한다고 하여 부대의 위치가

'햇빛을 볼 수 있는 곳'으로 해석하였다.

전투에서는 항상 적과 지형, 기상이 영향을 미친다. 특히 산지에서의 전투는 지형의 이점을 최대한 활용하여 아군은 불리한 점을 회피하고, 적에게는 불리하도록 최대한 여건을 조성하고 이를 강요하여야한다.

···

絕水必遠水(절수필원수), **客絕水而來**(객절수이래), **勿迎之於水內**(물영지어수내), **令半濟而擊之利**(영반제이격지리). **欲戰者**(욕전자), **無附於水而迎客**(무부어수이영객), **視生處高**(시생처고), **無迎水流**(무영수류), **此處水上之軍也**(차처수상지군야).

【직역】

물(水)을 건너면(絕) 반드시(必) 물(水)에서 멀리(遠) 떨어지고, 적(客)이 물(水)을 건너(絕)서(而) 오면(來) 물(水)속(內)에서 적(之)을 맞지(迎) 말고(勿), 적이 반쯤(半) 건너(濟)오게 하여(令)서(而) 적(之)을 공격(擊)하는 것이 유리(利)하다. 싸우(戰)려는(欲) 자(者)는 물(水)에(於) 붙어(附)서(而) 적(客)을 맞이(迎)하지 마라(無). 시계(視)가 생기는(生) 높은(高) 곳에 위치(處)하고, 물의 흐름(水流)을 거스리지(迎) 마라(無). 이것이(此) 수상에(水上) 처(處)한 때의(之) 군대(軍) 운용이다(也).

絕(절): 끊다, 지나다, 건너다, 뚫고 넘어가다
客(객): 손님, 나그네, 상대, 적
迎(영): 대응(대항)하다, 거스르다, 맞이하다, 영접하다, 마주하다

濟(제): 건너다, 돕다, 유익하다　　附(부): 붙다, 붙이다, 접근하다, 의탁하다

【의역】

하천이나 강을 건너면 전투력 발휘가 제한되는 물과 가까이 위치하지 말고, 멀리 떨어져 전투대형 편성이 가능하게 하고, 적이 물을 건너 공격하면 적의 지휘통제가 어려운 지점인 적이 반쯤 건넜을 때 공격해야 한다. 그리고 적과 하천에서 전투할 때는 고지대에서 적의 행동을 내려다보며 유리하게 전투하고, 물의 흐름을 이용하는 것은 고지대에서 저지대로 공격하는 것과 같으므로 물의 흐름과 반대로 서서 적과 싸우지 않는 것이 하천선 전투의 원칙이다.

【해설】

고대 중국에서는 전투할 때 적을 '客(객)', 아군을 '主(주)'라고 하였다.

'無迎水流(무영수류)'는 적이 차지한 하천의 유역보다 하류에 아군 부대를 위치시키지 말라는 의미이다. 물흐름의 특성을 고려하여 부대 운용에 어떤 조치를 해야 하는지 말해 주고 있는 부분이다.

고사성어 중 '우생마사(牛生馬死)'가 있다. 장마철에 소와 말이 물에 빠지면 소는 물의 흐름에 따라 헤엄쳐 살아남는데, 말은 급류를 거슬러 오르려다 물에 빠져 죽고 만다는 고사다. 실제로 역자가 경험한 바로 1989년에 갑자기 폭우가 쏟아져 냇가가 넘치고 둑이 무너진 상황에서 동네 학생들이 하교를 잘하도록 도우러 가다가 둑이 무너진 지점에서 갑자기 급류에 휩쓸린 적이 있다. 당시 역자는 순간적으로 정신을 잃었다가 회복해서 잠시 급류의 흐름에 맡겨 급류가 약해진 지점에서 서서히 제방 쪽으로 헤엄을 쳐서 빠져나올 수 있었다.

絕斥澤(절척택), **惟亟去無留**(유극거무류), **若交軍於斥澤之中**(약교군어척택지중), **必依水草而背衆樹**(필의수초이배중수), **此處斥澤之軍也**(차처척택지군야).

【직역】

늪지대(斥澤)를 건널(絕) 때는 오직(惟) 빠르게(亟) 지나치고(去) 머물지(留) 마라(無). 만약(若) 늪지대(斥澤)의(之) 중간(中)에서 적과 교전(交軍)하면, 반드시(必) 수초(水草)에 의지(依)하고(而) 무성한(衆) 숲(樹)을 등져라(背). 이것이(此) 늪지대(斥澤)에 처(處)한(之) 군대(軍) 운용이다(也).

斥(척): 물리치다, 늪(소택지), 소금기 많은 땅
惟(유): 생각하다, 오직(=唯)　　　　亟(극): 빠르다, 성급하다, 빠르게
去(거): 떠나다, 벗어나다, 가다　　　交(교): 접촉하다, 맞붙어 싸우다
依(의): 의지하다, 가까이 다가가다, 숨다
背(배): 등지다　　　　　　　　　　衆(중): 많다, 무성하다, 부대

【의역】

늪지대를 통과해야 하는 상황이 발생하면 아군의 이동속도가 줄어들고 행동에 제약받게 된다. 이때 아군의 행동에 제약이 발생하여 적에게 유리하고 아군에게 불리하기에 신속하게 벗어나야 한다. 부득이 늪지대 내에서 전투가 벌어지면 은폐와 엄폐를 받을 수 있도록 수초와 나무숲을 이용해야 한다.

‘척(斥)’을 ‘사막과 같은 소금기가 많은 불모지’라고 해석하는 해설서가 있는데, 그렇게 해석하면 그 이후의 문장과 맞지 않는다. 황무지에 수초(水草)와 숲(衆樹)이 어울리지 않는다.

‘依(의)’를 ‘의지하다’로 해석할 수 있지만, ‘숨다’로 봐도 무방하다. 이 경우에 수초에 의지하는 것이 수초에 숨는 것과 같은 의미다.

....

平陸處易(평륙처이)**, 而右背高**(이우배고)**, 前死後生**(전사후생)**, 此處平陸之軍也**(차처평륙지군야)**. 凡此四軍之利**(범차사군지리)**, 黃帝之所以勝四帝也**(황제지소이승사제야)**.**

【직역】

평평한(平) 땅(陸)에서는 이동이 쉬운(易) 곳에 위치(處)하고(而), 우측(右) 뒤(背)가 높아야(高) 한다. 땅은 앞(前)이 죽고(死) 뒤(後)가 살아야(生) 한다. 이것이(此) 평지(平陸)에 처(處)한(之) 군대(軍)이다(也). 무릇(凡) 이(此) 네 가지(四)는 군(軍)의(之) 이익(利)이다. 황제(黃帝)가(之) 사방(四)의 제후(帝)에게 승리(勝)한 까닭(所以)이다(也).

易(이): 쉽다, 편안하다, 평평하다, 바꾸다(역)　帝(제): 황제 주변의 씨족 수령들

【의역】

평지에 주둔할 때는 부대의 진·출입이 쉬운 개활한 곳에 위치하고, 오른쪽 배후가 높아야 하며, 감제가 쉽도록 전방이 낮고 후방이 높아야 한다. 이것이 평지에서 군대가 처한 방법이다. 이러한 네 가지의

순조로운 지휘법이 옛날 황제가 사방의 제후들에게 승리를 거둔 방법이다.

【해설】

'黃帝(황제)'는 중국 전설 속의 왕으로 희성(姬姓), 헌원(軒轅)씨로 불린다. '四帝(사제)'는 황제 주변의 왕들로 청제(靑帝), 백제(白帝), 적제(赤帝), 흑제(黑帝)를 말한다. 이는 황제(중앙, 땅, 황색)가 주변 부족국가인 사방의 동쪽의 청제(용, 청색), 서쪽의 백제(범, 백색), 남쪽의 적제(주작, 적색), 북쪽의 흑제(현무, 흑색)와 싸워 이겼다는 설과 관계된 내용이다.

凡軍好高而惡下(범군호고이오하), **貴陽而賤陰**(귀양이천음), **養生而處實**(양생이처실), **軍無百疾**(군무백질), **是謂必勝**(시위필승). **丘陵提防**(구릉제방), **必處其陽**(필처기양), **而右背之**(이우배지). **此兵之利地之助也**(차병지리지지조야).

【직역】

무릇(凡) 군대(軍)는 높은 곳(高)을 선호(好)하고(而) 낮은 곳(下)을 싫어(惡)한다. 양지(陽)를 귀하게(貴) 여기고(而) 음지(陰)를 천하게(賤) 여긴다. 생명(生)을 기르(養)고(而) 실한(實) 곳에 위치(處)하면 군대(軍)에 온갖(百) 질병(疾)이 없다(無). 이것(是)을 반드시(必) 승리(勝)한다고 말한다(謂). 언덕(丘陵)과 제방(堤防)에서는 반드시(必) 그(其) 양지(陽)쪽에 머물(處)고(而), 그것(其)을 우측(右) 뒤(背)에 둔다.

이것이(此) 용병(兵)의(之) 유리함(利)이고, 땅(地)이(之) 돕는(助) 것이다(也).

好(호): 좋아하다 ↔ 惡(오): 미워하다, 싫어하다
貴(귀): 귀하다) ↔ 賤(천): 천하다
養(양): 유지하다, 지키다, 기르다　　　實(실): 물자, 부유하다, 풍성하다
疾(질): 질병, 빠르다　　　　　　　　丘(구): 구릉(=陵)
提(제): 둑(=防)

【의역】

대체로 군대가 주둔할 때는 적보다 높은 고지대를 선호하고 낮은 곳은 피해야 한다. 양지를 귀중하게 생각하고 음지를 피하라는 것은 음지는 햇빛이 들지 않아 춥고 질병에 걸리기 쉽기 때문이다. 동식물 등 생명이 잘 자라고 물자가 풍부한 곳에 군대가 거처해야 한다. 이렇게 되면 군대에 질병이 없고 반드시 승리하게 된다. 구릉이나 제방에서는 반드시 양지쪽을 향하여 위치하고 부대는 이런 곳(구릉이나 제방)을 오른쪽에 등지고 주둔한다. 구릉이나 제방을 오른쪽이나 등지고 있어야 하는 것은 군대가 양지를 향하고 있기 때문이다. 이것은 대부분 무기가 오른 손잡이형으로 만들어져 오른쪽 그리고 뒤쪽이 지대가 높으면 무기사용이 더 자유로운 점도 있다. 이것이 용병에 유리하며 지형의 도움을 얻는 방법이다.

【해설】

양지쪽을 향한다는 것은 남쪽을 바라본다는 것이고, 이것은 오른쪽이 서쪽, 뒤쪽이 북쪽이라는 말과 같다.

일부 해설서에는 '丘陵堤防(구릉제방)'의 '丘(구)'를 '邱(구)'로 표기하

고 있다. 둘 다 '언덕'을 뜻하고 있고, '丘陵(구릉)'이란 '낮은 산, 언덕'을 의미한다.

....

上雨水沫至(상우수말지)**, 欲涉者**(욕섭자)**, 待其定也**(대기정야)**.**

【직역】

상류(上)에 비(雨)가 내려 물(水)거품(沫)이 도달하면(至), 건너(欲)려는(涉) 자(者)는 그것(其)이 안정(定)될 때를 기다려야(待) 한다(也).

沫(말): 거품   涉(섭): 건너다(=濟), 섭렵하다
定(정): 정하다, 안정시키다, 편안하다

【의역】

상류에 비가 내려 물거품이 내려오면 급류가 형성된다. 급류에서는 병력과 물자를 잃기 쉽다. 따라서 그곳을 건너고자 할 때는 물이 안정되어 건널 수 있을 때까지 기다려야 한다.

【해설】

'水沫至(수말지)'는 은작산(銀雀山) 한묘(漢墓) 죽간본[42] 『손자병법』에는 '水流至(수류지)'로 되어 있다. 따라서 '沫(말)'을 '流(류)'의 오자(誤字)로 보기도 한다.

[42) 『손자병법』의 판본은 은작산(銀雀山) 한묘(漢墓)에서 죽간(竹簡)으로 출토된 판본과 송대(宋代) 신종(神宗) 때 엮인 무경칠서에 포함된 판본, 조조의 주석서 『손자약해』 등 다양한 판본이 있다.

凡地有絕澗(범지유절간), 天井(천정), 天牢(천뢰), 天羅(천라), 天陷(천함), 天隙(천극), 必亟去之(필극거지), 물근야(勿近也). 吾遠之(오원지), 敵近之(적근지), 吾迎之(오영지), 敵背之(적배지).

【직역】

무릇(凡) 지형(地)에는 깊은 골짜기(絕澗), 중앙이 움푹 꺼진 지형(天井), 감옥처럼 막힌 지형(天牢), 수풀이 우거져 그물처럼 된 지형(天羅), 지세가 낮아 함정 같은 지형(天陷), 좁은 계곡으로 된 지형(天隙)이 있다(有). 반드시(必) 빠르게(亟) 그곳(之)을 지나야(去) 한다. 가까이(近) 가지 말아야(勿) 한다(也). 나(吾)는 그곳(之)을 멀리(遠)하고, 적(敵)은 그곳(之)을 가까이(近)하고, 나(吾)는 그곳(之)을 맞이(迎)하고, 적(敵)은 그곳(之)을 등지(背)게 한다.

澗(간): 계곡의 시내, 산골짜기	牢(뢰): 우리, 감옥
隙(극): 틈, 갈라지다	羅(라): 비단, 그물, 그물을 펼쳐 잡다
亟(극): 빠르다	

【의역】

대체로 지형의 종류에는 깊은 골짜기로 인해 끊어진 곳, 사방이 험준한 지형으로 싸여 우물처럼 푹 파인 곳, 삼면이 막혀 감옥과 같은 곳, 수풀이 우거져 그물처럼 잡히기 쉬운 곳, 지대가 낮아 움푹 꺼져 있고 도로가 질퍽거려 천연 함정과 같은 곳, 좁은 틈이 깊고 길게 형성되어 물이 흐르고 동굴과 같은 구멍들이 있는 곳이 있다. 이런 곳은 아군의 행동을 제약하기 때문에 반드시 빨리 지나가야 하며 가까이 접근하거나 머물러서는 안 된다. 아군은 그런 곳(絕澗, 天井, 天牢, 天羅, 天陷, 天隙)을 멀리하고 적을 그 근처로 유인한다. 아군은 그런 곳을 맞이하여 바라보고 적은 그곳을 등지며 들어가게 만들어야 한다.

【해설】

이러한 지형들은 주둔하거나 이동할 때 불리한 지형이다. 아군은 이러한 지형을 피하고, 적이 이러한 지형에 빠지도록 여건을 조성해야 한다.

'絕澗(절간)'은 험준한 두 산 사이에 물이 흘러 사람이 다닐 수 없도록 끊어진 지형이고, '天井(천정)'은 사방이 높은 지형으로 되어있어 중앙이 움푹 꺼진 지형이며, '天牢(천뢰)'는 삼면이 절벽으로 되어있어 들어가기는 쉬우나 나오기는 어려운 지형이다. '天羅(천라)'는 숲이 깊고 풀이 무성하여 들어가고 나가기가 둘 다 어려운 지형이고, '天陷(천함)'은 지세가 낮고 움푹 꺼져 있고 도로가 질퍽거려 천연 함정인 지형이며, '天隙(천극)'은 좁은 틈이 깊고 길게 형성되어 물이 흐르고 동굴과 같은 구멍들이 있는 지형이다.

....

軍旁有險阻潢井葭葦山林蘙薈(군방유험조황정가위산림예회)**,**
必謹覆索之(필근복색지)**, 此伏姦之所處也**(차복간지소처야)**.**

【직역】

부대(軍) 근처(旁)에 험한 곳(險阻), 물웅덩이(潢井), 갈대숲(葭葦), 산림(山林), 수풀이 무성한 곳(蘙薈)이 있으면(有) 반드시(必) 신중하게(謹) 반복해서(覆) 그곳(之)을 수색(索)해야 한다. 이곳(此)이 매복(伏)한 간첩(姦)이(之) 머물러 있는(處) 장소(所)이다(也).

阻(조): 험하다

潢(황): 웅덩이, 못

翳(예): 무성하다

覆(복): 다시, 반복하다, 뒤집다, 덮다(부)

姦(간): 간사하다(=奸), 훔치다, 간첩(=間)

旁(방): 곁, 근처, 옆, 도움

葭(가): 갈대　葦(위): 갈대

薈(회): 무성하다

【의역】

아군이 주둔하는 근처나 진군하는 경로 중 적의 매복 가능성이 있는 지형인 험한 곳, 물웅덩이, 갈대숲, 산림, 수풀이 무성한 곳에 대한 철저한 수색으로 적의 정보 수집 요원을 색출하여 적의 정탐을 방지하여야 한다.

【해설】

일부 해설서에는 '軍旁有險阻(군방유험조)'의 '旁(방)' 대신에 '行(행)'으로 표기하여 '군대가 진군하는 중'이라고 해석하고 있다.

일부 해설서에는 '此伏姦之所處也(차복간지소처야)'의 '所處(소처)' 대신에 '所藏處(소장처)'로 표기되어 있다. 둘 다 뜻이 '숨어 있는 곳'으로 같다.

敵近而靜者(적근이정자), 恃其險也(시기험야). 遠而挑戰者(원이도전자), 欲人之進也(욕인지진야). 其所居易者(기소거이자), 利也(리야).

【직역】

적(敵)이 가까이(近) 있으면서(而) 조용(靜)하다면(者) 그(其) 험함(險)을 믿기(恃) 때문이다(也). 적이 멀리(遠) 있으면서(而) 싸움(戰)을 건(挑)다면(者) 적(人)이(之) 진출(進)을 원하는(欲) 것이다(也). 적(其)이 주둔(居)하기 쉬운(易) 곳(所)에 있다면(者) 유리(利)하기 때문이다(也).

恃(시): 기대다, 의지하다, 믿다(=信)　　挑(도): 돋우다, 꾀다, 가리다
居(거): 살다, 차지하다, 자리, 집

【의역】

적이 근처에 있으면서도 조용히 움직이지 않는 것은 그 험한 지형에 의지하고 있기 때문이다. 적의 주력 부대가 원거리에 있는데도 불구하고 싸움을 거는 것은 아군으로 하여금 나아가도록 유인하는 것이다. 적이 높은 곳에 주둔하지 않고 주둔하기 용이한 평지에 있는 것은 얻을 수 있는 아군과 싸울 경우 지형적으로나 상황적으로 유리하다고 판단하고 있기 때문이다.

【해설】

대부분 해설서에 '欲人之進也(욕인지진야)'를 '아군의 진격을 유도하

는 것이다'라고 해설하고 있다. 인(人)의 의미는 적의 관점에서 '나' 또는 '아군'이라고 할 수 있지만, 손자가 말하면서 본인(또는 아군)을 지칭하는 것이 될 수 없다. 이는 타인 즉, 적을 의미하고 있다.

'其所居易者(기소거이자), 利也(리야)'에서 '利(리)'를 지형적 이점에 한정하여 가리키는 것으로 해석하는 해설서들도 있다. 그러나 지형적으로 유리하다고 할 순 없어도 전반적으로는 유리한 상황에 놓인 경우가 있을 수도 있다. 이런 경우 지형적으로 유리하다고 할 순 없지만 이러한 지형적 조건을 감수할 수도 있을 정도로 유리하다는 측면을 암시하고 있는 것으로 볼 수도 있다.

....

衆樹動者(중수동자)**, 來也**(래야)**. 衆草多障者**(중초다장자)**, 疑也**(의야)**. 鳥起者**(조기자)**, 伏也**(복야)**. 獸駭者**(수해자)**, 覆也**(부야)**.**

【직역】

많은(衆) 나무(樹)가 움직인(動)다면(者) 적이 오는(來) 것이다(也). 많은(衆) 풀(草)에 장애물(障)이 많(多)다면(者) 헷갈리게(疑) 하려는 것이다(也). 새(鳥)가 난(起)다면(者) 매복(伏)하고 있다는 것이다(也). 짐승(獸)이 놀란(駭)다면(者) 숨어(覆) 있는 것이다(也).

障(장): 막다, 장애
疑(의): 판단하기에 어렵다, 의심하다, 헷갈리게 하다
獸(수): 들짐승(↔禽: 날짐승)　　　　駭(해): 놀라다, 놀라게 하다
覆(부): 은폐하다, 덮다, 복병, 다시(복), 뒤집다(복)

【의역】

많은 나무가 움직이면 적이 아군의 관측을 피해 숲에 숨어서 접근해 오고 있다는 것이고, 많은 수풀 속에 장애물이 많이 설치되어 있다면 이동이나 배치, 진지를 숨겨 아군의 판단을 어렵게 하기 위한 것이다. 또한, 새가 놀라서 날거나 짐승이 놀라 달아나면 적이 매복하고 있다는 것이다.

【해설】

관측할 때는 사물 현상의 이면을 보는 노력을 해야 한다. 이것은 징후를 찾아내는 것이다. 적을 관측하거나 경계할 때는 자연현상을 단순하게 지나치지 말고, 의구심을 가지고 적의 행동을 바라보아야 한다.

일부 해설서에 '래(來)'를 '왕래'로 해설하는 경우도 있는데, 왕래는 '오고 가는' 것으로 문장의 흐름과 상황에 맞지 않는다. '부(覆)'은 '은폐하다', '숨어 있다'의 뜻이다. 문장의 의미를 좀 더 확장하면 '숨어 있다가 은밀히 습격하다.'로 볼 수도 있다.

....

塵高而銳者(진고이예자), **車來也**(차래야). **卑而廣者**(비이광자), **徒來也**(도래야). **散而條達者**(산이조달자), **樵采也**(초채야). **少而往來者**(소이왕래자), **營軍也**(영군야).

【직역】

먼지(塵)가 높고(高) 날카롭다(銳)면(者) 적의 전차(車)가 오는(來) 것이다(也). 먼지가 낮고(卑) 광범위하다(廣)면(者) 적의 무리(徒)가 오는(來) 것이다(也). 먼지가 흩어져(散) 있고(而) 군데군데(條) 일어난다

(達)면(者) 땔나무(樵)를 하는(採) 것이다(也). 먼지가 적으(少)면서(而) 왔다 갔다(往來) 한다면(者) 군영(軍)을 만드는(營) 것이다(也).

塵(진): 먼지, 띠끌, 세속   卑(비): 낮다, 낮추다, 천하다
徒(도): 걷다, 무리, 많은 인원 散(산): 흩어지다(↔集), 흩다, 도망가다
條(조): 길쭉한 모양, 가지, 조목, 통하다 達(달): 두루 퍼져있다
樵(초): 땔나무(화목), 땔나무를 하다 採(채): 풍채, 캐다(=採), 채취하다
營(영): 경영하다, 짓다, 건설하다, 군영

【의역】

먼지가 높이 솟으며 뾰족하다면 적의 전차가 오는 것이다. 먼지가 낮게 광범위하게 퍼진다면 적의 보병이 오는 것이다. 먼지가 흩어져서 군데군데에서 퍼져 미세하고 끊겼다 생겼다 하면 화목용 나무를 하는 것이다. 적은 양의 먼지가 왔다 갔다 한다면 군영을 설치하는 것이다.

【해설】

옛날에는 육안 관찰에 한정되다 보니 먼지의 발생 유형으로 적의 동태를 살폈다. 전차는 길을 따라 수레바퀴로 속도감 있게 이동하기 때문에 먼지가 높게 솟으며 이동하는 대열의 앞쪽은 폭이 좁아 길쭉하게 보이지만 뒤로 갈수록 확산하여 넓게 형성된다. 일반 보병은 이동속도가 느리므로 먼지가 낮고 넓게 형성된다. 당시 연료는 주로 땔나무였기 때문에 군영 인근의 숲이나 산에서 땔나무를 하면 군데군데에서 미세하고 작은 규모의 먼지들이 끊겼다 이어졌다 하면 올라오는 것이다. 또한 진영(陣營)을 설치하면 먼지가 적게 발생하고 작업하는 인원들이 왔다 갔다 하게 되므로 이는 먼지도 왔다 갔다 하게 되는 것이다.

'條達(조달)'은 '미세하고 끊겼다 이어졌다 하다', '(나뭇가지처럼) 군

데군데 퍼져 올라오다'의 의미다.

일부 해설서에는 '散而條達者(산이조달자)'를 '먼지가 종횡으로 산란한 것은 적이 땔감을 끌어 아군을 미혹시키는 것이다'라고 해석하고 있다. 만약 아군을 기만하려고 하면 땔감을 말이나 소를 이용하여 대규모로 끌어서 많은 먼지를 일으켜야 한다고 본다. 하지만, 현 상황에서는 맞지 않는 해석이다.

....

辭卑而益備者(사비이익비자), **進也**(진야). **辭强而進驅者**(사강이진구자), **退也**(퇴야). **輕車先出其側者**(경차선출기측자), **陣也**(진야).

【직역】

말(辭)을 겸손하게 낮추(卑)면서(而) 대비(備)를 더한다(益)면(者) 적이 진격(進)하려는 것이다(也). 말(辭)이 강하(强)면서(而) 다가오듯(進) 몰아치는(驅) 것처럼 한다면(者) 물러나려고(退) 하는 것이다(也). 경전차(輕車)가 먼저(先) 나와(出) 부대(其)의 측면(側)에 자리한다면(者) 공격하려는 진형(陣)을 갖추는 것이다(也).

辭(사): 말(말씀), 사퇴하다, 사양하다   益(익): 더욱더
進(진): 나아가다, 다가오다   驅(구): 나아가다, 몰다, 빨리 달리다
側(측): 옆, 측면   陣(진): 전투하다, 전투를 위해 배치하다(布陣)

【의역】

적 사신의 언행이 공손하고 자세를 낮추면서 대비태세를 증가시킨다면 공격하려는 것이다. 적 사신의 언행이 강하고 공격할 것처럼

한다면 후퇴하려는 것이다. 경전차가 우선 적 부대 측면에 배치된다면 전투하기 위해 대형을 펼치는 것이다.

【해설】

전쟁은 원래 속임수로 상대를 속여야 이길 수 있고, 내(아군)가 살 수 있다. 따라서 속셈과 다르게 반대로 드러내는 것이다. 즉, 공격하려 한다면 나를 낮춰서(힘이 없는 것처럼 보여) 상대가 교만해지도록 하여 대비를 소홀하게 하고, 내가 약하면 일부러 위협적인 어조로 강한 것처럼 보여 적이 공격하지 못하게 하는 전략이다. 따라서 지휘관과 참모는 상대의 겉모습이나 말을 곧이곧대로 들어서는 안 되며 그 이면을 통찰할 수 있어야 한다.

··

無約而請和者(무약이청화자), **謀也**(모야). **奔走而陳兵車者**(분주이진병차자), **期也**(기야). **半進半退者**(반지반퇴자), **誘也**(유야).

【직역】

약속(約)이 없(無)으면서(而) 강화(和)를 청(請)한다면(者) 계략(謀)이 있다(也). 분주(奔走)하면서(而) 병사(兵)와 전차(車)를 배치(陳)한다면(者) 공격을 기약(期)하는 것이다(也). 반쯤(半) 전진(進)했다가 반쯤(半) 물러난다(退)면(者) 유인(誘)하는 것이다(也).

約(약): 맺다, 약속하다, 약속   請(청): 청하다, 요구하다, 바라다
和(화): 강화하다, 화해하다   奔(분): 달리다, 급히 가다, 빠르다
期(기): 기일을 정해 놓다, 기다리다

갑자기 약속 없이 강화를 청하는 것은 아군의 경계심을 이완시켜 약점을 드러나게 하고 기습을 노리는 의도가 숨겨져 있다. 보병과 전차가 분주하게 움직이는 것은 이미 계획한 날짜에 공격을 준비하고 있다. 적이 반쯤 전진했다가 반쯤 물러나는 것은 아군을 적의 매복지역이나 적에게 유리한 장소로 유인하기 위한 것이다.

【해설】

'奔走(분주)'는 '이리저리 바쁘다'를 비유하고 있는 말로, '바쁘게 움직이다', '내달리다'의 의미다.

적의 행동의 이면을 잘 살펴야 한다. 이를 위해서는 평상시 적의 행동에 관한 연구가 필요하다. 피상적으로 판단하면 적의 계책에 걸려들어 낭패당하기에 십상이다. 성격이 급하고 용맹을 앞세우며 우둔한 지휘관은 적의 유인책에 걸려들기 쉽다.

....

杖而立者(장이립자), **飢也**(기야). **汲而先飮者**(급이선음자), **渴也**(갈야). **見利而不進者**(견리이부진자), **勞也**(노야). **鳥集者**(조집자), **虛也**(허야). **夜呼者**(야호자), **恐也**(공야).

【직역】

무기(杖)를 짚고(而) 서(立)있다면(者) 굶주린(飢) 것이다(也). 물을 길어(汲)서(而) 먼저(先) 마신(飮)다면(者) 목이 마른(渴) 것이다(也). 이익(利)을 보고서(見)도(而) 나아가(進)지 않는(不)다면(者) 피로(勞)

한 것이다(也). 새(鳥)가 모여있(集)다면(者) 성이 비어(虛) 있는 것이다(也). 야간(夜)에 시끄럽게 부른(呼)다면(者) 두려운(恐) 것이다(也).

杖(장): 지팡이, 무기(=仗), 의지하다(=依, 倚)   汲(급): (물을) 긷다, 이끌다
渴(갈): 목마르다, 갈증   呼(호): 부르다, 부르짖다
恐(공): 두려워하다, 무서워하다

【의역】

피로와 굶주림에 지친 적은 제대로 서 있기가 힘들기 때문에 가진 무기를 지팡이 삼아 의지한다. 물 긷는 자가 갈증을 참지 못하고 먼저 물을 마신다면 부대원 전체가 갈증에 허덕인다는 것을 보여준다. 이익을 보고도 취하려 덤벼들지 않는 것은 피로에 지쳐서 움직이기 힘들다는 것이며, 새들이 모여있는 것은 성이나 진영 안에 사람이 없고 비어 있다는 것이다. 야간에 경계를 서면서 소리를 지르는 것은 겁에 질려 있다는 신호이다.

【해설】

일부 해설서에 '杖而立者(장이립자)'의 '杖(장)'을 '仗(장)'으로 표기하고 있다. '仗(장)'이 '무기'를 뜻하기 때문에 짚고 설 수 있는 창 등을 말한다.

1996년 강릉 무장공비 출현 시에 차단선[43]이나 봉쇄선[44]에 투입된

---

43) 침투한 적의 이동을 차단함으로써 작전지역의 확대를 방지하고 적을 특정 지역에서 포착·섬멸하기 위하여 병력을 배치하는 저지선이다.
44) 적의 은거 지역 또는 예상되는 은거 지역을 둘러싼 뒤(봉 적의 이탈을 막고, 적을 격멸하기 위해 병력을 배치한 선.

예비군들이 겁에 질려 야간에 불을 피우고 잡담해서 공비들이 아군의 배치를 확인하고 움직여서 작전을 실패한 사례가 있다. 야간 담력훈련이 절실하다.

....

軍擾者(군요자), **將不重也**(장부중야). **旌旗動者**(정기동자), **亂也**(난야). **吏怒者**(이노자), **倦也**(권야). **殺馬肉食者**(살마육식자), **軍無糧也**(군무량야).

【직역】

군대(軍)가 어지럽게(擾) 동요한다면(者) 장수(將)가 무게(重)가 없다(不)는 것이다(也). 깃발(旌旗)이 흔들린다(動)면(者) 군대가 어지럽다(亂)는 것이다(也). 간부(吏)가 화(怒)를 낸다면(者) 고달프다(倦)는 것이다(也). 말(馬)을 잡아서(殺) 고기(肉)로 먹는다(食)면(者) 군영(軍)에 식량(糧)이 없다(無)는 것이다(也).

擾(요): 어지럽다, 시끄럽다   重(중): 신중하다, 위엄있다, 무겁다, 겹치다, 무게
旌旗(정기): 기(旗)의 총칭   吏(리): 관리, 아전
倦(권): 게으르다, 고달프다, 짜증내다

【의역】

부대의 지휘체계가 문란하고 기강이 없는 것은 지휘관이 위엄이 없고 우유부단하기 때문이고, 부대를 상징하는 깃발이 무질서한 것은 부대의 군기가 없다는 것이다. 또한, 간부들이 화를 자주 내는 것은 피곤하고 지쳐있다는 것이고, 중요한 전투자원인 말을 잡아먹는다는 것은

군대 내에 양식이 없다는 것이다. 이러한 군대는 약한 공격에도 쉽게 무너진다.

【해설】

일부 해설서에서 '吏怒者(이노자), 倦也(권야)'를 '장교들이 성을 내는 것은 병사들이 나태해져 게을러졌기 때문이다'라고 해설하고 있다. 여기에서 '倦'이란 군사작전이 길어져 간부나 병사나 할 것 없이 모두가 고달파 짜증을 내는 것으로 볼 수 있다.

예전에 군대 내에서 말을 잡아먹는 것은 최후의 수단으로 군량이 떨어져 다른 대체 식량이 없을 때 말을 잡아서 먹었다. 병자호란 때에도 남한산성이 포위되어 식량이 바닥나자 말을 잡아서 먹은 경우가 있었다.

일부 해설서에는 '殺馬肉食者(살마육식자), 軍無糧也(군무량야)'가 아닌 '粟馬肉食(속마육식), 軍無懸瓿(군무현부)'로 표기되어 있다. 그래서 '粟馬肉食(속마육식)'의 해석을 '말에게 양식을 먹이고, 가축을 죽여 고기로 먹는다'로 하고 있다. 말에게 양식을 먹일 정도로 군량이 있는데, 가축을 잡아 죽인다는 것은 앞뒤가 맞지 않는다. 이는 '식량과 말 고기를 먹고 군영에 취사도구가 걸려 있지 않다'라고 해석하는 게 타당하다.

懸瓿不返其舍者(현부불반기사자), 窮寇也(궁구야). 諄諄翕翕 徐與人言者(순순흡흡서여인언자), 失衆也(실중야).

【직역】

취사도구(瓿)를 걸어놓고(懸) 다시 그(其) 막사(舍)에 돌아가지(返) 않는(不) 것은(者) 궁지(窮)에 몰린 적(寇)이다(也). 적장이 지나치게 조심스럽고(諄諄) 온순하게(翕翕) 부하들(人)에게(與) 느리게(徐) 말하는(言) 것은(者) 인심(衆)을 잃은(失) 것이다(也).

懸(현): 매달다   瓿(부): 질그릇 흙으로 만든 물통(=缶)
窮(궁): 곤경에 빠지다, 궁하다   寇(구): 침략자, 도적
諄(순): 지나치게 조심스럽다, 진지하다, 타이르다
翕(흡): 온순하다, 얌전하다, 모으다, 화합하다
徐(서): 천천히 하다, 천천히, 느리게   衆(중): 무리, 많은 사람, 인심

【의역】

적이 궁지에 몰리면 결사 항전을 기도하기 때문에 취사도구가 필요 없고, 짐을 챙기기 위해 막사로 다시 가지 않는 것이다. 장수들이 위축되어 안절부절못하며 정상적인 명령을 내리지 못하고 병사들에게 지나치게 조심스럽고 얌전하게, 자신 없는 태도로 천천히 말하는 것은 병사들로부터 신뢰를 잃었기 때문이다.

【해설】

일부 해설서에는 '懸瓿(현부)'를 '軍無懸瓿(군무현부)'이라고 표기하고 '군에 물통을 걸어놓지 않고'로 해석하여 궁지에 몰린 적이 취사하

지 않고 결사 항전하려는 것으로 해설하고 있다. 여기에서 '瓵'를 물통보다는 취사도구로 해석하는 것이 바람직하다. 그리고 '懸瓵(현부)'나 '軍無懸瓵(군무현부)' 모두 결사 항전을 위해 취사도구를 '걸어놓고'나, '걸어놓지 않고'라는 것은 궁극적으로 같은 해석이 가능하다.

앞 문단의 해설 부분에서 설명한 것은 '먹을 것이라곤 다 떨어져 취사도구까지 쓸모없게 된 상황'을 표현하는 데 반해, 본서(本書)의 전반적인 흐름은 '전투에서 사용되는 말까지 잡아먹으면 식량이 다 떨어진 것이라는 것'과 '결사항전을 위해 취사도구를 걸어놓고 전투에 임할 정도로 궁지에 몰린 상황'으로 나누어 해석하였다.

일부 해설서에서는 '諄諄翕翕徐與人言者(순순흡흡서여인언자)'를 '(부하들이) 낮은 소리로 다른 사람들과 모여 수군거리고 웅성거리면 …'으로 해석하는데 여기에서는 '(장수들이) 지나치게 조심스럽고 온순한 태도로 부하들에게 천천히 말하면 …'으로 해석하였다. 해석상의 차이일 뿐 '부하들로부터 인심과 신뢰를 잃었을 때 나타나는 현상'으로 의미상의 차이가 없다.

....

數賞者(삭상자), 窘也(군야). 數罰者(삭벌자), 困也(곤야). 先暴而後畏其衆者(선포이후외기중자), 不精之至也(부정지지야). 來委謝者(래위사자), 欲休息也(욕휴식야).

【직역】

자주(數) 상(賞)을 준다면(者) 군색(窘)해진 것이다(也). 자주(數) 벌(罰)을 준다면(者) 곤경(困)에 처한 것이다(也). 먼저(先) 포악(暴)하게 하고 나서(而後) 그(其) 병사들(衆)을 두려워한(畏)다면(者) 장수가 지휘통솔에 정통하지(精) 못함(不)의(之) 극치(至)이다(也). 사신이 와서(來) 굽히고(委) 사죄(謝)한다면(者) 휴식(休息)을 얻기 위함(欲)이다(也).

數(삭): 자주, 빈번하다, 셈하다(수)　　窘(군): 군색하다, 곤궁하다, 궁하다(=窮)
暴(포): 사납다(=폭)　　　　　　　　　畏(외): 두려워하다, 경외하다
精(정): 능통하다, 면밀하다　　　　　　委(위): 굽히다, 완곡하다, 맡기다
謝(사): 말하다, 감사하다, 사과하다

【의역】

적이 상을 자주 주는 것은 '군대의 사기를 올릴 만한 마땅한 대책이 없다는 것'으로 지휘가 잘 안되는 것을 말한다. 벌을 자주 주는 것은 지휘체계가 더욱 문란해져 '반기를 든다든가 탈영자가 있는 등 속수무책의 상황에 처한 것'을 의미한다. 지휘관이 처음에는 난폭하게 지휘하다가 나중에는 부하들을 두려워하는 것은 지휘통솔력이 부족하다는 것을 말한다. 적의 사신이 와서 머리를 숙이고 완곡하게 사과의 말을 하는 것은 전투로 몹시 지쳐서 휴식이나 휴전이 필요하다는 것이다.

【해설】

'窘(군)'이 사용되었던 '군색하다'는 '필요한 것이 없거나 모자라서 딱하고 옹색하다', 또는 '자연스럽거나 떳떳하지 못하고 거북하다'라는 뜻으로, '궁색하다'와는 약간 다르다. '窮(궁)'의 '궁색하다'는 '말이나 태도, 행동의 이유나 근거 따위가 부족하다', '아주 가난하다'라는 뜻이다. '困(곤)'은 '곤궁하다'라는 뜻으로 '처지가 이러지도 저러지도 못하게 난처하고 딱하다'라는 뜻이다. 본서(本書)에서는 '窘(군)'에서 '困

(곤)'으로 표현을 이어가며 좀 더 심각한 상황을 언급한 것으로 해석하였다.

일부 해설서에는 '來委謝者(래위사자)'를 '근친을 인질로 보내 사죄하는 것'으로 해석하여 '來(래)'를 '맡기고 저당을 잡히다'로 해석하기도 한다. 그러나 '자세를 낮추고 완곡하게 사과의 말을 하는 것'으로 보는 것이 좀 더 자연스럽다. 한자의 대표적인 의미만 파악했을 때 오는 실수의 하나이다.

....

兵怒而相迎(병노이상영), 久而不合(구이불합), 又不相去(우불상거), 必謹察之(필근찰지).

【직역】

적병(兵)이 노(怒)하고(而) 서로(相) 마주(迎)했는데 오래(久)되어도(而) 교전(合)이 없고(不), 또한(又) 서로(相) 물러가지(去) 않으면(不) 반드시(必) 신중하게(謹) 그것을(之) 살펴야(察) 한다.

迎(영): 대응(대항)하다, 거스르다, 맞이하다   謹(근): 삼가다, 금하다, 신중하다

【의역】

적병이 화를 내면서 대치하던 중 오랜 시간이 지나도 싸움하지 않으면서도 물러나지 않을 때는 반드시 어떤 계략이 숨겨져 있으니 세심히 적의 의도를 살펴야 한다. 이는 아군의 허점을 찾기 위한 술책일 확률이 높다.

'相(상)'은 쌍방의 작용에서 일방의 동작이 다른 일방에 미치는 동작을 표시한다. 따라서 '又不相去(우불상거)'에서는 '서로 떠나다'로 해석하기보다는 '적이 떠나지 않는다'로 이해해야 한다.

....

兵非益多也(병비익다야), **惟無武進**(유무무진), **足以併力料
敵取人而已**(족이병력료적취인이이). **夫惟無慮而易敵者**(부유무려
이이적자), **必擒於人**(필금어인).

【직역】

병력(兵)이 많다(多)고 더 이익(益)인 것은 아니(非)다(也). 오직(惟)
용감하게(武) 전진(進)하지 말고(無), 충분히(足以) 힘(力)을 모으고
(併) 적(敵)을 헤아려(料) 적(人)을 잡기만(取) 하면 그만이다(而已). 대
체로(夫) 오직(惟) 생각(慮) 없이(無) 적(敵)을 쉽게(易) 보는 자(者)는
반드시(必) 적(人)에게(於) 사로잡힌다(擒).

唯(유): 단지, 생각하다, 오직(=惟)	武(무): 용맹하다, 자만하다, 위풍당당하다
併(병): 집중하다, 합치다, 아우르다	料(료): 헤아리다, 평가하다, 예상하다
而已(이이): ~할 뿐이다, 그만이다	易(이): 경시하다, 쉽다, 상냥하다

【의역】

병력이 많다고 그 힘만 믿고 무모하게 싸움을 시작해서는 안 되고,
충분한 전력을 갖추고 그 전력을 집중하며, 적의 강점과 약점을 파악
해서 적에게 승리하여야 한다. 아무리 약하게 생각되는 적이라 할지라

도 그들 나름의 전략이 있기 마련이므로 자만하지 않고 신중하게 적을 바라보아야 하며, 그렇지 않으면 적에게 포로가 되는 수모를 당할 수도 있다.

【해설】

일부 해설서에 '料敵(료적)'을 '적을 요리하다'로 해석하고 있는데 잘못된 해석이다. '取人(취인)'을 '인재를 취득하여 맡긴다'로 해석하고 있는데 이 또한 적절하지 않다. '取人(취인)'을 '적을 잡는다' 외에 '적을 지배하다'로 볼 수도 있다.

....

卒未親附而罰之(졸미친부이벌지), **則不服**(즉불복), **不服則難用也**(불복즉난용야). **卒已親附而罰不行**(졸이친부이벌불행), **則不可用也**(즉불가용야).

【직역】

병졸(卒)이 아직 친하지(親附) 않으(未)나(而) 그(之)를 벌하(罰)면 (則) 복종(服)하지 않는다(不). 복종(服)하지 않으(不)면(則) 사용(用)하기 어렵(難)다(也). 병졸(卒)과 이미(已) 친한(親附) 데도(而) 벌(罰)을 행하지(行) 않(不)으면(則) 사용(用)할 수 없다(不可).

罰(벌): 벌하다, 벌(↔賞)　　　　　　則(즉): ~하면, 바로 ~하다, 장차

【의역】

병사들이 아직 지휘관과 친해지지 않은 상태에서 벌을 주면 복종하

지 않고, 복종하지 않으면 운용하기가 어렵다. 병사들과 이미 친해졌는데도 법을 어겨도 벌을 행하지 않으면 운용할 수 없다.

【해설】

　지휘관은 항상 계급의 고하를 막론하고 공이 있는 자에게는 상을 주고, 죄를 범한 자에게는 반드시 벌을 주는 신상필벌(信賞必罰)의 자세로 부대를 지휘해야 한다. 상벌이 공정하고 엄격하지 않으면 부대 지휘에 실패할 확률이 높다.

....

　故令之以文(고령지이문), **齊之以武**(제지이무), **是謂必取**(시위필취). **令素行以敎其民**(영소행이교기민), **則民服**(즉민복). **令不素行以敎其民**(영불소행이교기민), **則民不服**(즉민불복). **令素行者**(영소행자), **與衆相得也**(여중상득야).

【직역】

　그러므로(故) 병사들(之)에게 하는 명령(令)은 문서(文)로(以) 하고, 병사들(之)을 통제(齊)하는 것은 무력(武)으로(以) 한다. 이(是)를 일러(謂) 그들을 반드시(必) 취(取)한다고 한다. 명령(令)이 그(其) 병사들(民)을 교육(敎)함에 있어서(以) 평소(素)에 행(行)해지면(則) 병사들(民)은 복종(服)하고, 명령(令)이 그(其) 병사들(民)을 교육(敎)함에 있어서(以) 평소(素)에 행(行)해지지 않(不)으면(則) 병사들(民)은 복종(服)하지 않는다(不). 명령(令)이 평소(素)에 행(行)해지는 것은(者) 병사들(衆)과 더불어(與) 서로(相) 이득(得)이 있기 때문이다(也).

文(문): 비군사적인 것, 도덕규범, 상(賞)　　齊(제): 가지런하다, 질서정연하다
武(무): 군법, 군기 등 군사적인 것　　　　素(소): 본디, 평소

【의역】

　명령체계가 잘 되어있고 질서정연한 군대가 지휘관이 부하들의 존경과 신뢰를 얻을 수 있다는 것이다. 평소에 명령체계가 바로 선 부대만이 유사시에도 잘 지켜져 병사들이 복종하는 것으로, 명령이 평소에 바로 서기 위해서는 명령을 지키면 서로에게 이익이 있어야 한다는 것이다. 불법과 편법이 만연한 조직은 상호 불신으로 실패할 수밖에 없다.

【해설】

　'故令之以文(고령지이문), 齊之以武(제지이무)'에 관한 해석으로『관자(管子)』에서는 '賞誅爲文武(상주위문무) 상과 벌은 문과 무로 한다.'라고 하였고, 그 주석에서는 '賞則文(상즉문) 誅則武(주즉무) 상은 곧 문이요, 벌은 즉 무이다.'라고 하였다. 또한, 조조는 그의『손자병법』주석서『손자약해(孫子略解)』에서 '文仁也(문인야) 武法也(무법야) 문은 인이요 무는 법이다.'라고 하였다. 종합적으로 보면 '문(文)'은 상(賞)을 줌으로써 덕을 보이는 방법으로 마음을 빼앗는 것이고, '무(武)'는 군법에 기초하여 벌(罰)을 줌으로써 기강을 바로잡고 일사불란하게 만드는 것이라고 볼 수 있다.

　'是謂必取(시위필취)'에서 '取(취)'가 '전쟁에서 승리하다'라는 뜻을 포함하고 있는 점을 고려하면 '반드시 승리할 수 있는 요체(방법)'이다라고 이해할 수 있다. '추구하다', '따르다'의 뜻이 있는 점을 고려하면

'반드시 따라야(추구해야) 하는 것이다'라고 해석할 수도 있다.

　당시는 시대적으로 '民兵一致(민병일치)', '兵農一致(병농일치)'의 시대였다. 따라서 '일반 백성'이 '병사들'이다.

　'與衆相得也(여중상득야)'에서 '得(득)'은 '의기투합하다'라는 뜻이 있어서 '與衆相得也(여중상득야)'을 '부하들과 서로 의기투합하게 된다'로 해석할 수도 있다.

행군(行軍) 후술

행군 편은 행군과 숙영에 관한 원칙을 기술하고 있다. 행군은 부대의 전투력을 온전하게 유지하여 차후 목적지로 이동하는 것으로 정의할 수 있다. 과거에 우리 군에서는 전술행군이라는 이름으로 행군이 활성화되어 있었다. 그러나 요즘은 부대가 대부분 차량화와 기계화되어 있어 행군의 필요성이 많이 감소하였다는 의견이 지배적이다. 그러다 보니 전술적 행군마저도 부대가 사고 없이 몇 킬로미터를 완주했는가에 의미를 두는 경우도 많다. 부대가 작전을 수행할 때는 차량 사용이 제한되는 등 다양한 우발상황이 존재한다. 따라서 도보 위주인 보병부대는 행군을 숙달해야 한다. 아무리 과학기술이 발달했다 하더라도 인간의 체력과 정신력이 그대로 투사되는 아날로그적 전투 방법을 항상 염두에 두어야 하기 때문이다.

강한 군대가 되기 위해서는 기본에 충실해야 한다. 기본은 실제 상황에서 일어날 수 있는 것들을 똑같이 상정하여 숙달하는 것이다. 실제 상황에서는 부대 운용에 적용하고 있는 과학기술 체계가 제대로 작동하지 않을 수 있다. 따라서 모든 훈련은 이와 같은 점도 반영하여 숙달해야 한다. 만약 실제 작전 상황과 유사한 상황을 중심으로 훈련하는 것을 꺼린다면 실제 상황에 맞닥뜨렸을 때 제대로 된 대응을 해낼 수 없을 것이다.

임진왜란 시에 백전백승의 군신(軍神)으로 불리던 이순신 장군도 실전적인 훈련을 사전에 충분히 실시하고 전장에 임하였다. 준비되지 않거나 질 수밖에 없는 무모한 전투에 나서지 않았다. 실전적인 훈련과 전투 준비, 백전백승의 결과는 사기를 왕성하게 하고 군기가 엄정하며, 굳게 단결 부대로 만들었다.

6·25전쟁 시 초기전투에서 대부분의 부대가 패배하는 상황에서 6사단이 승리할 수 있었던 것 중의 하나는 '자주포 킬러'로 불린 심일 소령이 평상시 실전적인 강한 훈련을 시켰기 때문이다.

사람들 사이에 영웅을 영웅으로 인정하고 대우하지 않는 경우가 있다. 이 세상에 완벽한 사람이 없듯이 아무리 존경하는 영웅이라도 모든 면에서 완벽할 수는 없다. 더욱이 민족의 '성웅(聖雄)'이신 이순신 장군의 업적을 당시 조선의 거북선과 판옥선, 대포 등 무기체계가 우수해서 승리할 수밖에 없었다고 폄훼하는 사람이 있다. 같은 조건으로 패배한 원균에 대해서 도리어 두둔하며 이상한 논리로 지식을 뽐내려 하기도 한다. 심지어 6·25전쟁의 영웅인 심일 소령의 공적을 부정하는 경우도 있다. 참으로 안타까울 따름이다.

제10편 지형(地形)

지형 편에서는 적과 싸울 때 밀접하게 관련된 여섯 가지 지형에 관한 판단을 설명하고 있다. 그리고 여섯 가지 패병(敗兵)에 관해서도 설명하고 있다. 리더는 적과 자신의 부대뿐만 아니라 기상과 지형을 알고 이용할 수 있어야 완전한 승리를 할 수 있다고 강조하고 있다.

'지형(地形)'이란 땅의 생김새로 산천(山川)의 형태를 말한다. 손자는 여섯 가지 지형(通형, 挂형, 支형, 隘형, 險형, 遠형)에 따른 용병술을 기술하고 있다. 통형은 아군이 갈 수도 있고, 적군이 올 수도 있는 지형이다. 괘형은 아군이 갈 수는 있어도, 돌아오기는 어려운 지형이다. 지형은 아군에게도 불리하고, 적군에게도 불리한 지형이다. 애형은 먼저 점령한 쪽이 유리한 지형이다. 험형은 먼저 높은 양지쪽을 점령하고 적군을 기다려야 하는 지형이다. 원형은 세력이 비슷하면 싸워도 불리한 지형이다.

손자는 패하는 군대의 여섯 가지 유형(走兵, 弛兵, 陷兵, 崩兵, 亂兵, 北兵)을 제시하고 있다. 주병은 병사들이 싸우기도 전에 도망하는 군대이다. 이병은 병사들은 강한데 간부들이 약해서 기강이 해이해진 군대이다. 함병은 간부는 강한데 병사들이 약한 경우로 무너지는 군대이다. 붕병은 고급장수가 그 위 장수의 명령에 복종하지 않고 자기 멋대로 싸우다 무너지는 군대이다. 난병은 지휘관이 우유부단하고 군대가 무질서한 군대이다. 배병은 지휘관이 용병에 무지하여 약한 전력으로 강한 적을 치려 하는 군대이다. 이 여섯 가지 유형은 하늘의 재앙이 아닌 지휘통솔 능력, 리더십, 용병술의 잘못이라고 강조하고 있다.

손자는 지형 편에서 '지피지기(知彼知己)'와 '지천지지(知天知地)'를 언급하고 있다. 적을 알고 나를 알면 매번 싸워도 위태롭지 않고, 여기에 기상과 지형의 활용법을 알면 완전한 승리를 거둘 수 있다는 것이다. 전쟁의 핵심적인 역할을 하는 지휘관은 적에 관한 정확한 정보 판단뿐만 아니라 기상과 지형조건을 꿰뚫어 보고 아군의 작전에 유리하게 활용해야 함을 강조한다.

손자는 부대 지휘통솔에서 병사들에게 사랑과 엄함을 병행할 것을 강조하고 있다. 부하들을 진정으로 사랑하면 리더와 함께 죽음도 불사하지만, 너무 사랑하여 질서가 문란하고 통제되지 못하면 아무 쓸모가 없다. 군의 리더들은 평소에 실제 상황과 비 실제 상황을 구분하여 중요한 것의 우선순위가 각기 다름을 교육해야 한다. 비 실제 상황에서는 임무보다 부하의 권리가 우선되는 경우가 많겠지만 실제 상황에서는 임무의 비중이 부하의 권리보다 우선될 수 있다.

孫子曰(손자왈), **地形有通者**(지형유통자), **有挂者**(유괘자), **有
支者**(유지자), **有隘者**(유애자), **有險者**(유험자), **有遠者**(유원자).

【직역】

손자(孫子)가 말하길(曰), 지형(地形)에는 통형(通)이(者) 있고(有),
괘형(挂)이(者) 있고(有), 지형(支)이(者) 있고(有), 애형(隘)이(者) 있고
(有), 험형(險)이(者) 있고(有), 원형(遠)이(者) 있다(有).

挂(괘): 걸다, 매달다(=掛)   支(지): 가지, 갈라지다, 지탱하다
隘(애): 좁다, 험하다

【의역】

지형의 형태에는 여섯 가지가 있는데, 첫째는 도로가 사방으로 발달
하여 서로 접근이 용이한 통형, 둘째는 아군이 들어가기는 쉬우나 돌
아오기 어려운 괘형, 셋째는 아군이나 적군이나 서로 버텨야 하는 지
형으로 먼저 나가 싸우는 쪽이 불리하게 되는 지형(支形), 넷째는 두
산 사이에 형성된 계곡을 따라 형성된 협소하게 형성된 애형, 다섯째
는 산천과 지세가 험준한 험형, 여섯째는 피아 군대가 멀리 떨어진 원
형이다.

【해설】

'挂(괘)'의 지형은 도로가 사방으로 발달하여 서로 접근이 용이한 지
형이다. 명나라 때 학자 조본학(趙本學)은 『손자서교해인류(孫子書校
解引類)에서 이 부분을 '往則順而下(왕즉순이하) 返則逆而上(반즉역이

상) 가기는 순조로워 내려가고, 돌아오기는 거슬러서 올라간다. 앞이 높고 뒤가 낮다.'라고 설명하고 있다.

'支(지)'의 지형은 아군이 들어가기는 쉬우나 돌아오기 어려운 지형을 말한다. 북송(北宋)의 시인 매요신(梅堯臣)이 참여한 『손자병법』 주석에서는 이 부분을 '相持之地也(상지지지야) 서로 버티는 지형이다.'로 해석하였다.

'隘(애)'의 지형은 두 산 사이의 계곡을 따라 형성된 지형이다. 매요신(梅堯臣)은 '兩山通谷之間(양산통곡지간) 두 산에서 계곡 사이로 통한다.'로 봤다.

지형이 작전에 미치는 영향을 판단하기 위하여 현대 군에서는 5가지 요소를 가지고 지형을 평가한다. 지형평가를 위한 5가지 요소는 관측과 사계, 은폐와 엄폐, 장애물, 중요지형지물, 접근로이다. 관측은 적의 행동을 관찰할 수 있는 유불리를 말하고, 사계는 화기의 사격 범위가 확보되는 범위를 말한다. 은폐는 적의 관측으로부터 병력과 장비를 숨길 수 있는지를 말하고, 엄폐는 적의 직사화기로부터 보호받을 수 있는지를 의미한다. 장애물은 피아 병력의 기동을 방해, 저지할 수 있는 지형지물로 강, 하천, 호수, 험한 산, 깊은 골짜기, 습지대 등과 같은 자연장애물과 철조망, 인공 낙석, 건물 등과 같은 인공장애물을 말한다. 접근로는 특정 규모의 부대가 전투력을 유지한 상태에서 부여된 목표나 중요지형지물에 용이하게 도달할 수 있는 통로와 공간을 말한다.

我可以往(아가이왕), **彼可以來**(피가이래), **曰通**(왈통). **通形者**
(통형자), **先居高陽**(선거고양), **利糧道以戰**(이량도이전), **則利**(즉리).

【직역】

내(我)가 갈(往) 수 있고(可以), 적(彼)이 올(來) 수 있는(可以) 곳을
통형(通)이라 부른다(曰). 통형(通形)에서는(者) 먼저(先) 높고(高) 양
지바른(陽) 곳에 주둔(居)한다. 군량(糧) 수송도로(道)에 편리(利)하기
때문에(以) 전투(戰)하면(則) 유리(利)하다.

可以(가이): 할 수 있다, ~해도 좋다　　通(통): 통하다, 왕래하다, 알리다
利(리): ~에 이롭다, 편리하다

【의역】

통형은 지면이 평탄하고 개활하여 도로가 발달한 지형으로, 아군이
나 적군 모두의 진출이 가능하다. 그래서 통형에서는 먼저 양지바른
유리한 고지를 선점하여 확보 내지는 통제하여야 한다. 이렇게 하면
보급로를 자유롭게 운용할 수 있고 이를 기초로 전투하게 된다면 전투
를 유리하게 전개할 수 있다.

【해설】

'糧道(양도)'는 군량을 운반하는 도로인 보급로를 말한다.
'我可以往(아가이왕), 彼可以來(피가이래)'는 아군이 적에게 다가갈
수 있고, 적도 아군에게 다가올 수 있는 곳으로 도로가 발달한 지형을
말한다.

可以往(가이왕), 難以返(난이반), 曰挂(왈괘). 挂形者(괘형자), 敵無備(적무비), 出而勝之(출이승지). 敵若有備(적약유비), 出而不勝(출이불승), 難以返(난이반), 不利(불리).

【직역】

가는(往) 것은 가능하나(可以) 돌아오는(返) 것이 어려운(難以) 지형을 괘형(挂)이라 부른다(曰). 괘형(挂形)에서는(者) 적(敵)의 대비(備)가 없는(無) 곳에 나아가(出)면(而) 적(之)에게 승리(勝)할 수 있고, 적(敵)이 만약(若) 대비(備)하고 있으면(有) 진출해(出)도(而) 승리(勝)할 수 없고(不), 돌아오기(返)가 어려워(難以) 불리하다(不利).

難以(난이): ~에 어렵다　　　　　　返(반): 돌이키다, 되돌아오다, 바꾸다

【의역】

괘형은 부대가 전진하는 것은 가능하지만 되돌아 나오는 것은 어려운 지형이다. 만약 적의 대비가 없으면 진격해 나아가 승리할 수 있지만, 적이 대비하고 있으면 공격하더라도 이기지 못하고 후퇴도 어려워 아군에게 불리하다.

【해설】

일부 해설서에는 '挂形(괘형)'의 '挂(괘)'를 '掛(괘)'로 표기하고 있다. 두 글자는 같은 글자이다. '掛(괘)'가 본자이고, '挂(괘)'가 속자이다. 뜻은 '걸다, 매달다, 매달리다, 걸치다, 나누다, 꾀하다, 통과하다, 의상 등'이 있다. 명나라 때 학자 조본학(趙本學)은 『손자서교해인류(孫子書

校解引類)에서 '挂形(괘형)'을 설명하면서 '如物掛者然也(여물괘자연야) 물건이 매달린 것과 같이 그렇다.'라고 표현하였다. 내려가기는 쉬우나 올라가기는 어려운 것이 매달려 걸려 있는 물건이다.

....

我出而不利(아출이불리), **彼出而不利**(피출이불리), **曰支**(왈지). **支形者**(지형자), **敵雖利我**(적수리아), **我無出也**(아무출야). **引而去之**(인이거지), **令敵半出而擊之利**(영적반출이격지리).

【직역】

아군(我)이 진출(出)해도(而) 불리하고(不利), 적(彼)이 진출(出)해도(而) 불리한(不利) 지형을 지형(支)이라 부른다(曰). 지형(支形)에서는(者) 적(敵)이 비록(雖) 아군(我)에게 이익(利)을 주어도, 아군(我)은 진격(出)하지 말아야(無) 한다(也). 아군을 이끌고(引) 그곳(之)을 물러나(去), 적(敵)으로 하여금(令) 반쯤(半) 나오게(出)하여(而) 적(之)을 치면(擊) 유리(利)하다.

利(리): 이용하다, 이익으로 유인하다   引(인): 물러나다, 끌다, 당기다, 이끌다

【의역】

지형(支形)은 아군이 진출해도 불리하고 적이 진출해도 불리한 지형이다. 지형에서는 적이 비록 이익으로 유인해도 말려들지 말아야 한다. 오히려 거짓 후퇴를 통해 적이 반쯤 출격하도록 유인하여 기습 공격하면 유리하다.

【해설】

일부 해설서에서 '引而去之(인이거지)'를 '적을 유인하여 후퇴한다'
라고 해설하는 경우가 있는데, '去(거)'의 의미나 전체의 의미를 자의적
으로 해석한 결과이다. 여기에서는 아군을 이끌고 적을 유인하기 위해
거짓 후퇴한다고 보는 것이 타당하다.

....

隘形者(애형자), **我先居之**(아선거지), **必盈之以待敵**(필영지이
대적). **若敵先居之**(약적선거지), **盈而勿從**(영이물종), **不盈而從
之**(불영이종지).

【직역】

애형(隘形)에서는(者) 아군(我)이 먼저(先) 그곳(之)을 선점(先居)하
여 반드시(必) 그곳(之)에 병력을 배치(盈)하여(以) 적(敵)을 기다린다
(待). 만약(若) 적(敵)이 그곳(之)을 선점(先居)하여 병력이 배치(盈)되
어 있으면(而) 쫓지(從) 말아야(勿) 하고, 병력이 배치되어(盈) 있지 않
(不)으면(而) 적(之)을 쫓는다(從).

盈(영): 가득 채우다, 차다, 가득하다, 충만하다 ↔ 虛(허), 空(공)
從(종): 쫓다, 따라가다

【의역】

애형은 두 산 사이의 계곡을 따라 형성된 지형으로, 먼저 점령하는
쪽이 유리하다. 따라서 아군이 선점하면 반드시 병력을 배치하여 적을
기다리고, 적이 선점하여 병력을 배치하고 있으면 적을 진격해 나아가

면 안 된다. 만약 적의 병력이 배치되어 있지 않으면 진격해 나아간다. 항상 지형의 유불리를 판단하고 아군에게 유리할 때 작전을 실행해야 한다.

【해설】

'盈(영)'은 '가득 채우다, 차다'의 의미로 쓰이며, 여기에서는 '병력을 배치하다'의 의미로 사용되었다.

....

險形者(험형자), **我先居之**(아선거지), **必居高陽以待敵**(필거고양이대적). **若敵先居之**(약적선거지), **引而去之**(인이거지), **勿從也**(물종야).

【직역】

험형(險形)에서는(者) 아군(我)이 먼저(先) 그곳(之)을 점령(居)하고, 반드시(必) 높고(高) 양지바른(陽) 곳을 점령(居)하여(以) 적(敵)을 기다린다(待). 만약(若) 적(敵)이 그곳(之)을 선점(先居)하였다면, 아군을 이끌(引)고(而) 그곳(之)을 물러나며(去) 적을 쫓지(從) 말아야(勿) 한다(也).

引(인): 물러나다(퇴각하다), 끌다, 당기다, 이끌다

【의역】

험형은 지세가 험난한 지형이다. 지형이 아군에게 유리하게 작용하는 중요지형지물이라면 선점하여 적을 기다려야 하고, 적이 선점하고

있으면 물러나야지, 불리함을 무릅쓰고 진격해서는 안 된다.

【해설】

여기에서 '引而去之(인이거지)'는 적이 유리한 지형을 선점하고 있기에 무리하게 적을 쫓으면 아군의 피해가 크기 때문에 아군을 이끌고 그곳에서 물러나야 한다는 말이다.

....

遠形者(원형자), **勢均難以挑戰**(세균난이도전), **戰而不利**(전이불리). **凡此六者**(범차육자), **地之道也**(지지도야). **將之至任**(장지지임), **不可不察也**(불가불찰야).

【직역】

원형(遠形)에서는(者) 세력(勢)이 균등(均)하면 도전(挑戰)하기에(以) 어렵고(難), 전투(戰)하면(而) 불리(不利)하다. 무릇(凡) 이러한(此) 여섯(六) 가지는(者) 지형(地)의(之) 이치(道)이다(也). 장수(將)의(之) 지극한(至) 책임(任)이므로 살피지(察) 않으면(不) 안 된(不可)다(也).

均(균): 고르다, 평평하다, 모두   勢均(세균): 세력이 백중하다

【의역】

원형은 아군의 집결지에서 멀리 떨어진 지형이다. 원형에서는 아군과 적군의 전력이 비슷하면 싸움을 거는 것이 어렵고, 이것을 무릅쓰고 전투하면 불리하다. 이러한 여섯 가지 지형의 이치를 장악하는 것은 지휘관이 가져야 할 중요한 책무이므로 세심하게 살펴야 한다.

【해설】

일부 해설서에서 '勢均(세균)'을 '양측의 땅 형세가 비슷하여 각자에게 유리하다'라고 해석하기도 한다. 원거리에 있는 땅의 형세가 비슷한데 도전하기 어렵고, 싸우면 불리하다는 것은 이치에 맞지 않는다. 원거리 이동에 따른 전투력 손실을 고려해 볼 때, 피·아의 전력이 비슷하다고 해석하는 것이 타당하다.

....

故兵有走者(고병유주자)**, 有弛者**(유이자)**, 有陷者**(유함자)**, 有崩者**(유붕자)**, 有亂者**(유난자)**, 有北者**(유배자)**. 凡此六者**(범차육자)**, 非天之災**(비천지재)**, 將之過也**(장지과야)**.**

【직역】

그러므로(故) 군대(兵)에는 도주(走)하는 경우(者)가 있고(有), 기강이 해이(弛)한 경우(者)가 있고(有), 함몰(陷)되는 경우(者)가 있고(有), 붕괴(崩)하는 경우가 있고(有), 지휘가 어지러운(亂) 경우(者)가 있고(有), 패배하는(北) 경우(者)가 있다(有). 대체로(凡) 이(此) 여섯(六) 가지는(者) 하늘(天)의(之) 재앙(災)이 아니고(非), 장수(將)의(之) 과오(過)다(也).

走(주): 달리다, 달아나다   陷(함): 빠지다, 몰살당하다, 함락되다, 함정
崩(붕): 붕괴하다, 무너지다   北(배): 패배하다, 북쪽(북)

군대가 패배하는 여섯 가지 경우가 있다. 도망가는 경우, 기강이 해이한 경우, 병사들이 나약해 함몰되듯 무너지는 경우, 하급 지휘관이 명령에 불응하여 조직이 붕괴하는 경우, 지휘통제가 안 되어 어지러운 경우, 약한 부대가 강한 부대를 치다가 패하는 경우다. 이는 어쩔 수 없는 하늘의 재앙이 아니라 지휘관의 무능에서 비롯된 잘못이다.

【해설】

'者(자)'을 '사람'이라고 해설하는 서적이 있는데, 여기에서는 앞의 주어를 가리키는 대명사로 보는 것이 타당하다. 이 경우 '~하는 경우'로 해석하면 자연스럽다.

대부분 해설서에서 '走(주)'를 '달리다', '陷(함)'을 '함정'으로 해설하고 있는데, 여기에서 '走(주)'는 '달아나다, 도주하다'의 의미이고, '陷(함)'은 '함몰되듯 무너지다'의 뜻으로 보는 것이 좋다. 『삼십육계』의 '走爲上(주위상) 도망가는 것이 상책이다'처럼 '走(주)'가 '달아나다, 도망가다'의 뜻으로도 쓰인다.

....

夫勢均(부세균), **以一擊十**(이일격십), **曰走**(왈주). **卒强吏弱**(졸강리약), **曰弛**(왈이). **吏强卒弱**(이강졸약), **曰陷**(왈함).

【직역】

대체로(夫) 세력(勢)이 균등(均)한데 일(一)로써(以) 십(十)을 치는(擊) 경우에 도주(走)하게 된다고 한다(曰). 병사(卒)는 강하고(强) 간

부(吏)가 약하면(弱) 기강이 이완(弛)되었다고 한다(日). 간부(吏)는 강
(强)한데 병사(卒)가 약하면(弱) 함몰(陷)되었다고 한다(日).

弛(이): 늦추다, 느슨하다, 게으르다, 늘어지다, 풀리다

【의역】

　피 · 아 세력이 비슷한 상황에서 제대로 된 상황판단을 통한 병력 운
용을 하지 않고 소수의 병력으로 다수의 병력을 치면 틀림없이 도주
하게 되는데, 이것을 '走(주)'라 한다. 병사들은 강한 데 반해 간부들이
나약한 상황으로 간부의 부대 장악력이 약하여 부대의 기강이 해이해
진 상태를 '弛(이)'라 한다. 간부는 강한 데 반해 병사들이 나약한 경우
로, 하부조직이 약해 제대로 된 전투력 발휘가 안 되어 적의 일격에 함
몰되듯 무너지게 되는데, 이것을 '陷(함)'이라 한다.

【해설】

　'吏强卒弱(이강졸약), 日陷(왈함)'을 '장교는 강한데 병졸이 약한 군
대는 함정에 빠지기 쉽다'라고 풀이하는 해설도 있다. 병사들이 약
하다고 함정에 빠진다는 것은 전혀 상황에 맞지 않는다. 간부가 강하
고 병사들이 약하면 하부조직이 받쳐주지 못하여 적의 타격에 함몰되
듯 쉽게 무너지게 되는 경우를 말한다.

大吏怒而不服(대리노이불복)**, 遇敵懟而自戰**(우적대이자전)**,
將不知其能**(장부지기능)**, 曰崩**(왈붕)**.**

【직역】

고급장교(大吏)가 성(怒)을 내고(而) 불복종(不服)하면서 적(敵)과 조우(遇) 시에 원한(懟)을 품고(而) 스스로(自) 전투(戰)에 임하는데, 장수(將)가 그 고급장교(其)의 능력(能)을 알지(知) 못하는(不) 것을 붕괴(崩)라고 한다(曰).

遇(우): 만나다, 조우하다, 상봉하다, 예우하다 　懟(대): 원망하다, 원한을 품다

【의역】

대부분 부대는 대부대의 일원으로 전투하는데, 고급 지휘관이 분노를 참지 못해 대장군의 명령에 불복하여 적과 조우 시에 제멋대로 전투하는데도, 대장군이 그 장교의 능력을 알지 못하고 통제하지 못하면 군대는 붕괴하게 된다.

【해설】

'崩兵(붕병)'이란 지휘통제가 제대로 이루어지지 않아 무너지는 부대로 예하 지휘관이 상관의 명령에 따르지 않고 자기 분노를 못 이겨 멋대로 전투하는데도 상급 지휘관이 예하 지휘관이 제대로 싸울 수 있는 능력이 되는지 그 능력을 알지 못하는 경우를 말한다. 상급 지휘관은 예하 지휘관을 장악하고 그의 능력을 제대로 평가하여 적재적소에 활용할 수 있어야 한다.

··

將弱不嚴(장약불엄), **教道不明吏卒無常**(교도불명이졸무상),
陳兵縱橫(진병종횡), **曰亂**(왈란).

【직역】

장수(將)가 약(弱)하고 엄(嚴)하지 않으며(不), 교육훈련(敎道)이 명
확(明)하지 않고(不), 간부(吏)와 병사(卒)들이 일정함(常)이 없으며
(無), 병력(兵)을 배치(陳)가 종횡(縱橫)으로 무질서한 것을 어지러움
(亂)이라고 한다(曰).

敎(교): 가르치다, 훈련하다	常(상): 떳떳하다, 항구하다, 일정하다, 항상
陳(진)(=陣): 배치하다, 진형	縱(종): 세로
橫(횡): 가로	縱橫(종횡): 난잡하게 뒤섞인 모양을 나타냄

【의역】

장수가 나약하고 규율에 엄격하지 않으면 교육훈련 시 그 기준을
명확히 제시하지 못한다. 이에 부하들은 따라야 할 일정한 원칙을 알
수 없게 되므로 부대 배치 등 병력 운용에 있어 난잡하고 무질서하게
된다.

【해설】

'亂兵(난병)'이란 지휘관이 유약하고 엄정하지 못하며, 교육훈련에
체계가 없고 간부와 병사들 간의 군기와 질서가 잡혀 있지 않으며, 부
대 배치가 무질서한 상태의 군대를 말한다.

'敎道(교도)'는 '敎導(교도)'와 같은 '가르쳐서 이끈다'라는 교육훈련

을 의미한다. 일부 해설서에는 '敎道(교도)'를 '교육훈련의 법도'로 해석하고 있다. '常(상)'은 일정한 것으로 유동적이지 않고 변화 없이 한결같은 상태를 말한다.

⋯⋯⋯⋯⋯⋯⋯⋯⋯⋯⋯⋯⋯⋯⋯⋯⋯⋯⋯⋯⋯⋯⋯⋯⋯⋯⋯⋯⋯⋯⋯⋯

將不能料敵(장불능료적), **以少合衆**(이소합중), **以弱擊强**(이약격강), **兵無選鋒**(병무선봉), **曰北**(왈배). **凡此六者**(범차육자), **敗之道也**(패지도야), **將之至任**(장지지임), **不可不察也**(불가불찰야).

【직역】

장수(將)가 적(敵)을 헤아리는(料) 능력(能)이 없어(不) 소부대(少)로(以) 대부대(衆)와 교전(合)하고, 약한(弱) 군대로(以) 강한(强) 군대를 공격(擊)하고, 선봉(鋒)에 선발(選)하여 세울 정예병(兵)이 없는(無) 것을 패배(北)라고 한다(曰). 대개(凡) 이(此) 여섯(六) 가지는(者) 패배(敗)의(之) 길(道)이다(也). 장수(將)의(之) 지극한(至) 임무(任)이니 살피지(察) 아니(不)할 수 없(不可)다(也).

料(료): 헤아리다, 판단하다　　　　合(합): 합치다, 만나다, 싸우다
選(선): 선정하다, 선발하다

【의역】

장군이 적을 제대로 헤아리지 못한다면, 소규모의 아군으로 대규모의 적군과 싸우게 되고, 약한 군대로 강한 적을 공격하게 되며, 정예병을 선발하여 운용하지 못하게 되어 패배하게 된다. 이 여섯 가지(走, 弛, 陷, 崩, 亂, 北) 유형에 해당하는 군대는 패배하는 길을 가게 된다.

따라서 이는 장군의 매우 중요한 책임이므로 세심히 살펴야 한다.

【해설】

'北兵(배병)'이란 패배할 수밖에 없는 부대를 말한다. 지휘관이 적의 능력에 관한 판단 능력이 없어서, 소부대로 대부대와 전투하고 약한 군대로 강한 적의 군대를 공격한다. 또한 전투력과 전투의지가 제일 강한 부대로 세워야 할 선봉부대나 선봉에 세울 병사가 없다. 이러한 상황에 놓이면 패할 것이 불 보듯 뻔하다.

선봉부대의 중요성을 강조하고 있다. 전술을 논할 때 선봉부대와 예비대(예비부대)의 중요성이 자주 등장한다. 결정적인 전투를 위해서는 예비대가 중요하다고 하고, 초기전투의 중요성을 우선할 때는 선봉부대가 중요하다고 할 수 있다. 실제 전장 상황에서는 선봉부대의 중요성이 더 크다고 할 수 있다. 초기전투에서 실패하면 그 파급력은 매우 커서 작전 전반에 부정적인 영향을 미치게 된다. 초기전투에 실패한 부대가 강력한 예비대를 보유하고 있다고 해도 최종적인 승리를 거두기는 매우 어렵다.

夫地形者(부지형자), **兵之助也**(병지조야). **料敵制勝**(료적제승), **計險厄遠近**(계험액원근), **上將之道也**(상장지도야). **知此而用戰者必勝**(지차이용전자필승), **不知此而用戰者必敗**(부지차이용전자필패).

【직역】

대체로(夫) 지형(地形)이라는 것은(者) 용병(兵)의(之) 보조수단(助)

이다(也). 적(敵)을 헤아려(料) 승리(勝)를 만들고(制), 험(險)하고 좁음(厄)과 멀고(遠) 가까움(近)을 계산(計)하는 것은 상장군(上將)의(之) 도리(道)이다(也). 이것(此)을 알(知)고(而) 전쟁(戰)을 행하(用)면(者) 반드시(必) 승리(勝)하고, 이것(此)을 모르고(不知) 전쟁(戰)을 행하(用)면(者) 반드시(必) 패(敗)한다.

制(제): 만들다, 장악하다, 틀어쥐다   助(조): 돕다, 거들다, 도움, 구조
厄(액): 좁다(=阨), 험하다, 재앙, 위험   用(용): 시행하다, 다스리다

【의역】

지형을 정확하게 알고 활용하는 것은 용병의 성패를 좌우하는 보조 수단이다. 적 상황을 잘 판단하여 승리를 만들고, 지형의 험난함과 평이함, 멀고 가까움을 계산하는 것은 지휘관의 책무다. 지형이 작전에 미치는 영향을 잘 알고 전쟁하면 승리하고, 지형을 잘 모르고 전쟁하면 반드시 패하게 된다.

【해설】

'厄(액)'을 '재앙'이나 '위험'으로 해설하는 경우가 대부분인데, 여기에서는 지형이 '좁다', '험하다'는 것을 말한다.

故戰道必勝(고전도필승), 主曰無戰(주왈무전), 必戰可也(필전가야). 戰道不勝(전도불승), 主曰必戰(주왈필전), 無戰可也(무전가야).

【직역】

그러므로(故) 전쟁(戰)의 이치(道)가 반드시(必) 승리(勝)할 수 있다면 군주(主)가 싸우지(戰) 말라고(無) 말해도(曰), 반드시(必) 싸울(戰) 수(可) 있다(也). 전쟁(戰)의 이치(道)가 승리(勝)할 수 없다(不)면 군주(主)가 반드시(必) 싸우(戰)라고 말해도(曰) 싸우지(戰) 않는(無) 것이 가능(可)하다(也).

【의역】

전쟁의 흐름이 반드시 승리할 수 있다는 판단이 선다면 군주가 전투하지 말라고 명령해도 반드시 전투하는 것이 가능하다. 전쟁의 흐름이 승리할 수 없다고 판단이 선다면 군주가 반드시 전투하라고 명령해도 전투하지 않는 것이 가능하다.

【해설】

'戰道(전도)'에서 '道(도)'는 '섭리대로 가는 것'을 말한다. 즉, 전쟁이 전개되는 상황, 전쟁의 흐름이라 할 수 있다.

전장의 상황은 해당 지휘관이 가장 잘 알기 때문에 해당 지휘관의 판단에 맡겨야 한다. 물론 해당 지휘관은 승패에 대한 책임을 져야 한다. 고급 지휘관이 참모 판단에만 의지하거나 상급 지휘관의 명령이나 지시에만 피동적으로 움직여서는 안 된다.

故進不求名(고진불구명)**, 退不避罪**(퇴불피죄)**, 唯民是保而利合於主**(유민시보이리합어주)**, 國之寶也**(국지보야)**.**

【직역】

그러므로(故) 진격(進)을 해서는 명성(名)을 구하지(求) 않고(不), 퇴각(退)해서는 죄(罪)를 피하지(避) 않는다(不). 오직(唯) 백성(民)이 올바로(是) 보호(保)되고(而) 그 이익(利)이 군주(主)에(於) 합치(合)되니 장수는 국가(國)의(之) 보배(寶)다(也).

名(명): 명성   保(보): 보호하다, 지키다, 보존하다   寶(보): 보배, 보물, 돈

【의역】

장수는 작전을 수행하면서 국가의 이익과 국민을 보호하는 데에 부합하는 행동을 하기에 자신의 결정에 따른 작전 결과에서 명예를 구하지 않고 책임을 회피하지도 않는다. 작전의 목적은 오직 군과 국민을 위한 것이며, 이는 국가의 이익에 부합하기 때문에 국가의 보배라 한다.

【해설】

일부 해설서에 '唯民是保(유민시보)'의 '民(민)'이 '人(인)'으로 표기되어 있다. '人(인)'이 '백성'을 뜻하고 있기에 해설에는 차이가 없다.

視卒如嬰兒(시졸여영아), **故可與之赴深溪**(고가여지부심계).
視卒如愛子(시졸여애자), **故可與之俱死**(고가여지구사). **厚而不
能使**(후이불능사), **愛而不能令**(애이불능령), **亂而不能治**(난이불능
치). **譬如驕子**(비여교자), **不可用也**(불가용야).

【직역】

병사들(卒) 보기(視)를 갓난아이(嬰兒) 같이(如) 하라. 그러면(故) 그
들(之)과 함께(與)하여 깊은(深) 계곡(溪)에 나아갈(赴) 수(可) 있다. 병
사들(卒) 보기(視)를 사랑스러운(愛) 아들(子)처럼(如)하라. 그러면(故)
그들(之)과 함께(俱) 죽을(死) 수(可) 있다. 후(厚)하게만 대하면(而) 부
릴(使) 수(能) 없고(不), 사랑(愛)하기만 하면(而) 명령(令)을 내릴 수
(能) 없다(不). 기강이 어지러우(亂)면(而) 다스릴(治) 수 없다(不能).
비유하건대(譬) 버릇없는(驕) 자식(子)과 같아(如) 사용(用)할 수 없다
(不可)는 것이다(也).

嬰兒(영아): 어린아이, 젖먹이	赴(부): 다다르다, 나아가다, 알리다
溪(계): 계곡, 시냇물, 산골짜기	俱(구): 함께, 모두
譬(비): 비유하다, 비유	驕(교): 교만하다, 오만하다
驕子(교자): 응석받이로 교만하게 자란 아이	

【의역】

장군이 부하들 보기를 어린아이 돌보듯이 하면 병사들은 깊은 계곡
으로 용감하게 전진할 수 있다. 장군이 부하들 보기를 사랑이 넘치면
병사들이 죽음을 무릅쓰고 나아갈 수 있다. 장군이 부하들에게 후하게

만 대우하면 힘든 일을 시킬 수 없고, 사랑하기만 해서는 명령을 내릴 수 없다. 또 기강이 흐트러져도 처벌하지 않아 혼란이 발생하면 지휘할 수 없다. 비유하자면 응석받이로 교만하게 자란 자식이 되어 쓸 수가 없다.

【해설】

부하들을 어린아이나 자식과 같이 사랑하여 상하 신뢰가 쌓여 생사를 같이할 수 있는 상태로 만들 수 있으나, 너무 사랑하기만 하여 버릇이 없고 군기가 문란하게 되면 전장에서 쓸모가 없다는 것이다.

초급간부들이 부대를 지휘하는 것을 보면 '상급부대에서 부여한 임무가 우선이냐? 부하들의 복지가 우선이냐?'로 갈등하는 경우를 종종 목격할 수 있게 된다. 평소에 부하들을 진정으로 사랑하는 지휘통솔로 신뢰가 쌓인 상태에서 임무의 중요성을 이해시키고, 부하들의 복지를 고려하여 임무를 완수해야 한다. 물론 양자 중에 택일해야 한다면 임무가 우선되어야 한다. 지휘자의 솔선수범과 임무수행 과정에서 공정성이 유지되면 부하들은 불만이 없고 잘 따른다.

....

知吾卒之可以擊(지오졸지가이격), **而不知敵之不可擊**(이부지적지불가격), **勝之半也**(승지반야). **知敵之可擊**(지적지가격), **而不知吾卒之不可以擊**(이부지오졸지불가이격), **勝之半也**(승지반야).

【직역】

내(吾) 부대(卒)가(之) 적을 공격(擊)하는 것이 가능하다(可以)는 것은 알지(知)만(而), 적(敵)이(之) 아군을 공격(擊)하지 못한다는(不可) 것을 모르면(不知) 승리(勝)는(之) 절반(半)이다(也). 적(敵)이(之) 공격(擊)하는 것이 가능하다(可)는 것을 알지(知)만(而), 내(吾) 부대(卒)가(之) 적을 공격(擊)하는 것이 가능하지 않다(不可以)는 것을 모르면(不知) 승리(勝)는(之) 절반(半)이다(也).

卒(졸): 보병, 특정 단위의 부대 　　可以(가이): 가능하다(=可), 할 수 있다

【의역】

아군이 적을 공격할 능력이 있다는 것을 알아도 적의 공격과 방어 능력을 모르면 승리는 반이다. 적의 공격능력을 알아도 아군이 공격할 수 있는 조건이 안 된다는 것을 모르면 역시 승리는 반이다.

【해설】

이는 제3편 모공(謀攻)편에 나오는 '不知彼而知己(부지피이지기) 一勝一負(일승일부)'로 '적을 모르고 나를 알면 한번은 승리하고 한번은 패한다'라는 구절과 개념적으로 일치한다.

....

知敵之可擊(지적지가격), **知吾卒之可以擊**(지오졸지가이격), **而 不知地形之不可以戰**(이부지지형지불가이전), **勝之半也**(승지반야).

【직역】

적(敵)이(之) 공격(擊)이 가능하다(可)는 것을 알고(知), 내(吾) 부대(卒)가(之) 또한 공격(擊)이 가능하다(可以)는 것을 알지(知)만(而), 지

형(地形)이(之) 전투(戰)하기에 불가능하다(不可以)는 것을 모르면(不知) 승리(勝)는(之) 절반(半)이다(也).

【의역】

적이 공격 가능하다는 것을 알고 아군의 군대 상황이 공격할 수 있다는 것도 알지만, 지형이 전투하기에 아군에게 불리하다는 것을 모르면 승리의 확률은 절반이다. 이는 아군과 적군의 공격 능력을 알아도 지형의 유불리를 제대로 알지 못하면 승리는 반이다. 공격과 방어의 성공 여부에 있어서 지형이 주는 이점이 그만큼 크다.

【해설】

일부 해설서에서 '知敵之可擊(지적지가격), 知吾卒之可以擊(지오졸지가이격)'의 해석을 '적군을 공격할 수 있음을 알고, 아군의 병사가 써 공격할 수 있음을 안다'라고 하고 있다. '以(이)'을 단순히 의미도 없고 문맥에도 맞지 않게 '써'라고 해석하고 있다.

대부분 해설서가 '지(之)'는 '~의'로, '이(以)'는 '~써'만으로 해석하고 있다. 여기에서 '지(之)'는 관형격조사인 '~의'가 아닌 주격조사인 '~는, 이, 가'로 해석하는 것이 타당하다. 그리고 '이(以)'는 수단이나 도구인 '~써'만이 아닌 장소나 시간을 나타내는 '~에'로 쓰이기도 하며, '생각하다, 여기다', 이유(까닭)를 의미하기도 한다.

故知兵者(고지병자), 動而不迷(동이불미), 擧而不窮(거이불궁).
故曰(고왈), 知彼知己(지피지기), 勝乃不殆(승내불태). 知天知
地(지천지지), 勝乃可全(승내가전).

【직역】

그러므로(故) 용병술(兵)을 아는(知) 자(者)는 행동(動)하는데(而) 미혹(迷)함이 없고(不), 상황 조치(擧)에도(而) 막힘(窮)이 없다(不). 그래서(故) 말하길(曰), 적(彼)을 알고(知) 나(己)를 알면(知) 승리(勝)는 곧(乃) 위태롭지(殆) 않고(不), 하늘(天)도 알고(知) 땅(地)까지 알면(知) 승리(勝)는 곧(乃) 온전(全)한 것이 된다(可).

迷(미): 미혹하다(=惑)　　　擧(거): 조치하다, 수단, 들다, 조치, 행위, 모두

【의역】

용병술을 아는 자는 군대를 움직일 때도 적의 계략에 빠질 우려 등에 흔들림이 없고, 상황 조치하는 데에 막힘이 없다. 따라서 적을 알고 나를 알면 승리가 위태롭지 않고, 여기에 기상과 지형의 유불리를 적절히 이용할 수 있다면 완전한 승리를 거둘 수 있다.

【해설】

일부 해설서에서 '擧而不窮(거이불궁)'의 '擧(거)'를 '출병'이나 '군사를 일으킨다'라고 해석하고 있다. 여기에서는 '상황에 따른 조치나 수단'으로 해석하는 것이 타당하다.

지형(地形) 후술

역사상 훌륭한 군인과 장수는 지형안(地形眼)을 갖췄었다. 지형안이란 '지형을 보는 눈'이란 뜻으로, 전장에 서면 지형이 아군과 적군에 미치는 유리한 점과 불리한 점이 떠오르는 안목이다.

예를 들어 '아름다운 영웅 김영옥'의 주인공이자 제2차 세계대전과 한국전쟁의 영웅인 김영옥 대령은 지도를 보면 세부 지형이 머릿속에 그려졌다고 한다. 나폴레옹도 유럽 전역 시에 집무실에서 유럽 전도를 바닥에 놓고 자신의 장차 작전을 머릿속으로 워게임 하면서 진출 속도에 맞게 표정을 하고 그대로 전쟁을 수행했다고 한다. 중일전쟁 시에 중공군의 사령관이었던 임표(林彪)도 군단의 기동계획을 그리면 중대급까지 예상된 행동을 그대로 묘사했다고 한다. 그가 신병 치료차 소련에 갔을 때는 스탈린의 요청으로 독일군의 예상 공격로를 정확하게 예측하고 지도에 그려 줬다고 한다. 물론 지형안은 타고 난 면도 있지만, 꾸준히 노력하면 누구나 지형안을 갖출 수 있다고 본다. 특히, 젊은 군 간부들이나 학생들은 빠른 습득력을 지니고 있어서 지형안을 갖추는 데 더욱 유리하다.

지형안을 갖추기 위해서는 초급간부 시절부터 전사(戰史)를 많이 읽고, 나침반을 들고 지도와 실제 지형과 연계하는 연습을 해야 한다. 그러나 지형만 눈에 들어오는 것으로는 부족하다. 그 지형을 아군에게 유리하게 활용하기 위해서는 병법과 전술적 식견을 익혀 그것을 다양한 상황에서 창의적으로 활용할 수 있어야 한다.

제11편 구지(九地)

구지 편에서는 아홉 가지 지형에서 작전하는 방법과 부하들을 지휘하는 방법에 관하여 설명하고 있다. 아홉 가지 지형의 갖는 각각의 특성뿐만 아니라 병사들의 심리적 변화까지도 계산하라고 강조하고 있다.

손자는 아홉 가지 지형(散地, 輕地, 爭地, 交地, 衢地, 重地, 圮地, 圍地, 死地)과 각각의 지형에서 작전하는 방법에 관하여 설명한다. 산지(散地)란 자국 땅에서 싸우는 경우를 말하고, 경지(輕地)란 적국에 깊이 들어가지 않은 곳을 말한다. 쟁지(爭地)란 피·아간에 먼저 얻으면 유리한 지형을 말하고, 교지(交地)란 아군이 갈 수도 있고 적군이 올 수도 있는 지형을 말한다. 구지(衢地)란 외교적으로 해결해야 하는 지형이고, 중지(重地)란 적국에 깊숙하게 들어간 곳을 말한다. 비지(圮地)란 행군하기 어려운 곳을 말하고, 위지(圍地)란 적은 병력으로 많은 병력을 칠 수 있는 곳을 말하며, 사지(死地)란 죽기 살기로 싸워야 하는 곳을 말한다.

손자는 적 장수가 용병을 잘한다면 적 부대가 상호 지원이나 구원을 하지 못하도록 분리하고, 부대원 간의 신뢰를 무너뜨리는 상황을 조성하라고 하고 있다. 그리고 상황이 아군에게 유리할 때 공격하라고 강조한다. 또한 작전은 적이 소중하게 여기는 곳을 탈취하여 주도권을 쥐어야 한다고 설명하고 있다. 그리고 용병의 본질은 신속한 기동에 있다고 강조하면서 적이 생각하지 못하고 대비하지 않은 곳을 공격해야 한다고 주장한다.

손자는 공격하는 처지에서의 용병술은 적진 깊숙이 돌입하여 아군을 일치단결하게 해야 한다고 하며, 부하들을 벗어날 수 없는 곳에 투입하여 부득이 싸울 수밖에 없도록 만들어야 한다고 강조하고 있다. 그리고 적지에서 약탈을 통해 군량을 조달해야 한다고 설명하고 있다. 당시 원거리 수송의 어려움을 해결하는 방법의 하나였다. 현대전에서는 현지조달이나 동맹국에서 지원받는 방법도 고려해 볼 수 있다.

손자는 용병을 잘하는 장수를 상산의 뱀인 '솔연(率然)'에 비유한다. 솔연은 머리를 치면 꼬리가 덤벼들고, 꼬리를 치면 머리가 덤벼들며, 중간을 치면 머리와 꼬리가 함께 덤벼든다고 한다. 이것은 부대를 한 사람이 움직이는 것처럼 다루어 상하가 혼연일체가 되도록 하여야 함을 말하는 것이다.

孫子曰(손자왈), 用兵之法(용병지법), 有散地(유산지), 有輕地 (유경지), 有爭地(유쟁지), 有交地(유교지), 有衢地(유구지), 有重 地(유중지), 有圮地(유비지), 有圍地(유위지), 有死地(유사지).

【직역】

손자(孫子)가 말하길(曰), 용병(用兵)의(之) 법(法)에서 지형은 산지 (散地)가 있고(有), 경지(輕地)가 있고(有), 쟁지(爭地)가 있고(有), 교 지(交地)가 있고(有), 구지(衢地)가 있고(有), 중지(重地)가 있고(有), 비지(圮地)가 있고(有), 위지(圍地)가 있고(有), 사지(死地)가 있다(有).

散(산): 흩어지다, 풀어놓다, 도망가다　輕(경): 가볍다(↔重)
衢(구): 네거리, 갈림길　　　　　　　　圮(비): 무너지다, 허물어지다

【의역】

용병의 방법에서 전쟁하게 될 지형을 분류하면 산지, 경지, 쟁지, 교지, 구지, 중지, 비지, 위지, 사지의 아홉 가지가 있다.

【해설】

'散地(산지)'의 '散(산)'은 '흩어지다'라는 뜻으로 '전념하다'라는 뜻의 '專(전)'과 상황상의 의미에서 상대성을 갖고 있다. 손자는 자신의 영토 안에서 전투에 임하게 되면 집 생각에 향수가 올라와 병사들이 흩어져 달아나기 쉽다고 생각했다. 따라서 '散地(산지)'라 칭하게 된 것으로 보 인다.

諸侯自戰其地(제후자전기지), 爲散地(위산지). 入人之地不深者(입인지지불심자), 爲輕地(위경지). 我得則利(아득즉리), 彼得亦利者(피득역리자), 爲爭地(위쟁지).

【직역】

제후(諸侯)가 자기(其) 땅(地)에서 스스로(自) 싸우는(戰) 것이 산지(散地)이다(爲). 타국(人)의(之) 땅(地)에 들어갔으나(入) 깊지(深) 않은(不) 것(者)이 경지(輕地)이다(爲). 아군(我)이 얻으(得)면(則) 유리(利)하고 적(彼)이 얻어도(得) 또한(亦) 유리(利)한 것(者)이 쟁지(爭地)이다(爲).

者(자): 사람·사물·일을 가리키는 대명사, ~이(주격조사)

【의역】

자기 나라 땅에서 싸우기에 고향 생각으로 군사들의 주의가 산만해지는 곳을 산지라 하고, 적국의 땅에 들어갔으나 깊숙이 들어가지 않은 곳을 경지라 하며, 먼저 차지하면 피아 모두에게 유리하여 다투게 되는 곳을 쟁지라 한다.

【해설】

'我得則利(아득즉리), 彼得亦利者(피득역리자)'는 아군과 적군 중에 먼저 차지한 쪽에게 유리하여 서로 다투게 된다는 의미다.

我可以往(아가이왕)**, 彼可以來者**(피가이래자)**, 爲交地**(위교지)**.
諸侯之地三屬**(제후지지삼속)**, 先至而得天下衆者**(선지이득천하중자)**, 爲衢地**(위구지)**.

【직역】

아군(我)이 갈(往) 수 있고(可以), 적(彼)이 올(來) 수 있는(可以) 곳(者)을 교지(交地)라 한다(爲). 제후(諸侯)의(之) 땅(地)이 세(三) 나라와 접해(屬) 있는, 먼저(先) 차지(至)하면 천하(天下)의 백성(衆)을 얻을(得) 수 있는 곳(者)을 구지(衢地)라 한다(爲).

屬(속): 연결하다, 접하다, 무리   衆(중): 많은 사람, 따르는 무리, 부대, 많다

【의역】

아군이 갈 수도 있고 적도 올 수가 있는 서로 교전이 예상되는 곳이 교지이고다. 적과 마주하고 있는 상태에서 여러 나라와 접해 있어 먼저 차지하여 외교 관계를 맺은 주변국으로부터 지원을 얻을 수 있는 곳을 구지라 한다.

【해설】

'交地(교지)'는 피·아가 서로 들어가기 용이한 지역이므로, 도로가 사통팔달한 지형적 조건을 갖추고 있다고 할 수 있다.

'諸侯之地三屬(제후지지삼속)'의 '屬'의 발음이 '속'과 '촉'으로 나뉜다. '속'은 '엮다, 접하다, 무리'의 뜻이고, '촉'은 '붙어 있다, 연접해 있다, 잇다, 모이다, 조심하다'의 뜻이다. 인접 국가의 땅이 서로 접해

있다는 의미로 '속'과 '촉' 모두 사용이 가능하다.

'衢地(구지)'는 지리적 조건상 외교가 용이한 지역을 말한다. 손자는 이러한 조건을 갖춘 지역을 먼저 차지하여 외교 관계를 맺어 지원받기 위한 여건을 조성할 것을 설파하고 있다.

....

入人之地深(입인지지심), **背城邑多者**(배성읍다자), **爲重地**(위중지). **山林險阻沮澤**(산림험조저택), **凡難行之道者**(범난행지도자), **爲圮地**(위비지).

【직역】

적국(人)의(之) 땅(地)에 깊숙이(深) 들어가(入) 뒤쪽에(背) 고을(城邑)이 많으(多)면(者) 중지(重地)라 한다(爲). 산림(山林), 험준(險阻)한 곳, 늪지(沮澤)는 대체로(凡) 행군(行)이(之) 어려운(難) 길(道)이면(者) 비지(圮地)라 한다(爲).

背(배): 등지다　　　城(성): 재, 성, 도읍, 도시　　　邑(읍): 고을, 마을, 도읍

【의역】

적국의 땅에 깊숙이 들어가서 적의 도시가 많은 지역으로 배후에 많은 적을 두고 싸울 수밖에 없는 곳을 중지라고 하며, 숲이 우거지고 지형이 험하며 늪지대가 많은 등 행군이 어렵고 부대 활동에 제약이 많은 곳을 비지라고 한다.

【해설】

'城邑(성읍)'의 뜻을 '성'과 '읍'이라고 할 수도 있지만, 여기에서는 당시 행정조직인 주(州) · 군(郡) · 현(縣) 등을 두루 이르던 말이다.

···

所由入者隘(소유입자애), **所縱歸者迂**(소종귀자우), **彼寡可以擊我之衆者**(피과가이격아지중자), **爲圍地**(위위지).

【직역】

따라(由) 들어가는(入) 곳(所)이(者) 좁고(隘), 따라(從) 되돌아오는(歸) 곳(所)이(者) 멀리 우회(迂)해야 하기에 적(彼)의 적은 병력(寡)으로 아군(我)의(之) 많은 병력(衆)을 칠(擊) 수 있는 곳(者)을 위지(圍地)라 한다(爲).

由(유): 경유하다   從(종): 뒤이어, 이어서   迂(우): 멀다, 구불구불하다, 먼 길

【의역】

아군이 추격해 들어가야 할 통로가 협소하고 이어 되돌아 나오고자 하면 멀리 우회할 수밖에 없는 지역으로, 이곳에서는 소규모의 적이 아군의 대군을 공격할 수 있다. 이런 지역을 위지라 한다.

【해설】

'所由入者隘(소유입자애)'에서 '所(소)'를 가정을 나타내는 '만약'으로, '者(자)'을 '～한다면'으로 하여 '만약 이 지역을 경유하여 들어간다면 좁다'로 해석할 수도 있다.

疾戰則存(질전즉존), 不疾戰則亡者(부질전즉망자), 爲死地(위
사지).

【직역】

진력을 다해(疾) 싸우(戰)면(則) 살아남고(存), 진력을 다하지(疾) 않
고(不) 싸우(戰)면(則) 죽는(亡) 곳(者)을 사지(死地)라 한다(爲).

疾(질): 빠르다, 진력을 다하다, 분발하다, 질병　　　亡(망): 죽다, 망하다

【의역】

매우 불리한 지역으로 상하가 일치단결하여 죽기 살기로 온 힘을 다
해 싸워야 겨우 살아남고, 죽기 살기로 싸우지 않으면 죽는 곳을 사지
라 한다.

【해설】

'疾戰(질전)'을 '빠르게 싸운다'로 해석하기도 하고, '온 힘을 다해 싸
운다'로 해석하기도 한다. 여기서는 '죽음의 땅'이라는 전제하에 '온 힘
을 다해 죽기 살기로 싸운다'로 해석하는 게 타당하다.

是故散地則無戰(시고산지즉무전), **輕地則無止**(경지즉무지), **爭地則無攻**(쟁지즉무공), **交地則無絕**(교지즉무절), **衢地則合交**(구지즉합교), **重地則掠**(중지즉략), **圮地則行**(비지즉행), **圍地則謀**(위지즉모), **死地則戰**(사지즉전).

【직역】

이러므로(是故) 산지(散地)에서는(則) 싸우지(戰) 말고(無), 경지(輕地)에서는(則) 머무르지(止) 말고(無), 쟁지(爭地)에서는(則) 공격(攻)하지 말고(無), 교지(交地)에서는(則) 부대 간 연결이 단절(絕)되지 말고(無), 구지(衢地)에서는(則) 외교(交)로 힘을 합치고(合), 중지(重地)에서는(則) 약탈(掠)을 하고, 비지(圮地)에서는(則) 지나가고(行), 위지(圍地)에서는(則) 모략(謀)을 세우고, 사지(死地)에서는(則) 싸운다(戰).

止(지): 머무르다, 멈추다, 금지하다　　合(합): 연합하다, 어우러지다, 합치다
掠(략): 빼앗다, 약탈하다

【의역】

산지에서는 부하들의 마음이 흔들려 지휘통제가 어려울 수 있으므로 가급적 전투를 하지 말고, 경지에서는 머무르지 말고 신속하게 적 지역으로 깊숙이 이동하며, 쟁지에서는 적보다 먼저 점령하되 적이 선점했으면 무리하게 공격해서는 안 된다. 교지는 피아 모두 쉽게 접근하여 이용할 수 있는 지역이므로 적에게 습격받아 부대 간 분할되지 않도록 하고, 구지에서는 지원받을 수 있도록 인접국과 동맹 관계를

돈독히 하며, 중지에서는 배후에 모두 적이어서 보급이 어려우므로 적
지에서 필요한 것을 조달한다. 비지에서는 머물지 말고 신속하게 통과
하고, 위지에서는 모략으로 빠져나오며, 사지에서는 목숨을 다해 싸
운다.

【해설】

아군 땅인 산지에서 싸우면 자국 백성들의 피해가 크고 병사들이 집
생각에 군영을 이탈할 수 있으므로 싸우지 말라는 것이고, 적국의 경
계지점인 경지에서는 어쨌든 적 지역인 데다 적의 반격이 세고 아군
병사들 또한 국경이 가까워 이탈할 수 있기 때문에 오래 머물지 말라
는 것이다. 먼저 얻는 쪽이 유리한 쟁지는 적이 선점하였다면 적에게
유리하고 아군에게 불리하므로 공격하지 말라는 것이며, 적과 조우가
빈번한 교지에서는 피아 모두 쉽게 접근하여 이용할 수 있으므로 적의
습격으로 부대가 분할되지 않도록 하라는 것이다. 적국과 맞대고 있는
상황에서 주변의 여러 나라와 국경을 접하고 있는 구지에서는 외교력
을 통해 지원받을 수 있도록 유리한 여건을 조성해야 한다는 것이며,
적지에 깊숙이 들어간 중지에서는 아군의 보급 여건이 어려우므로 현
지 약탈(징발)을 통해 적지에서 조달해야 한다는 것이다. 이동이 어려
운 비지에서는 그 자체로 전투력이 손실되기 쉬운 데다 둔화되고 약화
된 아군에 대해 적이 쉽게 공격할 수 있으므로 신속하게 벗어나라는
것이고, 일단 들어가면 우발상황이 발생하여도 빠져나오기 어려운 위
지에서는 계략을 써서 빠져나오라는 것이다. 끝으로, 사지에서는 패할
가능성이 매우 큰 지역이므로 죽음을 각오하고 전력을 다해서 싸워야
생존할 수 있다는 것이다.

所謂古之善用兵者(소위고지선용병자), **能使敵人前後不相**

及(능사적인전후불상급), **衆寡不相恃**(중과불상시), **貴賤不相救**(귀

천불상구), **上下不相扶**(상하불상부).

【직역】

이른바(所謂), 고대(古)의(之) 용병(用兵)을 잘하는(善) 자(者)는 능
히(能) 적(敵人)으로 하여금(使) 전위부대(前)와 후위부대(後)가 서로
(相) 다다르지(及) 못하게(不) 하고, 대부대(衆)와 소부대(寡)가 서로
(相) 의지(恃)하지 못하게(不) 하고, 장수(貴)와 병사(賤)가 서로(相) 구
원(救)하지 못하게(不) 하고, 상급부대(上)와 하급부대(下)가 서로(相)
돕지(扶) 못하게(不) 한다.

所謂(소위): 이른바   及(급): 관련되다, 미치다, 이르다, 연계되다
扶(부): 돕다, 지원하다, 바로잡다, 다스리다

【의역】

고대로부터 용병을 잘하는 자는 적으로 하여금 전후방의 부대가 서
로 연계되어 싸울 수 없게 하였고 대부대와 소부대가 서로 협동하지
못하게 하였다. 장수와 병사들 간 서로 구원하지 못하게 하였고, 상급
부대와 하급부대가 서로 도울 수 없게 하였다. 즉, 용병의 요체는 적은
상호 협조하지 못하도록 분리하고 약화해야 하며, 아군은 협조된 작전
이 가능하게 만들어야 한다.

'所謂古之善用兵者(소위고지선용병자)'에서 '所(소)'를 가정을 나타
내는 부사인 '만약'으로 보면서 '者(자)'를 가정을 나타내며 구의 뒤에
쓰이는 조사로 '~한다면'으로 봐도 자연스럽다. 이 경우 '所謂古之善
用兵者(소위고지선용병자)'는 '만약 고대의 용병을 잘한다는 것에 대해
말하자면'으로 해석할 수도 있다.

일부 해설서에는 '貴賤不相救(귀천불상구)'를 '귀중한 전투 부대와
이를 지원하는 보급부대가 서로를 구원할 수 없게 한다'라고 해석하는
경우도 있다. 전투부대와 지원부대를 귀한 부대와 천한 부대로 구분하
는 것은 문맥에 맞지 않는다. 따라서 '貴賤(귀천)'을 장수(간부)와 병사
로 이해하면 좀 더 자연스럽다.

일부 해설서에는 '上下不相扶(상하불상부)'의 '扶(부)'를 '救(구)'나 '收
(수)'로 표기하고 있다. '扶(부)'나 '救(구)'는 '돕는다'라는 같은 의미고,
'收(수)'는 '한군데로 모은다'는 뜻으로 '상하 제대를 한군데로 모으지
못하게 한다'라는 의미다.

卒離而不集(졸리이부집), 兵合而不齊(병합이부제). 合於利而
動(합어리이동), 不合於利而止(불합어리이지).

【직역】

적 병사들이(卒) 흩어지(離)면(而) 모이지(集) 못하게(不) 하고, 병사
들이(兵) 모이(合)면(而) 질서정연하게 정렬되지(齊) 못하게(不) 하며,
이익(利)에(於) 부합(合)하면(而) 움직이고(動), 이익(利)에(於) 부합

(合)하지 않으면(不) 멈췄다(止).

離(리): 떨어지다, 갈라놓다, 떠나다　　止(지): 머무르다, 멈추다, 금지하다

【의역】

적 병사들이 분리되어 있으면 부대로 합류하지 못하게 하고, 적 병사들이 합류하여도 질서정연한 협조 된 작전이 되지 못하게 한다. 작전이 이익에 합치되면 움직이고, 이익에 합치되지 않으면 중지한다.

【해설】

'兵合而不齊(병합이부제)'에서 '齊(제)'의미는 '지휘의 통일, 행동의 통일'이다. 즉, '일사불란하고 질서정연하게 협조 된 작전이 가능한 상태'라고 보면 된다.

···

敢問(감문), **敵衆整而將來**(적중정이장래), **待之若何**(대지약하). **曰**(왈), **先奪其所愛**(선탈기소애), **則聽矣**(즉청의).

【직역】

감히(敢) 묻건대(問), 적(敵) 대부대(衆)가 전열을 정비(整)하여(而) 장차(將) 온다면(來), 적(之)을 어떻게(若何) 대(待)할 것인가? 답하길(曰), 먼저(先) 적(其)이 소중하게 여기는(愛) 것(所)을 탈취(奪)하면(則) 말을 듣(聽)는다(矣).

敢(감): 마침, 지금 딱, 감히　　　　整(정): 가지런하다, 질서 정연하다
若何(약하): 어떻게 해야 할까요　　聽(청): 말을 듣다, 순응하다

【의역】

누군가가 '적이 대부대로 질서정연하게 아군을 공격할 때 어떻게 대적할지'를 묻는다면, 나는 '우선 적이 가장 소중하게 여기는 것을 빼앗게 되면 적이 아군의 의도대로 적이 움직이게 된다'라고 대답한다.

【해설】

지휘관은 항상 전장의 주도권을 장악하기 위해 힘써야 하고, 주도권을 장악하면 아군의 의도대로 전투를 이끌어 나갈 수 있다. 싸우는 대상인 적 부대의 중심을 파악하여 공격하는 것도 한 방법이다.

장차 공격하려는 적이 소중하게 여기는 것은 여러 가지가 있겠으나, 대표적인 것이 요충지, 적 수도, 군량 보급기지 등이 있다. 현대 용어로는 중심(Center of Gravity)이라고 한다. 『삼십육계』에 '위나라를 포위하여 조나라를 구원한다'라는 '위위구조(圍魏救趙)'가 있다. 위나라의 공격을 받은 조나라가 제나라에 구원을 요청했을 때, 제나라 책사인 손빈[45]은 조나라 수도인 한단(邯鄲)으로 구원을 나가는 대신 위나라의 수도인 대량(大梁)을 공격하여 위나라가 조나라에서 철군하게 만든 고사다.

---

45) 『손자병법』의 주인공 손무의 5대 후손으로 『손빈병법』의 저자로 알려져 있다.

兵之情主速(병지정주속), **乘人之不及**(승인지불급), **由不虞之**
道(유불우지도), **攻其所不戒也**(공기소불계야).

【직역】

용병(兵)의(之) 본질(情)은 속도(速)가 중요(主)하니 적(人)이(之) 미
치지(及) 못하게(不) 만들고(乘), 생각하지(虞) 못(不)한(之) 길(道)을
따라(由) 적(其)이 경계하지(戒) 않은(不) 곳(所)을 공격(攻)한다(也).

情(정): 감정, 도리, 이치, 본성, 속성, 진리 主(주): 주관하다, 중시하다
乘(승): 지배하다, 순응하다, 타다, 오르다, 꾀하다, 헤아리다
及(급): 미치다, 도달하다, 따라가다   虞(우): 염려하다, 생각하다, 헤아리다
戒(계): 경계하여 대비하다, 막아 지키다, 경계

【의역】

용병의 이치는 적의 대비태세와 출동능력을 파악해서 적이 시간 내
에 미칠 수 없는 길, 대비가 미흡한 곳을 쳐야 기습을 달성할 수 있다.

【해설】

일부 해설서에서 '승(乘)'을 '타다'로, '우(虞)'를 '염려하다'로 해석
하는데, 여기에서는 '승(乘)'은 '제어하다, 부리다'로, '우(虞)'는 '생각
하다, 헤아리다'로 해석하는 것이 더 타당하다.

작전의 속도는 물리적 공간에서의 속도뿐만 아니라 심리적인 부분
도 포함된다. 적이 예상하지도 대비하지도 못한 부분에 예상치 못한
방법과 대응 속도로 적을 타격하는 것까지 포함한다.

凡爲客之道(범위객지도), 深入則專(심입즉전), 主人不克(주인
불극). 掠於饒野(약어요야), 三軍足食(삼군족식).

【직역】
무릇(凡) 내가 공자(客)가 되어서(爲)의(之) 이치는(道), 깊이(深) 들
어가(入)면(則) 하나(專)가 되어 방자(主)인 적(人)이 이기지(克) 못
한다(不). 풍요로운(饒) 들판(野)에서(於) 약탈(掠)하면 전군(三軍)이
족히(足) 먹는다(食).

客(객): 침입하는 자의 위치(공자)　　　專(전): 오로지, 하나가 되다, 전념하다
主(주): 客(객)을 맞아 싸우는 군대　　　饒(요): 넉넉하다, 풍요롭다, 기름지다

【의역】
침입하는 군대로서 원칙은 다음과 같다. 적국에 진입하여 작전할 때
는 부대가 하나 되어 싸움에 전념할 수 있도록 깊숙이 들어가야 한다.
그래야 적국이 아군을 이기지 못한다. 원거리 보급작전이 제한되기 때
문에 적 지역에서 식량을 조달하면 전군의 식량이 충분하다.

【해설】
일부 해설서는 '深入則專(심입즉전), 主人不克(주인불극)'을 '깊숙이
들어가면 그 주인 나라(적)가 싸움에만 전념하므로 그 주인 나라(적)를
이기지 못한다'라고 엉뚱하게 해석하기도 한다. 여기에서는 아군이 공
격자가 되어 적군 지역으로 깊숙이 공격해 들어가면 아군이 일치단결
하므로 적군이 아군을 이기지 못한다는 뜻이다.

．．．

謹養而勿勞(근양이물노), **倂氣積力**(병기적력), **運兵計謀**(운병계모), **爲不可測**(위불가측), **投之無所往**(투지무소왕), **死且不北**(사차불배). **死焉不得**(사언부득), **士人盡力**(사인진력).

【직역】

신중하게(謹) 정비(養)하고(而) 피로(勞)하지 않게(勿) 하며, 사기(氣)를 합(倂)치고 힘(力)을 축적(積)한다. 병력(兵) 운용(運)에는 계략(謀)을 계획(計)하고, 예측(測)할 수 없도록(不可) 만들어(爲), 병사들(之)을 도망(往)할 수 없는(無) 곳(所)에 투입(投)하면 죽음(死)을 무릅쓰고 오히려(且) 달아나지(北) 않는다(不). 죽을지언정(死) 어찌(焉) 부하들(士人)이 사력(力)을 다하지(盡) 않겠는가(不得)?

謹(근): 삼가다, 신중하다, 경계하다   養(양): 휴식, 정비, 기르다
倂(병): 아우르다(합하다), 가지런하다, 모으다
投(투): 던지다, 위치시키다   且(차): 또, 잠시, 오히려, 거의
北(배): 달아나다, 패하다, 북쪽(북)   焉(언): 어찌, 어떻게

【의역】

병사들을 잘 먹이고 입히며 충분한 휴식을 취하게 하여 피로하지 않게 한다. 그리고 사기를 왕성하게 하고 힘을 모은다. 부대 운용에 계속해서 변화를 주고 계략을 세워 부하들로 하여금 아군의 계략을 알 수 없게 해야 한다. 또한 부하들이 도망할 수 없는 곳에 부대를 위치시키면 죽더라도 달아나지 않는다. 이렇게 되면 부하들은 죽음을 무릅쓰고 싸울 수밖에 없다.

'謹養(근양)'의 뜻은 '정비를 통해 힘을 비축하다', '휴양을 시키다'이고, 여기에서는 차후 작전을 위해서 '신중하게 부하들은 돌보고 정비한다'라고 해석할 수 있다.

일부 해설서에서 '爲不可測(위불가측)'을 '적이 예측하지 못하도록 한다'라고 해석하는데, 여기에서는 '적'이 아닌 '아군 병사들'을 대상으로 해야 문맥이 맞다.

....

兵士甚陷則不懼(병사심함즉불구), **無所往則固**(무소왕즉고), **深入則拘**(심입즉구), **不得已則鬪**(부득이즉투).

【직역】

병사들(兵士)은 깊이(甚) 빠지(陷)면(則) 두려워하지(懼) 않고(不), 갈(往) 곳(所)이 없으(無)면(則) 견고(固)해지고, 깊이(深) 들어가(入)면(則) 얽매이고(拘), 부득이한(不得已) 상황이면(則) 싸운다(鬪).

甚(심): 심하다, 깊고 두텁다, 몹시	懼(구): 두려워하다, 걱정하다, 염려하다
拘(구): 구속하다, 속박하다	不得已(부득이): 부득이하다, 어쩔 수 없이

【의역】

병사들은 적진 깊은 곳에 빠지게 되면 빠져나갈 수 없다는 것을 알고 죽기를 두려워하지 않는다. 도망갈 길이 없으면 더욱 견고하게 단결한다. 적지에 깊이 들어가서는 자신을 단단하게 속박하며, 부득이한 상황에서는 목숨을 걸고 싸울 수밖에 없다.

인간의 집단 심리는 살아나기 힘들다고 생각하면 포기하는 것이 아니라 더욱 단결하는 경향이 있다. 그래서 적을 궁지로 몰기보다는 일부러 퇴로를 열어서 저항 의지를 꺾는다. 반대로 아군은 위기감을 부여하여 단결하게 하고, 어쩔 수 없이 죽기 살기로 싸우게 만들어야 한다.

....

是故其兵不修而戒(시고기병불수이계)**, 不求而得**(불구이득)**, 不約而親**(불약이친)**, 不令而信**(불령이신)**. 禁祥去疑**(금상거의)**, 至死無所之**(지사무소지)**.**

【직역】

이러므로(是故) 그(其) 병사들(兵)은 강요하지(修) 아니하여도(不) 경계(戒)를 하고, 요구(求)하지 않아(不)도(而) 얻을(得) 수 있다. 약속(約)하지 않아(不)도(而) 친(親)하게 되고, 명령(令)을 하지 않아(不)도(而) 믿게(信) 된다. 미신(祥)을 금지(禁)하면 의심(疑)이 사라지고(去), 죽음(死)에 이르러서도(至) 갈(之) 곳(所)이 없다(無).

修(수): 다스리다, 닦다, 고치다, 혼내다, 때리다, 강요하다
禁(금): 금하다, 누르다, 삼가다　　　祥(상): 상서, 조짐, 미신
之(지): 가다, ~의, ~이(가)

【의역】

부대가 적진 깊숙이 들어가면 믿을 구석은 자신과 동료밖에 없으므

로 스스로 살려고 대비태세를 잘하고, 자연스럽게 단결하며, 간부의 명령에 잘 따른다. 위험한 상황에서는 누구나 미신이나 떠도는 소문에 흔들리기 쉬운데, 이러한 미신활동이나 뜬소문 유포 행위를 금지해야 죽음을 무릅쓰고 끝까지 싸우게 된다.

【해설】

일부 해설서에서 '至死無所之(지사무소지)'를 '죽음에 이르러도 동요하지 않는다'라고 해석하고 있는데, 여기에서는 적진 깊숙이 들어가면 병사들이 도망갈 곳이 없으므로 '죽음에 이르러서도 도망가지 않는다'라고 이해하는 것이 타당하다.

....

吾士無餘財(오사무여재), **非惡貨也**(비오화야). **無餘命**(무여명), **非惡壽也**(비오수야).

【직역】

내(吾) 부하들(士)이 남길(餘) 재물(財)이 없는(無) 것은 그들이 재화(貨)를 싫어해서(惡)가 아니(非)다(也). 남길(餘) 목숨(命)이 없는(無) 것은 오래 살기(壽)를 싫어해서(惡)가 아니(非)다(也).

餘(여): 남다, 남기다, 여분   壽(수): 목숨, 장수, 오래 살다

【의역】

내 부하들이 적진에서 재물을 가지고 있지 않은 것은 재화를 싫어하기 때문이 아니고, 생명에 집착하지 않는 것은 오래 사는 것을 싫어해

서가 아니다. 적진 깊숙이 사지에 들어가면 재물이나 생명에 집착하지
않게 된다.

【해설】

'非惡貨也(비오화야)'의 '惡(오)'는 '싫어하다'의 의미다. 따라서 '오래
살기를 싫어해서가 아니다'라고 해석한다.

'無餘命(무여명)'은 '남길 목숨이 없다'라는 의미로, '생명에 집착하지
않는다'라는 뜻이다.

....

令發之日(영발지일), 士卒坐者涕沾襟(사졸좌자체점금), 偃臥
者淚交頤(언와자누교이). 投之無所往者(투지무소왕자), 諸劌之
勇也(제귀지용야).

【직역】

명령(令)이 떨어(發)진(之) 날(日)에는 부하들(士卒) 중 앉은(坐) 자
(者)는 눈물(涕)이 옷깃(襟)을 적시고(沾), 드러누운(偃臥) 자(者)는 눈물
(淚)이 턱(頤)에 흐른다(交). 부하들(之)을 도망갈(往) 수 없는(無) 곳(所)
에 투입(投)하면(者) 전제(諸)와 조귀(劌)의(之) 용기(勇)가 된다(也).

涕(체): 눈물, 울다	沾(점): 적시다, 젖다, 더하다(첨)
襟(금): 옷깃, 앞섶, 가슴	偃(언): 눕다, 쉬다
臥(와): 눕다, 엎드리다	偃臥(언와): 누워 있는 상태
淚(루): 눈물, 울다	頤(이): 턱, 뺨, 기르다
諸劌(제귀): 전제(專諸)와 조귀(曹劌)	

출격 명령이 떨어지면 부하 중에는 앉아서 눈물로 옷깃을 적시기도
하고, 누워서 눈물로 두 뺨을 적시기도 할 것이다. 죽음이 두려운 것은
누구에게나 마찬가지이나, 더는 살아 돌아갈 수 없다고 생각되는 사지
에 투입되면 옛날 오나라의 전제나 노나라의 조귀처럼 죽음을 무릅쓰
는 용기가 솟아나기 마련이다.

【해설】

전제(專諸)는 춘추시대 오나라 사람으로 BC515년경 오나라 왕 합려
가 조카인 오나라 왕 료(僚)를 죽이고 왕위에 빼앗을 때 오왕 료를 죽
인 자객이다. 당시 오자서(伍子胥)의 명을 받고 비수(匕首)를 요리한
물고기 속에 숨겨 오왕 료를 잔치에 초대해 죽이고 자신도 그 자리에
서 죽임을 당했다.

조귀(曹劌)는 춘추시대 노나라의 대부로, BC684년경 제나라 환공
이 노나라를 공격했을 때 산골에 은거하던 조귀가 등장해서 노나라 군
을 지휘하여 제나라 군대를 대패시켰다.

....

故善用兵者(고선용병자), **譬如率然**(비여솔연), **率然者**(솔연자),
常山之蛇也(상산지사야). **擊其首則尾至**(격기수즉미지), **擊其尾
則首至**(격기미즉수지), **擊其中則首尾俱至**(격기중즉수미구지). **敢
問**(감문), **兵可使如率然乎**(병가사여솔연호). **曰**(왈), **可**(가).

【직역】

그러므로(故) 용병(用兵)을 잘하는(善) 자(者)는 솔연(率然)과 같다(如)고 비유(譬)된다. 솔연(率然)은(者) 상산(常山)의(之) 뱀(蛇)이다(也). 그(其) 머리(首)를 치(擊)면(則) 꼬리(尾)가 달려들고(至), 그(其) 꼬리(尾)를 치(擊)면(則) 머리(首)가 달려든다(至). 그(其) 중간(中)을 치(擊)면(則) 머리(首)와 꼬리(尾)가 함께(俱) 달려든다(至). 감히(敢) 묻거늘(問), 군대(兵)를 솔연(率然)과 같이(如) 부릴(使) 수(可) 있는가(乎)? 대답하길(曰), 가능하다(可).

譬(비): 비유하다, 깨닫다, 비유	率(솔): 거느리다, 비율(율)
蛇(사): 뱀	首(수): 머리, 우두머리, 임금
尾(미): 꼬리, 끝	俱(구): 함께, 모두

【의역】

용병을 잘하는 자를 솔연에 비유할 수 있다. 솔연이란 상산(常山)[46]에 사는 뱀을 말하는데, 뱀의 머리를 공격하면 꼬리가 달려들고, 뱀의 꼬리를 공격하면 머리가 달려든다. 뱀의 가운데를 공격하면 머리와 꼬리가 함께 달려든다. 누군가가 "아군의 군사를 솔연처럼 부릴 수 있는가?"라고 묻는다면, 나는 "가능하다."라고 대답한다.

【해설】

용병을 잘하는 자는 어떤 상황에서든 부대 전체가 하나의 몸처럼 유기적이고 통합된 대응을 할 수 있도록 만들 수 있다. 제대별, 기능별 통합을 말한다. 이것은 또한 용병에 있어 유연성과 융통성의 중요성에

---

46) 중국 산서성[山西省] 혼원현[渾源縣]에서 남쪽에 있는 산이다.

대해 말하고 있는 것이기도 하다.

．．

夫吳人與越人相惡也(부오인여월인상오야). **當其同舟而濟遇 風**(당기동주이제우풍), **其相救也**(기상구야), **如左右手**(여좌우수).

【직역】

대체로(夫) 오나라(吳) 사람(人)과(與) 월나라(越) 사람(人)은 서로 (相) 미워(惡)한다(也). 그들이(其) 같은(同) 배(舟)를 타고(而) 건너 가다(濟)가(而) 거센 바람(風)을 만나는(遇) 일을 당하면(當), 그들(其) 은 서로(相) 구원(救)한다(也). 마치 좌우(左右)의 손(手)과 같다(如).

夫(부): 지아비, 사나이, 무릇(대체로), 모름지기
惡(오): 미워하다, 악하다(악)　　　濟(제): 건너다
當(당): 마땅하다, 당하다, 대적하다, 만나다

【의역】

오나라 사람과 월나라 사람은 서로 미워하는 사이지만, 두 나라 사 람이 같은 배를 타고 가다가 폭풍우를 만나면 마치 한 사람의 좌우 손 처럼 서로 단결하여 서로를 구하려고 한다.

【해설】

평상시에는 적대관계에 있는 나라도 공동의 적을 만나면 협력을 할 수밖에 없다는 의미다. 우리나라 역사에서 신라와 백제가 적대관계였 지만, 고구려의 남하 정책에는 공동으로 대응했었다.

'오월동주(吳越同舟)'라는 고사성어가 『손자병법』에서 나왔다. '오(吳)나라 사람과 월(越)나라 사람이 하나의 배를 타고 있다'라는 것으로 공동의 어려운 상황(狀況)을 만나게 되면 원수(怨讐)라도 협력(協力)하게 된다는 뜻이다.

....

是故方馬埋輪(시고방마매륜)**，未足恃也**(미족시야)**．齊勇如一**(제용여일)**，政之道也**(정지도야)**．剛柔皆得**(강유개득)**，地之理也**(지지리야)**．**

【직역】

이러므로(是故) 말들(馬)을 풀어주고(方) 수레바퀴(輪)를 파묻는(埋) 것은 충분한(足) 믿음(恃)을 주는 것이 아니(未)다(也). 용사들(勇)을 질서정연(齊)하게 하나(一)와 같게(如) 하는 것은 지휘통솔(政)의(之) 이치(道)다(也). 부대의 굳셈(剛)과 부드러움(柔)을 모두(皆) 얻는(得) 것은 지형(地)의(之) 이치(理)이다(也).

方(방): 모(네모), 방위, 나란히 하다, 놓아주다
埋(매): 묻다, 파묻다, 감추다   輪(륜): 바퀴, 수레
政(정): 정사, 정치, 바로잡다, 지휘통솔, 치다

【의역】

'方馬埋輪(방마매륜)'하는 것과 같은 강압적인 방식만으로는 부대원들을 죽기 살기로 싸우게 만들기는 충분하지 않다. 부대원 전체를 일제히 용감하게 만드는 것은 지휘관의 지휘통솔력이다. 그리고 지형

의 유불리를 알고 상황에 따라 부대를 운용해야 승수효과를 발휘할 수 있다.

【해설】

대부분 해설서에서 '方馬埋輪(방마매륜)'을 '말을 사방에 매어두고, 수레바퀴를 땅에 묻는다'로 해석하고 있다. '왜 말을 사방에 매어두어야 하는가?'라고 반문해 보면 문맥이 맞지 않는다. '方(방)'을 '放(방)'으로 해석해야 자연스럽다. 유사한 사례로는 '파부침주(破釜沈舟)'가 있다. '솥을 깨뜨리고 배를 가라앉힌다'라는 뜻으로 싸움터로 나가면서 살아 돌아오기를 바라지 않고 결전(決戰)을 각오(覺悟)함을 이르는 말이다. 즉, 여기에서 살아서 돌아가겠다는 마음을 버리고 죽기를 각오한다는 의미로 말을 풀어주고 수레바퀴를 땅에 묻는 것이다.

일부 해설서에는 '齊勇如一(제용여일)'의 '如(여)'를 '若(약)'으로 표기하고 있다. 여기에서 '如(여)'와 '若(약)'은 '같다'라는 의미로 동일하다.

'政(정)'의 해석은 '정치'로 해석하는 경우도 있는데, 여기에서는 '지휘통솔'의 의미가 강하다.

'剛柔皆得(강유개득)'을 '강한 자와 나약한 자 모두에게 이익을 주는 것'으로 해석하는 경우가 있는데, 여기에서는 '부대의 강함과 부드러움을 모두 얻는다'라고 해석하는 것이 타당하다.

故善用兵者(고선용병자), **携手若使一人**(휴수약사일인), **不得 已也**(부득이야).

【직역】

그러므로(故) 용병(用兵)을 잘하는(善) 자(者)는 손으로(手) 끄는(携) 것이 한(一) 사람(人)을 부리는(使) 것과 같은(若) 것은 부득이(不得已) 함 때문이다(也).

携(휴): 끌다, 이끌다, 휴대하다　　　不得已(부득이): 부득이하다, 어쩔 수 없다

【의역】

용병을 잘하는 자가 부대 전체가 마치 한 사람이 손을 움직이는 것과 같게 하는 것은 부득이하게 그렇게 할 수밖에 없는 상황을 부대와 부하들에게 조성하기 때문이다.

【해설】

용병을 잘하는 자는 대부대이든 소부대이든 지휘통솔의 요체를 알기 때문에 부대와 부하를 자유자재로 운용할 수 있다.

將軍之事(장군지사), 靜以幽(정이유), 正以治(정이치), 能愚士卒之耳目(능우사졸지이목), 使之無知(사지무지). 易其事(역기사), 革其謀(혁기모), 使人無識(사인무식). 易其居(역기거), 迂其途(우기도), 使人不得慮(사인부득려).

【직역】

장군(將軍)의(之) 일(事)은 헤아리기 어려움(幽)으로(以) 냉정하고(靜), 다스림(治)으로(以) 공정하며(正), 능히(能) 부하들(士卒)의(之) 귀(耳)와 눈(目)을 어리석게(愚) 하여 부하들(之)로 하여금(使) 알지(知) 못하게(無) 한다. 그(其) 일(事)을 바꾸고(易), 그(其) 계략(謀)을 바꾸어(革) 적(人)으로 하여금(使) 알지(識) 못하게(無) 한다. 그(其) 거처(居)를 바꾸고(易), 그(其) 길(途)을 우회(迂)하여 적(人)으로 하여금(使) 헤아리지(慮) 못하게(不得) 한다.

靜(정): 고요하다, 냉정하다   幽(유): 그윽한, 헤아리기 힘들다
正(정): 엄정하다, 공정하다   愚(우): 속이다, 가리다, 어리석다, 우직하다
革(혁): 가죽, 고치다(바꾸다), 변경하다
易(역): 바꾸다, 쉽다(이)   慮(려): 생각하다, 꾀하다, 헤아리다

【의역】

장수가 할 일은 매사에 침착하고 깊은 데가 있어야 하며, 엄정하고 체계적이어야 한다. 부하들과의 정보 공유는 가려서 해야 한다. 임무를 바꾸고 계략을 융통성 있게 전환하는 등 적이 아군의 계획을 간파하지 못하도록 해야 한다. 또한 부대 배치를 바꾸고 일부러 돌아가는

등 적이 아군의 기도를 파악하지 못하도록 해야 한다.

【해설】

여기에서 부하들에게 정보를 알려주지 않는다는 것은 정보 공유도 가려서 해야 함을 말한다. 지위에 따라 알아도 되는 정보가 있고 알아서는 안 되는 정보도 있다. 이것은 적에게 정보가 누설되어 아군의 기도가 노출되면 안 된다는 것이다. 임무지휘는 부하와의 정보 공유에서 시작된다. 임무지휘의 본질은 최대한의 권한 위임에 있다. 그렇다고 모든 정보를 모든 부하와 공유할 수는 없다. 상황에 따라, 정보의 특성·수준에 따라 정보 공유의 범위도 달라진다.

대부분 해설서에서 '使人無識(사인무식)'과 '使人不得慮(사인부득려)'에서 '人(인)'을 아군 병사들로 해석하고 있는데, 여기에서는 아군 병사들이 아닌 '적'으로 해석하는 것이 타당하다. 중요한 작전계획을 아군 병사들이 알 수 없도록 하는 것의 궁극적인 목적은, 적이 아군의 작전계획을 알지 못하게 하기 위해서이기 때문이다. 만약 아군 병사를 대상으로 했다면 '人(인)' 대신에 '卒(졸)'이나 '士卒(사졸)'로 표기했어야 한다.

帥與之期(수여지기), **如登高而去其梯**(여등고이거기제). **帥與之深入諸侯之地**(수여지심입제후지지), **而發其機**(이발기기), **焚舟破釜**(분주파부), **若驅群羊**(약구군양), **驅而往**(구이왕), **驅而來**(구이래), **莫知所之**(막지소지). **聚三軍之衆**(취삼군지중), **投之於險**(투지어험), **此將軍之事也**(차장군지사야).

【직역】

장수(帥)가 병사들(之)에게 부여하는(與) 임무(期)는 높은 곳(高)에 오르게(登) 하고(而) 그(其) 사다리(梯)를 제거하는(去) 것과 같다(如). 장수(帥)가 병사들(之)과 함께(與) 제후(諸侯)의(之) 땅(地)에 깊숙이(深) 들어가(入)면(而) 쇠뇌(機)를 발사(發)하듯이 하고, 배(舟)를 불사르고(焚) 솥(釜)을 깨뜨리며(破), 양 떼(群羊)를 모는(驅) 것처럼(若) 몰아(驅)서(而) 가고(往) 몰아(驅)서(而) 오는(來) 방법으로 병사들이 가는(之) 곳(所)을 알지(知) 모르게(莫) 한다. 삼군(三軍)의(之) 부대(衆)를 모아(聚) 그들(之)을 험지(險)에(於) 투입(投)하는 것, 이것(此)을 장군(將軍)의(之) 일(事)이라 한다(也).

期(기): 약속, 기약, 기간, 시기, 규정, 임무
梯(제): 사다리, 오르다   帥(수): 장수
焚(분): 불사르다, 불태우다   驅(구): 몰다, 축출하다
聚(취): 모으다, 함께하다

【의역】

장수가 부하들에게 부여하는 임무는 부하들을 높은 곳에 오르게 하

고 사다리를 치우는 것과 같이 퇴로를 차단하여 오직 전투에만 전념하
도록 한다. 적진 깊숙이 들어가서는 강한 화살을 발사하듯 신속하게
부대를 움직인다. 그리고 배를 불사르며 솥을 파괴하는 강한 결전 의
지로 부하들이 어디로 가는지 모르게 하면서 오로지 자신이 지휘하는
대로 자유자재로 양 떼 몰 듯이 해야 한다. 전군을 위험지역에 투입하
여 필사의 전투역량을 발휘하게 하는 것이 장군이 해야 할 일이다.

【해설】

'登高而去其梯(등고이거기제)'는 『삼십육계』의 '상옥추제(上屋抽梯)'
와 같다. '焚舟破釜(분주파부)'는 『사기』『항우본기』의 '파부침주(破釜
沈舟 : 솥을 깨부수고, 배를 침몰시킨다)'와 같으며, '파부침선(破釜沈
船)', '기량침선(棄糧沈船 : 식량을 버리고 배를 침몰시킨다)'도 같은 말
이다.

....

九地之變(구지지변), **屈伸之利**(굴신지리), **人情之理**(인정지리),
不可不察也(불가불찰야).

【직역】

아홉(九) 가지 지형(地)의(之) 변화(變), 물러나고(屈) 나아가는(伸)
것의(之) 이점(利), 인간(人) 본성(情)의(之) 이치(理)는 살피지(察) 않
을(不) 수 없(不可)다(也).

屈(굴): 굽히다, 움츠리다, 물러나다   伸(신): 펴다, 펼치다, 나아가다

【의역】

아홉 가지 지형의 변화에 따라 불리하면 물러나고 유리하면 전진하는 것에 따른 이득을 알고, 인간의 본성에 따른 부하들의 심리적 변화를 세심히 관찰해야 한다.

【해설】

'屈伸之利(굴신지리)'를 일부 해설서에는 '굴복하여 후퇴하는 것과 진형을 펼쳐서 공격하는 것에 따른 이득'이라고 해석하고 있는데, '屈伸(굴신)'은 쉽게 몸을 '움츠리고 펴는 것'으로, '屈(굴)'이 굽힌다는 뜻이 있다고 '적에게 굴복하여 후퇴한다'하고, '伸(신)'이 '펴다'는 뜻이 있다고 '진영을 펼친다'로 해석하는 것은 문맥을 고려하지 않은 해석이다. 여기에서는 지형의 이점에 따라 물러나고 전진하는 일반적인 상황으로 해석해야 한다.

⋯⋯⋯⋯⋯⋯⋯⋯⋯⋯⋯⋯⋯⋯⋯⋯⋯⋯⋯⋯⋯⋯⋯⋯⋯⋯⋯⋯⋯⋯⋯⋯⋯⋯

凡爲客之道(범위객지도), **深則專**(심즉전), **淺則散**(천즉산). **去國越境而師者**(거국월경이사자), **絕地也**(절지야). **四達者**(사달자), **衢地也**(구지야). **入深者**(입심자), **重地也**(중지야). **入淺者**(입천자), **輕地也**(경지야). **背固前隘者**(배고전애자), **圍地也**(위지야). **無所往者**(무소왕자), **死地也**(사지야).

【직역】

무릇(凡) 아군이 침입자(客)가 되어서(爲)의(之) 이치(道)는 깊이(深) 들어가면(則) 하나(專)가 되고, 얕게(淺) 들어가면(則) 흩어지(散)는 것이다. 나라(國)를 떠나(去) 국경(境)을 넘어(越)서(而) 군대(師)를 부리는 곳(者)이 절지(絶地)다(也). 사방(四)으로 도로가 발달한(達) 곳(者)은 구지(衢地)다(也). 적 지역으로 깊이(深) 들어가는(入) 곳(者)은 중지(重地)다(也). 적지로 얕게(淺) 들어가는(入) 곳(者)은 경지(輕地)다(也). 배후(背)가 견고(固)하고 앞이(前) 좁은(隘) 곳(者)은 위지(圍地)다(也). 갈(往) 곳(所)이 없는(無) 곳(者)은 사지(死地)다(也).

越(월): 넘다, 넘어가다, 초과하다   境(경): 지경, 경계, 국경, 장소

【의역】

적 지역을 침입할 때의 이치는 적지 깊숙이 들어가면 병력이 마음이 하나가 되어 단결하고, 얕게 들어가면 심리적으로 흐트러진다. 자국을 출발하여 국경을 넘어서 부대를 운용하는 지역이 절지다. 도로가 사통팔달로 발달한 곳이 구지이다. 적의 종심으로 깊이 들어가 작전하게 되는 지역이 중지다. 적지로 얕게 들어가는 곳이 경지다. 뒤가 견고하고 앞이 좁아 진퇴양난의 지형이 위지다. 탈출구가 없는 곳이 사지다.

【해설】

'背固前隘者(배고전애자)'에서 '隘(애)'의 의미는 '좁다, 협소하다, 험하다'로 좁고 험하여 앞으로 이동하기가 어렵다는 뜻이다.

是故散地(시고산지), 吾將一其志(오장일기지). 輕地(경지), 吾將使之屬(오장사지속). 爭地(쟁지), 吾將趨其後(오장추기후). 交地(교지), 吾將謹其守(오장근기수). 衢地(구지), 吾將固其結(오장고기결). 重地(중지), 吾將繼其食(오장계기식). 圮地(비지), 吾將進其途(오장진기도). 圍地(위지), 吾將塞其闕(오장색기궐). 死地(사지), 吾將示之以不活(오장시지이불활).

【직역】

이러므로(是故) 산지(散地)에서 나는(吾) 장차(將) 마음이 흐트러지는 산지(其)에서의 뜻(志)을 하나(一)로 만들고, 경지(輕地)에서 나는(吾) 장차(將) 부대(之)로 하여금(使) 예·배속(屬)을 지시하며, 쟁지(爭地)에서 나는(吾) 장차(將) 적과 다투는 쟁지(其)의 배후(後)를 추격(趨)한다. 교지(交地)에서 나는(吾) 장차(將) 교지(其)에 대한 수비(守)에 신중(謹)을 기할 것이고, 구지(衢地)에서 나는(吾) 장차(將) 인접국가와 관련한 구지(其)에서의 외교적 단결(結)을 공고히(固) 할 것이며, 중지(重地)에서 나는(吾) 장차(將) 중지(其)에서의 군량(食)을 지속(繼)되도록 한다. 비지(圮地)에서 나는(吾) 장차(將) 행군이 불리한 비지(其)에서 가는 길(途)을 나아갈(進) 것이고, 위지(圍地)에서 나는(吾) 장차(將) 위지(其)의 탈출구(闕)를 막을(塞) 것이며, 사지(死地)에서 나는(吾) 장차(將) 살(活) 수 없다(不)는 것으로써(以) 부하들(之)에게 보여(示) 줄 것이다.

將(장): 장수, 장차, 만약   屬(속): 이어주다, 연계되어 있다

塞(색): 막다, 변방(새)   闕(궐): 틈, 돌파구, 통로, 파다, 탈출구

不活(불활): 살아남지 못하다

【의역】

산지에서는 자국 내라서 심리적으로 흐트러지기 쉬우므로 아군의 의지를 하나로 단결시키고, 경지에서는 부대를 예·배속 등의 지휘 관계를 긴밀하게 설정하여 긴밀하게 결속시킨다. 쟁지에서는 적의 약한 부위인 측·후방으로 진출하여 유리한 위치를 점하고, 교지에서는 적의 공격이나 기습에 대비해서 신중하게 방어한다. 구지에서는 인접 국가와 외교 관계를 공고히 하고, 중지에서는 군량 보급이 원활하게 지속되도록 한다. 비지에서는 머무르면 불리하므로 신속하게 통과하고, 위지는 뒤가 견고하고 앞이 좁은 진퇴양난의 지형이므로 탈출구를 막아 싸움에 전념하도록 하며, 사지에서는 살아남을 수 없다는 것을 보여 필사적으로 싸우게 한다.

【해설】

'塞其闕(색기궐)'의 의미는 뒤가 견고하고 앞이 좁은 진퇴양난의 지형인 위지에서 부하들이 전투에 전념하도록 '뒤쪽 탈출구를 막는다'라고 해석할 수 있다.

故兵之情(고병지정), 圍則禦(위즉어), 不得已則鬪(부득이즉투),
過則從(과즉종). 是故(시고), 不知諸侯之謀者(부지제후지모자),
不能預交(불능예교).

【직역】

그러므로(故) 병사들(兵)의(之) 본성(情)은 포위(圍)당하면(則) 방어
(禦)하고, 부득이(不得已)한 상황이면(則) 싸우며(鬪), 적의 공격이 과
도(過)하면(則) 명령에 따른다(從). 이래서(是故) 제후(諸侯)의(之) 모략
(謀)을 알지(知) 못(不)하면(者) 미리(預) 외교(交)를 맺을 수 없다(不能).

過(과): 질책하다, 과분하다, 잘못하다   從(종): 따르다, 좇다
預(예): 맡기다, 미리(=豫)

【의역】

전장에서 병사들의 심리는 포위된 상황에서는 힘을 다해 방어하고,
어쩔 수 없는 부득이한 상황이면 죽을 각오로 싸우며, 상황이 과도한
위험에 빠지면 명령에 복종한다. 그래서 주변국의 계략을 알지 못하면
미리 외교 관계를 맺을 수 없다.

【해설】

'過則從(과즉종)'의 '過(과)'를 '이 단계가 지나면', '위험이 많게 되면',
'위축되면'이라고 해석하는 경우가 있다. '過(과)'는 '禍(화)'와도 같다.
즉 '재앙'이 닥치면 명령에 따른다는 뜻도 가능하다. 여기서는 적에게
포위되고, 부득이하게 싸울 수밖에 없는 상황이 과도하게 심리적으로

압박할 때로 해석하는 편이 타당하다고 본다. 물론 적에게 포위되고, 부득이하게 싸우는 단계를 거치면 복종한다는 의미도 생각할 수 있다. 다른 측면에서도 생각해 볼 수 있다. 당시의 전쟁 동원 체계를 고려해 보면 부하들, 특히 병졸들이 강제 동원된 경우가 대부분일 것이다. 따라서 부하들이란 피동적인 면을 드러내는 것이 본능에 가까운 것이므로 '過(과)'를 '꾸짖다'로 봐도 비교적 무난하다. 이 경우 '過則從(과즉종)'는 '꾸짖으면 심리적으로 압박받아 따른다'로 해석할 수도 있다.

....

不知山林險阻沮澤之形者(부지산림험조저택지형자), **不能行軍**(불능행군). **不用鄕導**(불용향도), **不能得地利**(불능득지리).

【직역】

산림(山林), 험한 곳(險阻), 늪지(沮澤)의(之) 지형(形)을 모르(不知)면(者) 행군(行軍)이 불가능(不能)하다. 그 지역의 길을 안내하는 사람(鄕導)을 이용(用)하지 않으면(不) 지형(地)의 이점(利)을 얻을(得) 수 없다(不能).

【의역】

대부대를 지휘할 때 산림지역, 험한 지형, 늪지대 등의 지형적 특성을 잘 모르면 행군할 수 없다. 그리고 해당 지역을 가장 잘 아는 지역민을 이용하지 못하면 지형의 이점을 얻을 수 없다.

【해설】

'鄕導(향도)'을 '嚮導(향도)'로 표기해야 한다는 의견도 있다. 실제 길을 안내하고 인도하는 것을 '嚮導(향도)'라고 한다. 현대적 의미는 첨병의 개념이다. 하지만 여기에서는 적국으로 들어가 작전하는 상황이라 그 지역을 잘 아는 지역민을 통해 길을 안내받는 것으로 해석한다면 '鄕導(향도)'가 맞다고 본다. 고대로부터 현대에 이르기까지 가장 정확한 정보를 알고 있는 현지인을 활용하였고, 미래에도 향도를 활용하는 것이 역시 중요하다.

....

四五者(사오자), 不知一(부지일), 非霸王之兵也(비패왕지병야).

【직역】
구지(四五)에 대해서(者) 하나(一)라도 모르면(不知) 패왕(霸王)의 (之) 군대(兵)가 아니(非)다(也).

霸(패): 으뜸(=覇)

【의역】
아홉 가지 작전지역의 유불리에 대해서 하나라도 제대로 이해하지 못하고 그 활용 방법을 모르면 강대국의 군대라 할 수 없다.

【해설】
'四五(사오)'를 '넷과 다섯'이라는 '네댓'으로 해석하는 경우도 있다. 여기에서는 아홉 가지 지형인 구지(九地)에 관한 설명으로 '四(사)'는 자기 땅에서 작전하는 '主軍(주군)'을, '五(오)'는 다른 나라에 침입하여 작전하는 '客軍(객군)'을 설명하고 있으므로 '四(사)'와 '五(오)'를 합쳐

'九(구)'로 해석하는 것이 타당하다.

....

夫霸王之兵(부패왕지병), **伐大國**(벌대국), **則其衆不得聚**(즉
기중부득취). **威加於敵**(위가어적), **則其交不得合**(즉기교부득합).

【직역】

대체로(夫) 패왕(霸王)의(之) 군대(兵)가 대국(大國)을 정벌(伐)하면
(則) 적국(其)이 군대(衆)를 모으지(聚) 못한다(不得). 적(敵)에게(於)
위협(威)을 가(加)하면(則) 적국(其)이 외교(交)로 합치지(合) 못한다
(不得).

伐(벌): 치다, 베다, 공훈　　　　　合(합): 연합하다, 결합하다

【의역】

당시에는 병농일치제가 주류를 이루었기 때문에 대국인 적국을 정
벌하면 영토가 크기 때문에 적국이 시기를 놓쳐 정상적인 군대를 조직
할 수 없고, 힘이 센 국가가 적국에게 위협을 가하면 적국이 원조받을
수 있는 인접국가와 동맹 관계를 맺기 어렵다.

【해설】

'其交不得合(기교부득합)'에서 '合(합)'은 '합치다, 연합하다'의 의미
로, 적국이 주변국과의 외교 관계를 맺지 못한다는 뜻이다.

是故(시고), 不爭天下之交(부쟁천하지교), 不養天下之權(불양천하지권), 信己之私(신기지사), 威加於敵(위가어적). 故其城可拔(고기성가발), 其國可隳也(기국가휴야).

【직역】

이래서(是故) 천하(天下)의(之) 외교(交)를 다투지(爭) 않고(不), 천하(天下)의(之) 권세(權)를 키우지(養) 않고서도(不), 자국(己)의(之) 개인적인(私) 힘을 믿고(信), 위세(威)를 적(敵)에게(於) 가(加)해야 한다. 그래서(故) 적(其)의 성(城)을 공격하면 함락(拔)시킬 수(可) 있고 적(其)의 국가(國)를 무너뜨릴(隳) 수(可) 있다(也).

養(양): 기르다, 지키다, 받들다, 키우다, 양성하다
拔(발): 빼앗다, 취하다　　　　　　隳(휴): 무너뜨리다, 깨뜨리다

【의역】

패권을 장악한 나라가 대국을 정벌하면 적국은 지레 겁먹고 전투 의지를 상실하기도 하고 다른 나라들이 알아서 외교 관계를 맺으려고 한다. 따라서 외교 관계를 맺는 데에, 또 다른 나라를 향해 세력을 키우는 일에 과도하게 힘을 낭비할 필요가 없다. 자기 나라의 역량에 신념을 갖고 그 힘으로 다른 나라를 대하면 능히 적의 성을 함락시킬 수 있고, 적국을 무너뜨릴 수 있다.

【해설】

'信己之私(신기지사), 威加於敵(위가어적)'에 대한 해석은 '私威(사

위)'를 붙여서 '자국의 개인적인 위세를 적에게 가할 수 있음 믿는다'로 할 수도 있다. '私(사)'와 '威(위)'를 떨어뜨려 '자국의 개인적인 힘을 믿고, 위세를 적에게 가한다'로 해석하는 것이 더 타당하다.

....

施無法之賞(시무법지상), 懸無政之令(현무정지령), 犯三軍之衆(범삼군지중), 若使一人(약사일인).

【직역】

법(法)에 없(無)는(之) 상(賞)을 시행(施)하고, 군정(政)에 없(無)는(之) 명령(令)을 내걸어(懸) 전군(三軍)의(之) 병력(衆)을 이끄는(犯) 것을 한(一) 사람(人)을 부리는(使) 것과 같다(若).

懸(현): 매달다, 걸다, 공포하다　　　犯(범): 부리다, 통제하다, 이끌다, 범하다

【의역】

전장에서 지휘통솔력이 뛰어난 지휘관은 상황변화에 따라 융통성 있게 상을 주고 명령을 내릴 수 있다. 마치 한 사람을 부리는 것처럼 군사 분야 전반을 자유자재로 이끌어 갈 수 있다.

【해설】

일부 해설서에서 '犯三軍之衆(범삼군지중), 若使一人(약사일인)'을 '군병을 범법자처럼 억눌러서 한 사람을 통제하는 것처럼 한다'라고 하는데, 여기에서는 '犯(범)'의 해석을 '부리다', '이끌다', '지휘하다' 등으로 해석하는 것이 타당하다.

상과 명령을 시행하면서 법을 어기라는 것이 아니다. 상과 명령 등 모든 제도는 변화무쌍한 전장 상황에서 일률적으로 적용할 수 없다. 따라서 이를 적용하는 데 융통성 있게 적용하여야 한다. 그렇다고 법을 어기게 된다면 기강이 흐트러지게 되므로 법의 테두리 안에서 적용해야 할 문구이다.

....

犯之以事(범지이사), **勿告以言**(물고이언). **犯之以利**(범지이리), **勿告以害**(물고이해).

【직역】

군대(之)를 임무(事)로써(以) 이끌고(犯) 말(言)로써(以) 알리지(告) 말라(勿). 군대(之)를 이익(利)으로써(以) 이끌고(犯) 해로움(害)으로써(以) 알리지(告) 말라(勿).

事(사): 직무, 임무, 일, 까닭   告(고): 알리다, 가르치다, 깨우치다

【의역】

군대 지휘를 행동이 아닌 말로만 하는 경우와 위협이나 처벌을 내세워 지휘하는 것은 소극적이고 수동적인 군대만 만들 뿐이다. 부대를 이끌 때는 말이 아닌 행동 위주의 임무를 부여하고, 처벌 중심이 아닌 다양한 이익을 제시하여 이끌면 더욱더 효과적이다.

【해설】

일부 해설서에 '犯之以事(범지이사), 勿告以言(물고이언)'의 해석을

'단지 임무로 병사들을 지휘하고, 병사들에게 전반적인 의도를 알려주어서는 안 된다'라고 해석하여, '言(언)'의 의미를 '말'이 아닌 '이치, 의도'로 보고 있기도 하다. 이는 병사들을 아군의 작전계획을 모르도록 해야 한다는 당위성을 강조하고 있다.

....

投之亡地然後存(투지망지연후존), **陷之死地然後生**(함지사지연후생). **夫衆陷於害然後能爲勝敗**(부중함어해연후능위승패).

【직역】

군대(之)를 망(亡)하는 땅(地)에 투입(投)한 연후(然後)에야 존재할(存) 수 있고, 군대(之)가 죽음(死)의 땅(地)에 빠진(陷) 연후(然後)에야 살아남을(生) 수 있다. 대체로(夫) 군대(衆)는 위험(害)에(於) 빠진(陷) 연후(然後)에 능히(能) 승패(勝敗)를 알(爲) 수 있다.

爲(위): 다스리다, 알다   陷(함): ~에 빠지다, 함락하다, 함정

【의역】

군대가 망할 지형에 투입된 그 후에야 존재할 수 있고, 죽음의 땅에 빠진 그 후에야 살아남게 된다. 군대는 위험에 빠진 후에 능히 승패를 장수의 뜻대로 다스릴 수 있다.

【해설】

군대는 위험한 상황에 처했을 때 위기극복 능력을 키울 수 있고, 위험한 전투상황을 경험해야 더 잘 싸울 수 있다. 위험한 상황에 처했을

때 장수가 승패를 다스릴 수 있게 되어 승리를 만들어 낼 수 있다.

일부 해설서에서 '陷(함)'을 '함정'이라고 해석하는 경우가 있는데, 여기서는 '~에 빠지다'로 해석하는 것이 타당하다.

여기에서의 '爲(위)'는 승패를 '다스리다' 내지는 '만들다', '지배하다', '알다'로 해석하는 것이 타당하다. 군대가 망지나 사지와 같은 위험에 처한 이후에 지휘관을 핵심으로 일치단결 여부가 결정되기 때문에 승패를 '다스리다', '만들어 내다', '안다'라고 한 것이다.

···

故爲兵之事(고위병지사), **在於順詳敵之意**(재어순양적지의), **并敵一向**(병적일향), **千里殺將**(천리살장), **是謂巧能成事者也**(시위교능성사자야).

【직역】

그러므로(故) 용병(兵)의(之) 일(事)을 하는(爲) 것은 거짓(詳)으로 적(敵)의(之) 의도(意)를 따르는(順) 것에(於) 있다(在). 적(敵)과 어울려(并) 한(一) 방향(向)으로 가다가 천(千) 리(里)의 적장(將)을 죽이(殺)는 것이다. 이를(是) 일러(謂) 교묘(巧)하게 일(事)을 능히(能) 이루는(成) 것(者)이라고 한다(也).

詳(양): 거짓(=佯), 자세하다(상)　　并(병): 아우르다(=竝, 倂), 나란히, 합하다

【의역】

전쟁은 속임수이기 때문에 적을 속여서 아군의 작전 목적을 달성하는 것이 무엇보다 중요하다. 적의 의도대로 상황을 조성하여 적을 속

이고, 교묘한 일 처리로 원거리에 있는 적의 장수를 죽이는 것이다.

【해설】

'并敵一向(병적일향)'의 해석을 '적을 한 방향으로 유인하여', '적을 한 방향으로 몰아넣어', '적과 나란히 한 방향으로 가는듯하여'라고 다양하게 하고 있다. 여기에서는 거짓으로 적의 의도에 따른 것에 착안하여 '적과 함께 어울려 한 방향으로 가다가'로 해석하는 것이 더 타당하다.

일부 해설서에는 '是謂巧能成事者也(시위교능성사자야)'의 '是(시)' 대신에 '此(차)'로 표기하고 있다. '是(시)'와 '此(차)'는 '이것, 이에'라는 같은 의미다.

．．．

是故政擧之日(시고정거지일), **夷關折符**(이관절부), **無通其使**(무통기사), **勵於廊廟之上**(여어낭묘지상), **以誅其事**(이주기사).

【직역】

이러므로(是故) 전쟁(政)을 거행(擧)하는(之) 날(日)에는 관문(關)을 막고(夷), 통행증(符)을 잘라버린다(折). 적(其) 사신(使)의 통행(通)을 금지(無)하고, 조정회의(廊廟之上)에서(於) 전의를 독려(勵)하며, 그(其) 일(事)을 형벌(誅)로써(以) 엄격하게 시행한다.

政(정): 정사, 법, 정벌(征伐)하다 　　　擧(거): 일으키다, 일어나다
夷(이): 오랑캐, 멸하다, 닫아 막다 　　　折(절): 부러뜨리다, 훼손시켜 없애다
符(부): 고대에 쓰던 전령이나 통행의 증명 　勵(려): 힘쓰다, 생각하다

廊廟(낭묘): 조정의 대사를 보던 사당　　誅(주): 베다, 형벌, 다스리다

【의역】

출병(전쟁의 시작)하는 날에는 비밀을 유지하기 위해 국경의 관문을 막고 일반인의 통행을 차단하며 인접 국가의 사신 왕래를 금지한다. 국가 최고회의에서는 전의를 독려하고 이와 관련된 기밀이 누설되지 않도록 엄격하게 시행한다.

【해설】

'以誅其事(이주기사)'를 '그 일을 다스린다', '그 일을 엄히 단행한다', '전쟁에 관한 일을 결정한다' 등으로 해석이 다양하다. 여기에서는 전쟁하는 날은 기밀유지가 중요하기 때문에 '형벌로써 그 일을 엄격하게 시행한다'라고 해석하는 것이 타당하다.

....

敵人開闔(적인개합), **必亟入之**(필극입지), **先其所愛**(선기소애), **微與之期**(미여지기), **踐墨隨敵**(천묵수적), **以決戰事**(이결전사).

【직역】

적(敵人)이 성문(闔)을 열(開) 때 반드시(必) 빠르게(亟) 그곳(之)에 들어가(入) 적(其)이 소중하게(愛) 여기는 곳(所)을 선점(先)하고, 선점한 곳을 주겠다(與)는(之) 약속(期)을 숨기며(微), 적(敵)에 따라(隨) 조용히(墨) 계획을 밟다가(踐) 결전(決戰)으로써(以) 일(事)을 행한다.

闔(합): 문, (문을) 닫다　　　　　　亟(극): 신속하다, 조급하다, 삼가다

微(미): 아니다, 없다, 작다, 적다, 숨기다

期(기): 기일, 약속, 만나다　　　　　踐(천): 밟다, 실천하다, 이행하다

墨(묵): 먹(선), 검다, 조용하다, 말이 없다

【의역】

　적이 방심한 틈이 보이면 신속하게 진입하여 적의 요충지를 기습적으로 탈취한다. 적에게 탈취한 요충지를 주겠다는 약속을 하지 않고, 적의 상황에 따라 아군의 계획을 조용히 실천하다가 결전을 행사한다.

【해설】

　'開闔(개합)'을 '열고 닫는다'로 대부분 해석하고 있는데, 여기에서는 적이 성문을 열 때 신속하게 침입하는 것이므로 '闔(합)'을 '성문'으로 해석하는 게 타당하다.

　'微與之期(미여지기)'를 '미세한 틈을 기다린다', '기습의 날짜를 공유한다', '조금씩 주며 지나간다', '적과 날짜를 정하여 교전하지 않는다'라고 해석하는 경우가 있는데, 여기에서는 적이 중요하게 여기는 곳을 선점한 상태로 되돌려 주겠다는 약속을 확답하지 않고 숨기는 것으로 해석하는 게 타당하다.

　'踐墨隨敵(천묵수적)'을 '병법과 적 상황에 따라', '적군의 상황에 따라', '적의 상태에 따라 계획을 밟아'로 다양하게 해석하고 있다.

是故始如處女(시고시여처녀), **敵人開戶**(적인개호), **後如脫兔**(후여탈토), **敵不及拒**(적불급거).

【직역】

이러므로(是故) 처음(始)에는 처녀(處女)처럼(如) 하다가 적(敵人)이 문(戶)을 개방(開)하면 후에는(後) 도망(脫)가는 토끼(兔)와 같이(如) 신속하게 되니, 적(敵)이 저항에(拒) 이르지(及) 못하도록(不) 한다.

戶(호): 집, 문   兔(토): 토끼(=兔)

【의역】

전쟁 전에는 처녀처럼 연약하고 조용하게 행동하여 적의 방심을 유도하여 약점을 노출하게 하고, 전쟁이 발발하면 탈출하는 토끼처럼 신속하게 행동하여 적이 미처 저항하지 못하게 한다.

【해설】

'脫兔(탈토)'의 의미는 '도망치는 토끼'로 '군대의 행동이 빠르고 신속함'을 뜻한다.

구지(九地) 후술

　구지 편은 아홉 가지 지형에 관한 상황별 전법(戰法)을 기술하고 있다. 손자는 전쟁 상황에서 군대가 처하게 되는 일반적인 지형에 관한 전투 수행방법과 지휘통솔에 능하지 못하면 강대국이 될 수 없다고 했다. 전쟁을 수행하는 지도자와 군 지휘관은 반드시 기상과 지형이 작전에 미치는 유불리를 통찰하고 지휘통솔에 접목할 수 있어야 한다.

　손자는 이상적인 군대를 상산(常山)의 뱀인 '솔연'으로 비유하고 있다. 솔연이라는 뱀은 머리를 치면 꼬리가 달려들고, 꼬리를 치면 머리가 달려들며, 몸통을 치면 머리와 꼬리가 동시에 달려든다고 했다. 이는 어떠한 상황에서도 대처할 수 있도록 소부대로부터 대부대에 이르기까지 상호 통합된 작전이 가능하도록 평상시부터 철저하게 부대를 훈련해야 함을 말하는 것이다.

　독일이 제1차 세계대전에서 패한 후 바르사유조약의 제약 조건에서도 제2차 세계대전인 프랑스와의 전쟁, 그리고 소련과의 초기전투에서 승리할 수 있었던 것은 군에 대한 치밀한 재건 덕분이었다. 이때 철저한 훈련이 바탕이 되었다. 전쟁에서 승리한 대부분은 철저한 훈련을 통해 상하가 일치단결되고, 공동의 전술관이 형성되어 상급 지휘관의 의도대로 부대가 움직일 수 있을 때였다.

　제2차 세계대전 당시 지형의 특징을 역으로 이용한 대표적인 사람이 독일의 만슈타인이다. 만슈타인은 제1차 세계대전의 성공적 작전 사례인 슐리펜계획을 답습하였다. 아르덴 숲을 돌파하는 계획에 대해 모두가 반대하였지만, 지형과 적의 기도를 잘 간파한 융통성 있고 창의적인 계획을 시행으로 옮겨 성공적인 작전을 펼쳤다.

소련의 독소전쟁의 영웅인 주코프는 원래 빈농의 아들로 가죽공장의 직공이었다. 징집되어 병사로 복무하다가 부사관에 발탁되고, 나중에는 장교교육을 받고 장교로 임관한 경우다. 주코프는 엄격한 훈련과 우수한 지휘로 승승장구한다. 그는 훈련의 중요성을 몸소 실천한 인물이다.

제12편 화공(火攻)

화공 편에서는 불로 공격하는 원리를 설명하고 있다. 화공에는 때와 날이 있다. 본 편에서는 화공의 실시 방법과 필수 요건을 설명하고 있다. 그리고 군주와 장수는 전쟁에 있어서 개인적인 감정이나 분노를 뒤로하고 신중해져야 함을 강조하고 있다.

'화공(火攻)'이란 불로 적을 공격하는 것을 말한다. 고대로부터 화공은 수공(水攻)과 함께 공격 수단의 하나로 큰 위력을 발휘했다. 무경칠서 중 하나인『사마법(司馬法)』「정작(定爵)」편에서 '칠정(七政)[47]' 중 하나를 '五日火(오왈화)'라 하면서 화공을 제시하고 있다.

손자는 화공에는 다섯 가지가 있다고 말한다. 첫째는 적의 병사를 불로 공격하는 화인(火人)이고, 둘째는 적의 쌓아 놓은 군수물자를 불로 공격하는 화적(火積)이다. 셋째는 적의 수송물자를 불로 공격하는 화치(火輜)이며, 넷째는 적의 보급창고를 불로 공격하는 화고(火庫)이다. 마지막 다섯째는 적의 군대(진영)를 불로 공격하는 화대(火隊)이다. 아울러 불은 지르는 시기는 날씨가 건조하고 바람이 잘 부는 날

---

47) 지휘관이 지켜야 할 '일곱 가지 규칙'을 말한다. 이 중 다섯 번째가 화공법이다.

을 택하라고 강조한다.

손자는 다섯 가지 상황변화에 따른 화공을 준칙을 설명한다. 준칙 다섯 가지는 다음과 같다. 첫째는 불이 적진 내부에서 발생하면 즉시 외부에서 호응해야 하고, 둘째는 적진에 화재가 발생했는데도 동요가 없으면 섣불리 공격하지 않는 상태에서 상황을 예의주시해야 하며, 셋째는 불길이 최고조에 달했을 때 진격이 가능하다면 진격하고 불가능하다면 멈춰야 한다. 넷째는 적진 밖에서 불을 지를 수 있다면 적진 내부의 사정을 고려하지 않고 불이 잘 일어나는 시기를 보아서 화공을 실시하고, 다섯째 화공은 바람이 적 방향으로 불 때 실시하고 아군 방향일 때는 해서는 안 된다. 아울러 낮에는 바람이 많이 불고, 밤에는 바람이 멎는 자연현상을 고려해야 한다고 강조한다.

손자는 전쟁에서 신중론을 펴고 있다. 군주와 장수는 전쟁은 사전에 심사숙고하여 승산이 있을 때 하는 것이지, 유리하지 않다면 함부로 군대를 움직이지 말고 이득이 없어도 군대를 일으키지 말며 국가가 위태롭지 않으면 전쟁해서는 안 된다고 한다. 그리고 군주와 장수는 개인적인 감정으로 전쟁해서는 안 되고, 오직 이익에 부합했을 때 군대를 동원하고 이익에 부합하지 않으면 싸우지 말아야 한다고 기술하고 있다.

孫子曰(손자왈)**, 凡火攻有五**(범화공유오)**, 一曰火人**(일왈화인)**,
二曰火積**(이왈화적)**, 三曰火輜**(삼왈화치)**, 四曰火庫**(사왈화고)**,
五曰火隊**(오왈화대)**.**

【직역】

손자(孫子)가 말하길(曰), 무릇(凡) 화공(火攻)에는 다섯(五) 가지가
있다(有). 첫째는(一) 사람(人)을 불태우는(火) 것이요(曰), 둘째는(二)
비축물자(積)를 불태우는(火) 것이요(曰), 셋째는(三) 적의 보급부대
(輜)를 불태우는(火) 것이요(曰), 넷째는(四) 보급창고(庫)를 불태우는
(火) 것이요(曰), 다섯째는(五) 적 부대(隊)를 불태우는(火) 것이다(曰).

積(적): 쌓다, 더미   輜(치): 짐수레, 치중
庫(고): 창고, 곳간   隊(대): 무리, 군대, 행렬

【의역】

'火攻(화공)'에는 다섯 가지가 있다. 첫째는 적 인원이나 군마를 살
상하는 것이고, 둘째는 쌓아 놓은 보급품을 불사르는 것이고, 셋째는
보급품을 실어 나르는 수레가 중심이 되는 치중대를 공격하는 것이고,
넷째는 적의 보급품 등을 보관하는 창고를 불태우는 것이고, 다섯째는
적 부대를 불로 공격하여 대형을 깨뜨리는 것이다.

【해설】

'火攻(화공)'은 '불로 하는 공격'으로 현대전의 '화력전'과 비교할 수
있다. 첫째와 다섯째는 적 인원과 부대를 화력으로 공격하여 살상 또

는 대형(행렬)을 파괴하는 것이고, 둘째와 셋째, 넷째는 적의 군수물자를 공격하여 전투나 전쟁 지속능력을 파괴하는 것이다.

일부 해설서에서 '火隊(화대)'의 '隊(대)'를 '도로(=隧)'로 해석하여 '적의 군사적인 교통과 보급 수송로를 불사른다'라고 해석하고 있다. 수송로를 불사르는 조건을 고려해 보면 교량, 요충지 잔도, 선박 등을 불사른다는 것이다.

⋯⋯⋯⋯⋯⋯⋯⋯⋯⋯⋯⋯⋯⋯⋯⋯⋯⋯⋯⋯⋯⋯⋯⋯⋯⋯⋯⋯⋯⋯

行火必有因(행화필유인), **煙火必素具**(연화필소구), **發火有時** (발화유시), **起火有日**(기화유일).

【직역】

화공(火)을 행(行)함에는 반드시(必) 조건(因)이 있으니(有), 불(火)을 연소(煙)시키기 위해서는 반드시(必) 평소(素) 도구(具)가 구비되어야 하고, 불(火)을 일으키는(發) 때(時)가 있으며(有), 불(火)이 일어나는(起) 날(日)이 있다(有).

煙(연): 연기, 연소, 안개　　　　　起(기): 일어나다, 일으키다, 시작하다

【의역】

불로 적을 공격하기 위해서는 불을 붙일 수 있는 도구를 평소에 갖춰야 하고, 건조한 대기 상태 등 불을 피우는 적당한 때가 필요하며, 바람이 부는 날과 방향 등 불을 일으키는 일자를 고려해야 한다.

불로 적을 공격하기 위해서는 발화 도구, 발화 시간, 발화 일자 등 조건이 맞았을 때 가능함 함을 강조하고 있다.

....

時者(시자), **天之燥也**(천지조야). **日者**(일자), **月在**(월재), **箕** (기), **壁**(벽), **翼**(익), **軫也**(진야). **凡此四宿者**(범차사수자), **風起 之日也**(풍기지일야).

【직역】

적당한 때(時)란(者) 하늘(天)이(之) 건조함(燥)을 말한다(也). 알맞은 날(日)이란(者) 달(月)이 기(箕), 벽(壁), 익(翼), 진(軫)의 자리에 있을(在) 때다(也). 무릇(凡) 이(此) 네(四) 가지의 별자리(宿)는(者) 바람(風)이 일어나(起)는(之) 날(日)이다(也).

燥(조): 마르다, 건조하다   箕(기): 키, 삼태기, 별의 이름
壁(벽): 벽, 별의 이름   翼(익): 날개, 진형의 이름, 별의 이름
軫(진): 수레 뒤턱, 별의 이름   宿(수): 별자리, 잠자다(숙)

【의역】

적당한 때란 날씨가 건조할 때이다. 알맞은 날이란 달의 운행이 기, 벽, 익, 진의 별자리에 있는 날이다. 이 네 별자리는 통상 바람이 크게 일어나는 날이다.

화공을 위한 최상의 조건은 건조한 기후와 바람이 부는 날이다. 물론 현대전에서는 기후에 크게 제한 없이 화력전을 수행할 수 있다.

고대 동양 천문학에서 28수(宿)의 별자리로 방위의 표준을 삼았다.

동남방(靑龍) : 각(角), 항(亢), 저(氐), 방(房), 심(心), 미(尾), **기(箕)**
동북방(玄武) : 두(斗), 우(牛), 여(女), 허(虛), 위(危), 실(室), **벽(壁)**
서북방(白虎) : 규(奎), 루(婁), 위(胃), 묘(昴), 필(畢), 자(觜), 삼(參)
서남방(朱雀) : 정(井), 귀(鬼), 유(柳), 성(星), 장(張), **익(翼)**, **진(軫)**

고대인들은 기(箕, 궁수자리), 벽(壁, 페가수스자리, 안드로메다자리), 익(翼, 술잔자리, 바다뱀자리), 진(軫, 까마귀자리)은 바람을 타는 별로 기성(箕星)에서는 북동풍이, 벽성(壁星)에서는 북서풍이, 익성(翼星)이나 진성(軫星)에서는 동남풍이 분다고 믿었다.

....

凡火攻(범화공)**, 必因五火之變而應之**(필인오화지변이응지)**, 火發於內**(화발어내)**, 則早應之於外**(즉조응지어외)**. 火發而其兵靜者**(화발이기병정자)**, 待而勿攻**(대이물공)**. 極其火力**(극기화력)**, 可從而從之**(가종이종지)**, 不可從而止**(불가종이지)**. 火可發於外**(화가발어외)**, 無待於內**(무대어내)**, 以時發之**(이시발지)**.**

【직역】

무릇(凡) 화공(火攻)에는 반드시(必) 다섯(五) 가지 불(火)의(之) 변화(變)에 따라(因) 그것(之)에 응(應)해야 한다. 불(火)이 적 내부(內)

에서(於) 발생(發)하면(則) 외부(外)에서(於) 그것(之)에 조기(早)에 응
(應)해야 한다. 불(火)이 발생(發)했으나(而) 적(其) 군사(兵)들이 조용
(靜)하면 기다리(待)고(而) 공격(攻)하지 않는다(勿). 그(其) 불길(火力)
이 치열(極)해져 공격(從)할 수 있으(可)면(而) 적(之)을 공격(從)하고,
공격(從)이 불가(不可)하면(而) 중지(止)한다. 외부(外)에서(於) 불(火)
을 일으킬(發) 수(可) 있으면 내부(內)에 대해서(於) 기다리지(待) 말고
(無) 시기(時)에 맞춰(以) 그곳(之)에 불을 지른다(發).

무(早): 이르다, 일찍　　　　極(극): 지극하다, 다하다, 세차다, 북극성

【의역】

불이 일어나는 상황의 변화에 적절하게 대응해야 한다. 적진 내에서
발화가 되면 외부에서 호응하여 공격하되, 적진에 동요가 없다면 적의
계략이거나 불길의 효과가 크지 않을 수 있으므로 공격하지 않고 기다
린다. 불길이 치열했을 때 공격이 가능하면 공격하고, 공격이 불가하
면 공격을 중지한다. 외부에서 발화시킬 수 있다면 내부 상황과 무관
하게 화공을 실시한다.

【해설】

'極其火力(극기화력)'의 해석을 '그 불길이 다했을 때'로 하는 경우가
있는데, 불길이 다한 상황은 불길이 꺼진 상황으로, 불길이 꺼진 상황
은 화공의 효과가 소멸된 상황이다. 따라서 여기에서는 '불길이 가장
치열했을 때'로 적의 진영이 혼란으로 가득할 때를 말한다.

火發上風(화발상풍), 無攻下風(무공화풍), 晝風久(주풍구), 夜風止(야풍지). 凡軍必知有五火之變以數守之(범군필지유오화지변이수수지).

【직역】

불(火)은 윗바람(上風, 등진 바람)일 때 지르고(發), 아랫바람(下風, 안은 바람)일 때 공격(攻)하지 말라(無). 낮(晝)에는 바람(風)이 오래(久)가고 밤(夜)에 바람(風)은 그친다(止). 무릇(凡) 군대(軍)는 반드시(必) 다섯(五) 가지 불(火)의(之) 변화(變)가 있다(有)는 것을 알고(知), 방법(數)에 따라(以) 그것(之)을 따른다(守).

數(수): 셈, 이치, 규칙, 책략, 방법, 자주(삭)

【의역】

불길이 아군 방향으로 오지 않도록 바람을 등지고 불을 지르고, 바람을 안고서 공격해서는 안 된다. 통상 낮에는 바람이 오래도록 불고, 밤에는 그친다. 군대를 운용할 때는 반드시 다섯 가지 화공 운용법을 알고 그 이치에 맞게 실시해야 한다.

【해설】

'上風(상풍)'은 '위로 향하는 바람'이다. 아마도 공격을 전제로 선택된 용어로 추측된다. 방어하는 적은 높은 지대에 위치한 성이나 요새에 위치한다. 따라서 '上風(상풍)'은 공격하는 아군으로서는 '등진 바람'이다. 같은 이치로 '下風(하풍)'은 '아래로 향하는 바람'으로 공격하는 아군이 '안는 바람'이 된다. 산불을 진화할 때도 바람을 등지고 불길을 잡아야지, 불길을 안고서 진화하면 위험하다.

'以數守之(이수수지)'를 일부 서적에서는 '화공의 조건이 맞을 때까지 수비하며 오래 기다린다', '헤아려 따라야 한다'라고 해석하는 경우도 있다. 여기에서 '數(수)'는 작전상황을 뜻하는 '방법', '이치', '책략'으로, '守(수)'는 불의 변화에 따른 화공법을 '고수한다', '지킨다', '따른다'로 해석하는 것이 타당하다.

....

故以火佐攻者明(고이화좌공자명), **以水佐攻者强**(이수좌공자강). **水可以絕**(수가이절), **不可以奪**(불가이탈).

【직역】

그러므로(故) 불(火)로써(以) 공격(攻)을 돕는(佐) 것(者)은 효과가 분명(明)하고, 물(水)로써(以) 공격(攻)을 돕는(佐) 것(者)은 효과가 강력(强)하다. 물(水)은 적 부대를 끊을(絕) 수는 있으나(可以), 적 부대를 없앨(奪) 수는 없다(不可以).

絕(절): 끊다, 막다, 끊어지다, 분할시키다   奪(탈): 빼앗다, 탈취하다, 없애다

【의역】

전투 시에는 화공을 이용하여 공격을 보조하는 것은 확실히 효과가 있고, 수공으로써 공격을 돕는 것은 효과가 강력하다. 하지만 물로써 공격하는 것은 적 부대의 대형이나 보급선을 끊을 수는 있을지라도, 화공처럼 적의 생명을 빼앗거나 군수물자를 파괴할 수는 없다.

화공과 수공의 특성, 상황을 고려하여 적용해야 함을 내포하고
있다. 무조건 화공이 수공보다 효과적이라고 판단하면 안 된다. 수공
을 효과적으로 운용하면 적 부대를 괴멸시킬 수 있다. 실례로 을지문
덕 장군의 살수대첩이나, 강감찬 장군의 귀주대첩(흥화진전투[48])이 대
표적이다. 화공을 받으면 맞불을 놓아 적 공격을 약화할 수 있다.

'以火佐攻者明(이화좌공자명), 以水佐攻者强(이수좌공자강)'에 관한
해석은 다양하다. '者明(자명)'에 몰입하여 '者(자)'를 '현명한 사람, 강
한 사람'이라고 하거나, '强(강)'이 가지고 있는 일부 뜻만 고려하여 '물
로써 공격을 돕는 것은 강력한 아군을 얻을 수 있다'라고 해석하는 것
은 상황에 맞지 않는다.

···

夫戰勝攻取(부전승공취), **而不修其功者凶**(이불수기공자흉),
命曰費留(명왈비류). **故曰**(고왈), **明主慮之**(명주려지), **良將修
之**(양장수지).

【직역】

대체로(夫) 전쟁(戰)에 승리(勝)하고 적의 성이나 도읍을 공격(攻)하
여 취(取)하고도(而) 그(其) 공적(功)을 관리하지(修) 않(不)으면(者) 흉
(凶)하니, 이를 일러(命) 비류(費留)라고 한다(曰). 그래서(故) 말하길
(曰), 현명(明)한 군주(主)는 그것(之)을 고려(慮)하고 훌륭(良)한 장수
(將)는 그것(之)을 적절하게 처리한다(修).

---

48) 강감찬 장군이 실제 수공작전을 편 지역은 평안북도 의주 지역인 흥화진이다.

修(수): 닦다, 다스리다, 관리하다, 수리하다, 베풀다, 적절하게 처리하다
凶(흉): 흉하다, 흉악하다   費(비): 들이다, 쓰다, 소모하다, 방치하다
留(류): 보존하다, 관리하다, 정지하다, 멈추다, 흘러가다(=流)

【의역】

전쟁에 승리하여 적의 성이나 도읍을 공격하여 획득하고도 그 전과를 제대로 관리하지 않으면 군심이 흉해진다. 이를 말하길 시간과 노력, 자원 등을 낭비해 버렸다고 한다. 그래서 현명한 군주는 이것을 헤아리고, 훌륭한 장수는 이것을 적절하게 관리한다.

【해설】

'費留(비류)'에서 '費(비)'는 '(노력이나 돈을) 들이다', '쓰다', '소모하다', '위배하다', '거스르다', '너더분하다', '방치하다'의 뜻이고, '留(류)'는 '보존하다', '관리하다', '정지하다', '멈추다', '흘러가다'이다. 다양한 해석이 가능하다. '노력을 헛되이 기울여 낭비했다'는 측면으로 볼 수도 있고, '제대로 보존과 관리를 하지 않았다'는 측면에서 볼 수도 있다.

'不修其功(불수기공)'과 '良將修之(양장수지)'의 '修(수)'는 모두 '관리하다', '공고히 하다'의 뜻으로 보면 적절하다.

非利不動(비리부동), 非得不用(비득불용), 非危不戰(비위부전).
主不可以怒而興師(주불가이노이흥사), 將不可以慍而致戰(장불
가이온이치전).

【직역】

이익(利)이 없으(非)면 움직(動)이지 않고(不), 얻을(得) 수 없으(非)
면 용병(用)하지 않으며(不), 위태(危)롭지 않으(非)면 싸우지(戰) 않
는다(不). 군주(主)는 분노(怒)로 인해(以)서(而) 군사(師)를 일으켜서
(興)는 안 되고(不可), 장수(將)는 성난(慍) 일로 인해(以)서(而) 전투
(戰)를 치러서(致)는 안 된다(不可).

興(흥): 흥하다, 일으키다   慍(온): 성내다, 화를 내다
致(치): 이르다, 도달하다, 치르다

【의역】

이익이 없으면 출동하지 않고, 이득이 없으면 용병하지 않고, 위태
롭지 않으면 싸우지를 않는다. 군주는 개인적인 분노를 참지 못하여
많은 백성의 희생과 비용이 따르는 전쟁을 함부로 일으키지 말고, 장
수는 자신의 분을 이기지 못하여 전투해서는 안 된다는 것이다.

【해설】

전쟁과 전투는 신중해야 함을 말하고 있다. 국가의 이익에 부합하지
않으면 군사행동을 하지 말고, 승리의 확률이 낮으면 군대를 움직여서
는 안 되며, 국가가 위급한 경우가 아니라면 전쟁하지 않는다. 또한 국

가의 존망이나 국민의 현저한 이익이 걸린 사안이 아닌, 단지 지도자나 장수가 순간적으로 이는 감정이나 판단, 자신의 사적인 이익에 의해 전쟁을 일으키고 전투를 벌이는 일이 없어야 한다.

．．．

合於利而動(합어리이동), **不合於利而止**(불합어리이지). **怒可以復喜**(노가이부의), **慍可以復悅**(온가이부열). **亡國不可以復存**(망국불가이부존), **死者不可以復生**(사자불가이부생).

【직역】

이익(利)에(於) 부합(合)하면(而) 움직(動)이고, 이익(利)에(於) 부합(合)하지 않(不)으면(而) 중지(止)한다. 분노(怒)는 다시(復) 기쁨(喜)으로 바뀔 수가 있고(可以), 성냄(慍)은 다시(復) 즐거움(悅)으로 바뀔 수 있지만(可以), 멸망(亡)한 국가(國)는 다시(復) 존재(存)하는 것이 불가하고(不可以), 죽(死)은 자(者)는 다시(復) 살아(生)나는 것이 불가하다(不可以).

喜(희): 기쁘다, 즐겁다, 기쁨　　　悅(열): 기쁘다, 즐겁다, 기쁨
存(존): 보존하다, 존재하다　　　生(생): 태어나다, 살아나다(=活)

【의역】

전쟁은 국가의 이익에 합치되면 행동하고, 국가의 이익에 부합하지 않으면 중지한다. 개인적인 분노와 화는 시간이 지남에 따라 즐거움이나 기쁨으로 바뀔 수 있지만, 잘못 판단한 전쟁으로 인해 국가가 망하면 다시 존재하지 못하고 전쟁에서 죽은 사람은 다시 살아날 수 없다.

'合於利而動(합어리이동), 不合於利而止(불합어리이지)'는 전쟁의 기본 원칙은 오직 국가이익에 부합되어야 함을 강조하고 있다. 군주나 장수가 개인적인 희로(喜怒)에 따라 용병해서는 안 된다는 뜻이다.

....

故明君愼之(고명군신지), 良將警之(양장경지). 此安國全軍之道也(차안국전군지도야).

【직역】

그러므로(故) 현명(明)한 군주(主)는 이(之)를 신중(愼)하게 여기고, 훌륭(良)한 장수(將)는 이(之)를 경계(警)한다. 이것(此)은 나라(國)를 편안(安)하게 하고 군대(軍)를 온전(全)하게 하는 길(道)이다(也).

愼(신): 삼가다, 신중하다, 근신하다　　警(경): 경계하다, 경보하다, 경계

【의역】

나라의 존망이 걸린 만큼 전쟁에 대해서 군주와 장수는 신중해야 하고 경계해야 한다. 그래야 국가가 편안하고 군대를 온전하게 보존할 수 있다. 전쟁은 많은 국민과 군인의 희생이 따르고, 죽은 자는 살릴 수 없다. 전쟁을 쉽게 생각하고 자주 군대를 일으킨 국가는 대부분 망했다.

【해설】

'明君愼之(명군신지), 良將警之(양장경지)'는 군주와 장수는 신중한

자세로 전쟁에 임해야 한다는 의미다. 그래서 군주가 전쟁에 신중하면 나라가 안정되고, 장수가 용병에 신중하면 군대를 온전하게 보존할 수 있다는 뜻이다.

화공(火攻) 후술

화공작전의 대표적인 사례가 중국 3국 시대인 위·촉·오나라가 각축전을 벌이던 때의 적벽대전이다. 조조가 중국 북부를 통일하고 천하를 통일하기 위해 남부로 진격할 때, 손권과 유비 연합군이 적벽에서 마주하게 되었다. 수전(水戰)에 약한 위나라 군사들이 뱃멀미 환자들이 많이 나와 배들을 서로 쇠고리로 연결해 흔들림을 적게 하고 휴식을 취하며 기다리고 있었다. 이러한 약점을 간파한 오·촉 연합군은 화공(火攻)작전을 쓰기로 하였다. 바람이 동남풍이었을 때 속도가 빠른 몇 척의 배를 골라 장작과 마른풀을 잔뜩 싣고 기름을 부은 다음 겉을 포장으로 덮고, 흰 깃발을 달아 마치 항복하겠다는 듯이 서서히 접근했다.

이러한 모습에 위나라 군사들은 방심한 채 환호하기만 했다. 가까이에 이르렀을 때 배에 불을 붙여 재빨리 돌진시키자, 위나라군의 모든 배가 삽시간에 불길 속으로 묻혀 버렸고 강가의 진영까지 불바다가 되었다. 그와 때를 맞추어 연합군의 일제히 육로로 공격하였고 위나라군은 격멸되었다. 조조도 간신히 패잔병을 이끌고 겨우 도주하여 목숨만 부지하였다.

이처럼 화공작전은 화공을 위한 유리한 조건을 갖추었을 때 실시해야 함을 알 수 있다. 발화 도구(장작과 마른풀), 발화 시기(남동풍), 훈련된 인원(쾌속선), 적의 방심(거짓 항복) 등이 어우러져 성공한 것이다.

화공작전은 통상 성(城)이나 요새지를 공격할 때 사용된다. 우리나라 역사에서 대표적인 사례가 삼국시대인 642년에 백제군이 신라 대야성을 함락한 것이 그것이다. 김춘추의 사위이자 대야성의 도독인 김품석이 부하 장수인 검일의 아내를 빼앗자, 이에 앙심을 품고 백제군과 내통하여 창고에 불을 질러 백제가 성을 함락하는 데 도움을 줬다. 대야성의 함락에 대해 우리는 통상 검일의 방화 때문이라고만 생각하곤 한다. 하지만 백제의 장군 윤충이 사전에 대야성을 완전히 포위하여 외부의 지원을 차단하여 신라군의 사기를 떨어뜨린 상태에서 성을 공격했다는 사실을 간과해서는 안 된다.

제13편 용간(用間)

　용간 편에서는 적국에 관한 다양한 정보를 수집하는 간첩을 운용하는 방법에 관하여 설명하고 있다. 적정 파악은 승리의 전제조건인 만큼, 다섯 유형의 간첩을 활용하는 방법과 반간(反間)의 중요성을 강조하고 있다. 세계 각국은 고대로부터 현재에 이르기까지 정보전에 많은 심혈을 기울이고 있다. 미래에도 주도권을 잡기 위해 정보전은 더욱 중요할 것이다. 전쟁은 속임수를 바탕으로 하기에 적에 대한 정보는 무엇보다 소중하다. 적에게 승리하기 위해서는 인간정보, 기술정보, 신호정보 등 가용한 모든 수단을 활용한다. 하지만『손자병법』의 시대에는 '인간정보가 주된 정보 수단이었다'라는 점은 누구나 알 수 있는 부분이다.

　손자는 전쟁은 국민의 생사와 국가의 존망이 달린 중차대한 일이고, 수년 동안 대치하다가 하루 전투로 존망의 승부가 결정될 수 있기 때문에 간첩을 통한 정보 활동의 중요성을 역설하고 있다.

　손자는 간첩의 활용 종류를 다섯 가지(鄕間, 內間, 反間, 死間, 生間)로 분류하고 있다. 향간이란 적국의 주민을 간첩으로 쓰는 것이고, 내간이란 적국의 관리를 간첩으로 쓰는 것이다. 반간이란 적의 간첩을 역으로 쓰는 것이고, 사간이란 자기의 죽음으로써 외부에 거짓 정보를 흘리는 것을 말한다. 생간이란 적의 실정을 돌아와 보고하는 간첩을 말한다. 손자는 이 중에서 반간의 중요성을 역설하고 있다. 반간을 통해서 다른 간첩을 운용할 수 있고, 반간을 통해서 적의 실정을 정확히 알 수 있기 때문이다. 이런 이유로 손자는 반간을 후하게 대우하지 않으면 안 된다고 강조하고 있다.

손자는 간첩의 운용을 용병의 요체로 보고 있다. 왜냐하면, 간첩이 제공하는 정보에 의지하여 용병하기 때문이다. 그리고 오직 명석하고 현명한 군주와 장수만이 간첩을 운용할 수 있고 대업을 이룰 수 있다고 강조한다.

전쟁은 자기 집단의 이익을 위해 집단 간의 속임수를 기반으로 하는 투쟁이라고 할 수 있다. 그래서 전쟁은 얼마나 상대를 잘 속이고 상대의 전력을 잘 간파하느냐에 따라 승패가 달렸다 해도 과언이 아니다. 따라서 간첩의 운용이 무엇보다 중요하다. 간첩의 운용이 단순히 속임수를 기반으로 하기에, 기만적인 행위가 전부라고 해서, 정정당당하지 못한 행위라고 치부하거나 무시해서는 안 된다. 국가의 생존과 발전을 위해서는 전쟁을 예방하고 불가피한 경우에는 어떠한 기만과 속임수도 용인될 수 있다. 전쟁의 승패를 좌우하는 정보전에 대한 준비와 적극적인 운용의 중요성은 예나 지금이나 변화가 없다는 것을 명심해야 한다.

孫子曰(손자왈), 凡興師十萬(범흥사십만), 出征千里(출정천리), 百姓之費(백성지비), 公家之奉(공가지봉), 日費千金(일비천금). 內外騷動(내외소동), 怠於道路(태어도로), 不得操事者(부득조사자), 七十萬家(칠십만가).

【직역】

손자(孫子)가 말하길(曰), 무릇(凡) 군사(師) 십만(十萬)을 일으켜(興) 천 리(千里)의 원정(征)을 떠나면(出) 백성(百姓)의(之) 비용(費)과 국가(公家)의(之) 비용(奉)이 일일(日) 천금(千金)을 써야(費) 한다. 국내외(內外)가 소란(騷動)스럽고 도로(道路)에서(於) 왔다 갔다 하며 지쳐서(怠) 생업(事)에 종사(操)하지 못하는(不得) 사람(者)이 칠십만(七十萬) 가구(家)에 이른다.

費(비): 비용, 쓰다, 소모하다   公家(공가): 국가, 관공서
奉(봉): 비용   騷(소): 떠들다, 시끄럽다, 소동
騷動(소동): 문란하다, 소란하다, 동요하다
怠(태): 게으르다, 지치다   操(조): 잡다, 조종하다, 종사하다, 견지하다

【의역】

십만의 군대를 동원하여 천 리의 원거리에 출정하게 되면, 백성이 부담하는 비용과 국세가 하루에 천금이 소비된다. 전쟁 준비와 불안한 분위기로 나라의 안팎이 동요하고, 도로 위엔 동원된 백성이 지쳐 있다. 이로 인해 생업에 종사하지 못하는 가구가 70만에 이르게 된다.

'內外騷動(내외소동)'를 '나라의 안팎에서 소동(큰 사건이나 변)이 일어난다'라고 해석하는 해설서도 있다. 일면 일리가 있으나, 여기에서는 '국내외가 전쟁준비와 전쟁으로 동요하다'라는 의미로 접근하는 것이 타당하다.

'怠於道路(태어도로)'를 '도로 관리에 태만하다', '도로에 나앉는다', '도로에서 왔다 갔다 하다' 등으로 대부분 해석하고 있다. 여기에서는 '백성들이 식량 등 군수물자를 옮기는 등 전쟁 준비에 동원되어 지치게 된다'라는 의미로 보는 것이 타당하다.

....

相守數年(상수수년), **以爭一日之勝**(이쟁일일지승), **而愛爵祿百金**(이애작록백금), **不知敵之情者**(부지적지정자), **不仁之至也**(불인지지야). **非人之將也**(비인지장야), **非主之佐也**(비주지좌야), **非勝之主也**(비승지주야).

【직역】

서로(相) 여러(數) 해(年) 동안 지키다(守)가 하루(一日)의(之) 승리(勝)를 다투기(爭) 위함(以)인데도(而) 작위(爵)와 봉록(祿), 상금(百金)을 아끼는(愛) 것은 적(敵)의(之) 정세(情)를 알지(知) 못하는(不) 자(者)로 어질지(仁) 못함(不)의(之) 극치(至)이다(也). 병사들(人)의(之) 장수(將) 감이 아니(非)요(也), 군주(主)의(之) 보좌(佐) 감도 아니(非)요(也), 승리(勝)의(之) 주인(主) 감도 아니(非)다(也).

爵(작): 벼슬, 작위   祿(녹): 봉급, 행복   至(지): 이르다, 미치다, 지극하다

【의역】

국가가 막대한 대가(비용, 인명의 손실)를 감수하면서 적과 수년간 대치하는 것은 잠시 동안의 전쟁에서 승리하는 데 있다. 그런데 높은 직위, 봉급, 상금 등이 아까워서 정보원을 고용하지 않아 적정을 파악하지 못한다면, 이는 전쟁에서 실패할 수밖에 없다. 이런 자는 백성을 위하지 못하는 어질지 못함의 극치이다. 이런 자는 부하들을 이끌 장수 감도 아니고, 군주를 잘 보좌하는 참모감도 아니며, 승리의 주인공도 아니다.

【해설】

'百金(백금)'을 '세금'이라고 해석하는 서적도 있는데 문맥에 전혀 맞지 않는다. 여기에서는 '많은 돈'으로 상금을 말한다. 정보원(간첩)을 운용하는 상황을 고려해야 한다.

'不仁(불인)'을 '손발이 마비되어 자기 뜻대로 쓰지 못하는 것'으로 설명하기도 한다. 그래서 '不仁之至也(불인지지야)'를 '군대를 자기 뜻대로 운용할 수 없는 무딤의 극치다'라고 해석할 수도 있다. 여기에서는 진정으로 백성을 사랑하고 아낀다면 승리를 위해서는 적정 파악이 중요함을 역설하고 있다.

故明君賢將(고명군현장), 所以動而勝人(소이동이승인), 成功
出於衆者(성공출어중자), 先知也(선지야). 先知者(선지자), 不可
取於鬼神(불가취어귀신), 不可象於事(불가상어사), 不可驗於度
(불가험어도), 必取於人知敵之情者也(필취어인지적지정자야).

【직역】

그러므로(故) 밝은(明) 군주(君)와 현명한(賢) 장수(將)는 움직이(動)
면(而) 적(人)에게 승리(勝)하는 까닭(所以)과 남들(衆)보다(於) 성공
(成功)이 뛰어난(出) 것은(者) 먼저(先) 알기(知) 때문이다(也). 먼저
(先) 안다(知)는 것은(者) 귀신(鬼神)에게서(於) 취(取)할 수 없고(不
可), 일(事)에서 유추(象)할 수 없고(不可), 어떤 법칙(度)에서(於) 검증
(驗)할 수 없으며(不可), 반드시(必) 사람(人)에게서(於) 취(取)하는 것
으로 적(敵)의(之) 정보(情)를 아는(知) 것(者)이다(也).

象(상): 모양, 징후, 도리, 유추하다, 비슷하다
驗(험): 시험(하다), 검증(하다)　　度(도): 법도, 제도, 법칙, 때, 기준

【의역】

명석한 군주와 현명한 장군이 군대를 움직여서 적에게서 승리를 만
들어내고, 남보다 출중한 성공을 이루는 까닭은 적에 관한 정보를 사
전에 알기 때문이다. 적에 관한 정보를 사전에 안다는 것은, 귀신에게
서 취득할 수 있는 것이 아니고, 유사한 상황에 비추어 알 수 있는 것
도 아니며, 어떤 법칙(별자리 운행)에서 검증할 수 있는 것도 아니다.
반드시 사람(정보원)을 통해서 적에 관한 정보를 알 수 있는 것이다.

【해설】

'不可驗於度(불가험어도)'의 '度(도)'는 '법칙'의 의미로, 이 문구를 '천체, 즉 별자리 운행 법칙'으로 이해하기도 한다. 이때는 '별자리가 운행되는 법칙에서 길흉화복을 점쳐서는 안 된다'라는 의미로 해석할 수 있다.

....

故用間有五(고용간유오), **有鄕間**(유향간), **有內間**(유내간), **有反間**(유반간), **有死間**(유사간), **有生間**(유생간). **五間俱起**(오간구기), **莫知其道**(막지기도), **是謂神紀人君之寶也**(시위신기인군지보야).

【직역】

그러므로(故) 간첩(間)을 운용(用)하는 데는 다섯(五) 가지가 있다(有). 향간(鄕間)이 있고(有), 내간(內間)이 있고(有), 반간(反間)이 있고(有), 사간(死間)이 있고(有), 생간(生間)이 있다(有). 이 다섯(五) 가지 간첩(間) 운용은 함께(俱) 기용(起)하면서도 적으로 하여금 그(其) 방법(道)을 알지(知) 못하게(莫) 한다면, 이(是)를 일러(謂) 신묘(神)한 법칙(紀)이라 하고, 군주(人君)의(之) 보배(寶)라 한다(也).

起(기): 세우다, 등용하다, 설치하다   神(신): 귀신, 마음, 신기하다
紀(기): 벼리, 실마리, 법(방법)

간첩을 운용하는 다섯 가지 방법으로는 향간, 내간, 반간, 사간, 생간이 있다. 이런 다섯 가지 유형의 간첩을 함께 활용하면서도 적이 이를 알지 못하게 한다면, 이것을 신비로운 법칙이라 하고 군주의 보배라고 한다. 즉, 간첩을 운용하면서도 적이 그 운용법을 알 수 없게 한다면, 이것을 신비한 도(법칙)라 할 수 있고 군주에게는 보물과 같은 일이라 할 수 있다.

【해설】

이 부분에서 원래의 판본들은 '鄕間(향간)'을 '因間(인간)'으로 표기하고 있다. 이어지는 아래 내용과 비교해 보면 '因間(인간)'은 '鄕間(향간)'을 가리키는 것을 알 수 있다. 또한 '因(인)'은 '연고, 인연'을 나타내기도 하므로, '因間(인간)'이란 '鄕間(향간)'과 같다고 볼 수 있다.

....

鄕間者(향간자), 因其鄕人而用之(인기향인이용지). 內間者(내간자), 因其官人而用之(인기관인이용지). 反間者(반간자), 因其敵間而用之(인기적간이용지). 死間者(사간자), 爲誑事於外(위광사어외), 令吾間知之而傳於敵間也(영오간지지이전어적간야). 生間者(생간자), 反報也(반보야).

【직역】

향간(鄕間)은(者) 적국(其) 지방(鄕) 사람(人)으로(因) 간첩(之)을 운용(用)하는 것이고, 내간(內間)은(者) 적국(其) 관리(官人)로(因) 간첩

(之)을 운용(用)하는 것이며, 반간(反間)은(者) 그(其) 적국(敵) 간첩(間)으로(因) 간첩(之)을 운용(用)하는 것이다. 사간(死間)은(者) 외부(外)에(於) 거짓(誑)으로 일(事)을 만들어(爲) 우리(吾) 간첩(間)으로 하여금(令) 그것(之)을 알게(知) 하여(而) 적(敵)의 간첩(間)에게(於) 전달(傳)하는 것이다(也). 생간(生間)은(者) 살아 돌아와(反) 보고(報)하는 것이다(也).

官人(관인): 벼슬아치, 관리　　　　誑(광): 속이다, 기만하다, 거짓
報(보): 알리다, 보고하다, 갚다

【의역】

　향간은 적국의 현지 사정을 잘 아는 현지인을 포섭하여 간첩으로 운용하는 것이고, 내간은 적국의 내부사정을 잘 아는 관리를 포섭하여 간첩으로 운용하는 것이며, 반간은 적국의 간첩을 매수하여 우리의 간첩으로 운용하는 것이다. 사간은 거짓 정보를 만들어 아군의 간첩으로 하여금 이 거짓 정보를 퍼뜨려 적 간첩에게 전달되게 하는 간첩 운용이다. 사실이 밝혀지면 아군의 간첩은 쉽게 잡혀 죽임을 당할 수 있다. 생간은 적국으로 보내져 정보를 수집하고 살아 돌아와 보고하는 간첩이다.

【해설】

　일부 해설서에 '死間(사간)'을 '아군의 정보원(吾間)이 기획된 허위사실을 외부에 퍼뜨리고, 이를 탐문한 적의 간첩이 자기 진영에 전달한 뒤 허위임이 밝혀져 반간(反間)으로 오인되거나 직무 실패의 책임으로 죽임을 당하게 되는 것'이라고 보기도 한다. 그러나 사간(死間)은

거짓 정보를 적에게 전달하는 간첩으로, 사망한 우리 간첩을 활용하기도 하고, 우리 간첩이 정보를 전달하고 사실이 밝혀져 죽임을 당하는 경우가 포함되는 일종의 고육지책이라 할 수 있다.

『삼십육계(三十六計)』에서도 용간이라고 할 수 있는 '미인계(美人計)'와 '반간계(反間計)'가 있다. 제31계인 미인계는 미녀를 보내서 상대 군주나 장수로 하여금 정상적이고 이성적인 판단을 흐트러뜨리는 계략이다. 중국 춘추시대 말기에 오나라와 월나라 간 전쟁에서도 월나라 왕 구천이 포로가 되었을 때 금은보화와 함께 오나라 왕 부차에게 월나라에서 가장 아름다운 미녀를 바치고 살아남아 오나라를 패망시킨 사례가 있다. 우리나라에서도 삼국시대 신라의 김유신 장군이 백제 의자왕에게 미녀를 보내 국정을 흔들었던 사례가 있다. 제33계인 반간계는 적의 첩자를 이용하는 것으로 적에 대한 기만술 중 으뜸으로 치고 있다.

故三軍之事(고삼군지사), **莫親於間**(막친어간), **賞莫厚於間**(상막후어간), **事莫密於間**(사막밀어간). **非聖智不能用間**(비성지불능용간), **非仁義不能使間**(비인의불능사간), **非微妙不能得間之實**(비미묘불능득간지실).

【직역】

그러므로(故) 전군(三軍)의(之) 일(事) 중에 간첩(間)활동 보다(於) 친밀(親)한 것은 없고(莫), 포상(賞)은 간첩활동(間) 보다(於) 후(厚)한 것은 없으며(莫), 일(事)은 간첩활동(間) 보다(於) 은밀(密)한 것이 없다(莫). 뛰어난(聖) 지혜(智)가 아니면(非) 간첩(間)을 운용(用)할 수 없고(不能), 어질고(仁) 의롭지(義) 아니면(非) 간첩(間)을 부릴(使) 수 없으며(不能), 미묘(微妙)함이 아니면(非) 간첩(間)활동의(之) 실체(實)를 얻을(得) 수 없다(不能).

密(밀): 빽빽하다, 친밀하다, 비밀   聖(성): 성인, 뛰어나다, 총명하다
微妙(미묘): 미묘하다

【의역】

군대에서는 간첩활동에 가장 친밀해야 하고, 간첩에게 주는 포상은 가장 후해야 하며, 간첩의 운용은 가장 비밀스럽게 해야 한다. 사람을 알아보는 탁월한 지혜가 없으면 간첩을 이용할 수 없고, 어질고 의롭지 않으면 간첩을 부릴 수 없으며, 정밀하고 심오한 계책으로 간첩을 운용하지 않으면 적에 관한 정보의 실체를 얻을 수 없다.

【해설】

일부 해설서에는 원문 '莫親於間(막친어간)'을 '親莫親于間(친막친우간)'이나 '交莫親於間(교막친어간)'으로 표기하고 있다. '於(어)'나 '于(우)'가 서로 통하는 글자이고, '親(친)'이나 '交(교)'가 모두 '친밀한 관계'를 뜻하고 있다. 따라서 '친밀하기는 간첩 활동보다 친밀한 것은 없다'라고 해석하는 것이 바람직하다고 본다.

'非微妙不能得間之實(비미묘불능득간지실)'에서 '微妙(미묘)'를 '어떤 현상(現象)이나 내용(內容)이 뚜렷하게 드러나지 않으면서 야릇하고 묘(妙)한 상태'로 접근하기도 한다. 노자의 『도덕경(道德經)』 제15장의 '微妙玄通(미묘현통)'에도 '微妙(미묘)'가 나온다. 여기에서 '微妙(미묘)'

는 '헤아릴 수 없고 가물가물한' 상태를 말한다. 이 경우 '非微妙不能得間之實(비미묘불능득간지실)'에서 '微妙(미묘)'는 적을 비롯하여 관계되지 않은 자가 간첩 운용에 대해 알려고 해도 헤아릴 수 없게 하여야한다는 측면에서 선택된 언어라고 보면 좋을 것 같다. 그러나 본서에서처럼 '간첩 운용에 대한 정밀한 계획을 세우지 않으면 적에 관한 실체를 알 수 없다'라고 해석하는 것이 좀 더 좋을 것 같다.

....

微哉微哉(미재미재), **無所不用間也**(무소불용간야). **間事未發而先聞者**(간사미발이선문자), **間與所告者皆死**(간여소고자개사).

【직역】

미묘(微)하고(哉) 미묘(微)하도다(哉). 간첩(間)을 운용(用)하지 않는(不) 곳(所)이 없구나(無). 간첩(間) 운용에 관한 일(事)이 실행(發)되지도 않았(未)는데(而) 먼저(先) 들리(聞)면(者) 간첩(間)과(與) 그것(所)을 듣고 보고한(告) 자(者) 모두(皆) 죽게(死) 된다.

發(발): 실행하다, 출발하다, 기용하다　　　告(고): 폭로하다, 말하다, 보고하다

【의역】

간첩 활동은 극비사항으로 은밀하게 진행되어야 하는데 활동하기도 전에 소문이 났다면 이미 실패한 작전이므로 해당 간첩과 소문을 들은 자 모두를 죽여 작전의 기도 노출을 방지한다.

【해설】

'間與所告者皆死(간여소고자개사)'에서 '所告者(소고자)'를 '그것을 폭로한(누설한, 퍼뜨린) 자'로 해석하기도 한다. 둘 다 처벌 대상인 건 분명하고 내용의 흐름을 보면 자연스럽다. 따라서 본서의 접근과 함께 모두 가능한 해석이다.

⋯⋯⋯⋯⋯⋯⋯⋯⋯⋯⋯⋯⋯⋯⋯⋯⋯⋯⋯⋯⋯⋯⋯⋯⋯⋯⋯

凡軍之所欲擊(범군지소욕격), **城之所欲攻**(성지소욕공), **人之所欲殺**(인지소욕살), **必先知其守將**(필선지기수장), **左右**(좌우), **謁者**(알자), **門者**(문자), **舍人之姓名**(사인지성명). **令吾間必索知之**(영오간필색지지).

【직역】

대체로(凡) 군대(軍)가(之) 공격(擊)하고자(欲) 하는 대상(所)이 되고, 성(城)이(之) 공략(攻)하고자(欲) 하는 대상(所)이 되며, 적의 요인(人)이(之) 살해(殺)하고자(欲) 하는 대상(所)일 때는 반드시(必) 먼저(先) 그(其) 지키는(守) 장수(將), 좌우 보좌관(左右), 전령(謁者), 문지기(門者), 경호원(舍人)의(之) 성명(姓名)을 알아야(知) 한다. 아군(吾)의 간첩(間)으로 하여금(令) 그들의 이름(之)에 대해 찾아서(索) 알아(知)내도록 한다.

謁(알): 알리다, 고하다   舍人(사인): 장수를 경호하는 사람, 심부름꾼
索(색): 찾다, 탐구하다, 동아줄(삭)

 공격의 대상이 되는 부대, 공격하고자 하는 성, 죽이려는 사람이 있
으면, 반드시 먼저 그 수비하는 장수와 좌우에서 보조하는 참모, 전
령, 성문을 지키는 수문장, 경호원 등의 성명을 먼저 알아야 한다. 아
군의 간첩이 이에 관한 사항을 반드시 정보 수집하여 보고하도록 해야
한다. 이렇듯 제거해야 할 대상을 파악해야 아군의 작전을 용이하게
수행할 수 있다. 이를 위해 아군의 간첩을 파견하여 관련 정보를 반드
시 획득하는 것이다.

【해설】

 '舍人(사인)'은 '심부름꾼', '경호원', '책사', '막료' 등으로 다양하게
해석하고 있다. 여기에서 '左右(좌우)'가 '보좌관, 참모, 측근, 막료'의
뜻이고, '謁者(알자)'가 '전령, 속관'의 뜻이므로 '舍人(사인)'은 '경호원,
호위병'으로 해석하는 것이 타당하다.

···

 必索敵人之間來間我者(필색적인지간래간아자)**, 因而利之**(인
이리지)**, 導而舍之**(도이사지)**, 故反間可得而用也**(고반간가득이용
야)**. 因是而知之**(인시이지지)**, 故鄕間內間可得而使也**(고향간내
간가득이사야)**.**

【직역】

 반드시(必) 적국(敵人)의(之) 간첩(間)이 와서(來) 우리(我)를 염탐
(間)하는 것(者)을 색출(索)하여 친해(因)지고(而) 그(之)에게 이익(利)

을 주어 내 편으로 이끌(導)어서(而) 그(之)를 풀어준다(舍). 그래야
(故) 반간(反間)을 얻(得)고(而) 운용(用)할 수(可) 있다(也). 반간(是)
으로 인(因)해서(而) 적 상황(之)을 알(知) 수 있다. 그래서(故) 향간(鄕
間), 내간(內間)을 얻(得)을 수(可) 있고(而) 부릴(使) 수 있다(也).

因(인): 말미암다, 친해지다, 까닭   舍(사): 집, 버리다, 베풀다, 풀어주다(=捨)

【의역】

아군의 정보를 수집하려고 왕래하는 적국의 간첩을 반드시 색출하
여 찾아내고, 이때를 틈타서 그를 이용해야 하는데, 그를 아군이 필요
한 방향으로 잘 이끌어서 놔주어야 한다. 이것이 반간을 이용하는 것
이며, 반간으로 진정한 적 상황을 알 수 있으며, 반간을 통하여 향간이
나 내간도 운용할 수 있다.

【해설】

일부 해설서에서는 '導而舍之(도이사지)'를 '잘 인도하여 적의 막사
로 놓아 보낸다', '이끌어서 머물게 한다' 등으로 해석하고 있다. '舍
(사)'의 의미에 '집'이란 뜻이 있다고 해서 '막사'나 '머물다'라고 봐서는
안 된다. 여기에서는 적국의 간첩을 이익 등으로 잘 포섭하여 완전히
내 편으로 만든 후에 적국으로 다시 보낸다는 의미다.

因是而知之(인시이지지), 故死間爲誑事可使告敵(고사간위광사가사고적). 因是而知之(인시이지지), 故生間可使如期(고생간가사여기). 五間之事君必知之(오간지사군필지지), 知之必在於反間(지지필재어반간). 故反間不可不厚也(고반간불가불후야).

【직역】

반간(是)으로 인(因)해서(而) 적 상황(之)을 알(知) 수 있으므로(故) 사간(死間)으로 거짓(誑) 정보(事)를 만들어(爲) 적(敵)에게 알리(告)도록(使) 할 수(可) 있다. 반간(是)으로 인(因)해서(而) 적 상황(之)을 알(知) 수 있으므로(故) 생간(生間)을 기약(期)한 것과 같이(如) 부릴(使) 수(可) 있다. 다섯(五) 가지 간첩(間)의(之) 일(事)은 군주(君)가 그것(之)을 반드시(必) 알아야(知) 하고, 그것(之)을 아는(知) 것은 반드시(必) 반간(反間)에(於) 달려 있다(在). 그래서(故) 반간(反間)을 후(厚)하게 대우하지 아니(不)할 수 없는(不可) 것이다(也).

誑(광): 속이다, 기만하다, 거짓   期(기): 약속하다, 요구하다, 약속된 기일, 기약

【의역】

반간으로 인하여 적의 상황을 알 수 있으므로, 사간을 이용하여 허위 정보를 알려서 적에게 잘못된 정보를 줄 수 있다. 반간으로 인하여 적의 상황을 알 수 있으므로, 생간을 예정된 시간에 맞춰 부릴 수가 있다. 이 다섯 가지 간첩에 관한 일은 군주가 반드시 알아야 하고, 적의 상황을 미리 알 수 있는 것은 반드시 반간에 달려 있으므로, 반간은

후하게 대우하지 않으면 안 된다.

【해설】

간첩 운용의 핵심인 반간으로 향간, 내간, 사간, 생간을 운용할 수 있는 토대가 된다. 따라서 반간에 대한 대우를 잘해야 함을 강조하고 있다.

'生間可使如期(생간가사여기)'에서 '如期(여기)'는 '약속된 기일대로'의 의미로, '반간을 통해서 생간을 약속된 기일에 맞춰 운용할 수 있다'는 뜻이다.

....

昔殷之興也(석은지흥야), **伊摯在夏**(이지재하). **周之興也**(주지흥야), **呂牙在殷**(여아재은).

【직역】

옛날(昔)에 은나라(殷)가(之) 일어난(興) 것은(也) 이지(伊摯)가 하나라(夏)에 있었다(在). 주나라(周)가(之) 일어난(興) 것은(也) 여아(呂牙)가 은나라(殷)에 있었다(在).

殷(은): 왕성하다, 많다, 은나라   摯(지): 잡다, 이르다, 거칠다
夏(하): 여름, 하나라   呂(여): 법칙, 음률, 성씨
牙(아): 어금니, 대장기, 관아

【의역】

옛날에 은나라가 일어나게 될 때 간첩으로서 이지(이윤)가 하나라에

있었고, 주나라가 일어나게 될 때 간첩으로서 여아(태공망)가 은나라에 있었다.

【해설】

이지(伊摯)는 이윤(伊尹)이라고도 하며, 중국 고대시대인 하(夏)나라 걸왕(桀王)을 몰아내고 상(商)나라 탕왕(湯王)을 도와 상(은)⁴⁹)나라를 세우는데 용간책(用間策)으로 혁혁한 공을 세웠다. 일화에 의하면 상 탕왕은 혹여라도 하 걸왕이 의심할까 봐 일부러 '자기 손으로 이지에게 활을 쏘아 이지를 달아나게 하는' 고육책을 연출하기까지 하였다. 또한 이지는 3년 동안 다섯 차례나 하나라를 들락거리며 하 왕조의 정치·군사 및 경제·지리를 파악했다고 한다.

여아(呂牙)는 흔히 강태공, 태공망, 자아, 여상 등의 이름으로 알려진 인물로 주(周)의 무왕(武王)을 도와 은(殷)의 주왕(紂王)을 무너뜨리는 데 혁혁한 공을 세웠다. 그는 동이족 출신으로 문왕을 만나기 전까지 어렵게 생활했다고 한다. 민간에서 밥장사, 도살업에도 종사하였고, 그마저 여의치 않자 고향을 떠나 상나라의 수도 인근으로 이주하여 주점을 열고 많은 사람과 접촉하였다. 그러다가 점쟁이 '여상'으로 이름을 알리기 시작했고, 상나라 조정의 대신 비간(比干)을 만나 주(紂) 임금을 잠깐 섬기기도 했다. 힘든 시절에 그의 아내가 생활고를 못 이기고 집을 나갔다가 그가 재상이 되었을 때 다시 받아 줄 것을 청하자, 강태공이 양동이의 물을 땅바닥에 부으며 한번 쏟은 물은 다시 담을 수 없다고 한 유명한 일화가 있다.

---

49) 상(商)은 은(殷)이라고도 한다. 스스로 나라 이름을 칭할 때는 부족 이름인 '상(商)'을 더 많이 사용하였으나 여러 차례 수도를 옮기면서 마지막으로 옮긴 수도 이름이 '은(殷)'이었으므로 은나라라는 명칭도 함께 사용하게 되었다.

故惟明君賢將(고유명군현장), 能以上智爲間者(능이상지위간
자), 必成大功(필성대공). 此兵之要(차병지요), 三軍之所恃而
動也(삼군지소시이동야).

【직역】

그러므로(故) 오직(惟) 밝은(明) 군주(君)와 현명(賢)한 장수(將)만이
능히(能) 뛰어난(上) 지혜(智)로(以) 간첩(間者)을 운용할(爲) 수 있고,
반드시(必) 큰(大) 업적(功)을 이룰(成) 수 있다. 이것(此)이 용병(兵)
의(之) 요체(要)로 전군(三軍)이(之) 믿(恃)고(而) 움직이는(動) 것(所)
이다(也).

間者(간자): 간첩	惟(유): 생각하다, 도모하다, 오직(=唯)
恃(시): 믿다	動(동): 행동하다, 움직이다

【의역】

지혜로운 군주와 현명한 장군만이 뛰어난 책략으로 간첩을 운용할
수 있고, 그로 인해 큰 성공을 거둘 수 있다. 간첩 운용이 용병술의 핵
심이고, 전군이 이를 믿고 군사행동을 할 수 있다.

【해설】

오늘날에도 정보전(情報戰)은 매우 중요하다. 상대국보다 빠르고 정
확한 정보는 승패에 결정적 영향을 미친다. 그래서 오늘날 군사강대국
들이 앞다투어 정보자산을 개발하고 획득하려고 노력하는 것이다. 오
늘날엔 무인기나 위성 체계를 통하여 실시간으로 보면서 정밀타격하

는 무기체계가 개발되어 운용되고 있다. 현대전에서는 이미 상대국의 정보자산을 무용지물로 만들어 놓고 싸우는 것이 필수적이다. 미래전에서도 미사일이나 인공위성으로 상대국의 정찰위성을 파괴하고 유 · 무인정찰기의 활동을 차단해야 한다. 물론 국내에서 활동하는 적의 간첩(간인, 첩자, 세작)을 색출하여 소탕해야 한다. 그리고 아군의 정보자산은 보호되도록 다양한 방호대책을 강구해야 한다.

용간(用間) 후술

전쟁에서 승리하기 위해서는 정보우위를 달성해야 한다. 전쟁은 적에 관한 믿을 수 있는 정보가 있어야 정확한 상황판단을 하고, 실행 가능한 계획을 수립하며, 전쟁을 올바로 지도할 수 있다. 아무리 기술이 발달하더라도 이를 운용하는 것은 결국 인간이다. 따라서 정보 수집 수단 중에서도 인간을 통하여 인간을 상대로 하는 인간정보가 어쩌면 가장 중심에 있다. 따라서 『손자병법』에서는 간첩을 잘 운용하는 자가 승리할 수 있다고 강조하면서, 고대로부터 간첩을 최고로 우대하고 국가 지도자나 군사 지도자가 간첩을 운용할 수 있는 지혜가 있어야 한다고 한 말한 것 아닌가 싶다. 특히, 반간을 통해 내간을 적국의 핵심부 곳곳에 심어 놓는다면 승리의 확실한 보증 수표일 것이다. 어쩌면 전쟁하지 않아도 상대국을 무너뜨릴 수 있을지도 모른다.

일본이 청일전쟁과 러일전쟁에서 이긴 것은 사전에 입국하여 활동 중인 위관장교와 영관장교로 구성된 정보장교들이 상대국 군의 실상을 상대국의 간부들보다 더 잘 파악하고 있었기 때문이다. 당시 청나라와 러시아는 군대 간부들이 부패해 있었다. 부패한 군대는 쉽게 용간의 대상이 된다는 것을 일깨워 주고 있다.

우리나라 역사에도 간첩 운용 사례가 수없이 많다. 먼저 백제의 개로왕이 고구려 첩자 승(僧) 도림에게 매수된 사례이다. 바둑을 좋아하는 개로왕에게 접근하여 바둑을 두면서 친해지자 왕릉, 궁궐 등 대규모 공사를 부추겼고 국가재정과 백성들을 도탄에 빠지게 하였다. 이로써 민심이 돌아섰고, 이때를 틈타 고구려 장수왕이 침공하여 승리를 거두었고 개로왕도 사로잡혀 죽게 되었다. 다음은 신라 김유신이 백제 대신 임자(任子)를 매수하여 신라 최고의 미인을 의자왕에게 보낸 사례이다. 그전까지만 해도 백제의 실지(失地)를 회복하고 신라를 궁지로 몰아넣었던 의자왕이 미인에 빠져 국정에 소홀하게 되었고, 첩자 임자의 이간책으로 충신인 성충과 윤충, 흥수가 죽게 되었다. 당시 나당 연합군이 쳐들어올 때, 요충지 방어(탄현, 기벌포)와 지연방어(첩자들의 주장)를 놓고 논쟁만 하다가 방어의 적기를 놓쳐 전쟁에 패하였고, 결국 나라마저 멸망하게 되었다.

참고자료

해석 오류 사례

※ 해석상의 오류라기보다는 서로 다양한 해석이 가능하다고 볼 수 있다. 이는 역자의
견해에 따른 해석상의 차이를 기술한 것이다.

제1편 시계(始計)

將聽吾計用之必勝(장청오계용지필승), **留之**(유지). **將不聽吾計用之
必敗**(장불청오계용지필패), **去之**(거지).

• 오(誤) : '將(장)'의 해석을 '장수'로 하여 "장수가 나의 계책을 듣고 사용
하면 반드시 이길 것이니 내가 머물 것이고, 장수가 나의 계책을 듣고 사
용하지 않으면 반드시 패할 것이니 내가 떠날 것이다."라고 하고 있다.

• 정(正) : '將(장)'의 해석을 '장차', '앞으로'로 하여 "장차 나의 계책을 듣
고 그것을 사용하면 승리하니 그곳에 머물 것이요, 장차 나의 계책을 듣고
그것을 사용하지 않으면 반드시 패할 것이니 그곳을 떠날 것이다."라고
해야 한다.

• 오(誤) : '不聽吾計用之必敗(불청오계용지필패)'의 해석을 "나의 계책을
듣지 않고 나의 계책을 사용하면 반드시 패한다"라고 하고 있다.

• 정(正) : 나의 계책을 듣지 않았는데 어떻게 나의 계책을 사용할 수 있
겠는가? 따라서 "나의 계책을 듣고 사용하지 않으면 반드시 패한다."라고
해야 한다.

제3편 모공(謀攻)

兵不頓而利可全(병부둔이리가전).

- 오(誤) : '利(리)'의 해석을 '이익'으로 하여 "군대가 둔해지지 않고 그 이익도 가히 온전할 것이다."라고 하고 있다.
- 정(正) : '利(리)'는 '頓(둔)'='鈍(둔)'과 대비되는 개념으로 하여 "군대는 둔해지지 않고 예리함이 온전할 수 있다."라고 해야 한다. 군대가 불필요한 전쟁이나 지구전을 하지 않기 때문에 군대의 예리함을 유지할 수 있다는 의미다.

不知三軍之事(부지삼군지사), 而同三軍之政者(이동삼군지정자), 則軍士惑矣(즉군사혹의).

- 오(誤) : '則(즉)'의 해석을 '즉시'로 하여 "군주가 삼군의 일을 모르고 삼군의 정치에 동참하는 것에, 즉시 군사들은 의혹한다."라고 하고 있다.
- 정(正) : '則(즉)'은 '~라면', '~하면'으로 하여 "군주가 전군의 사정을 모르고서 전군의 행정에 간섭하는 것이면 군사들은 미혹하게 된다."라고 해야 한다.

亂軍引勝(난군인승).

- 오(誤) : '引(인)'의 해석을 '퇴출시키다', '뒤로 물리치다'로 하여 "군대를 방해하여 승리의 기회를 놓치다."라고 하고 있다.
- 정(正) : '引(인)'은 '끌어들인다'로 하여 "군대를 혼란하게 하여 적의 승리를 끌어들인다."라고 해야 한다. 앞선 내용이 다른 제후국의 침입을 묘사하고 있기에 '引(인)'의 해석을 적의 승리를 '끌어들인다'로 하는 것이 타당하다.

제4편 군형(軍形)

善守者(선수자), **藏於九地之下**(장어구지지하). **善攻者**(선공자), **動於 九天之上**(동어구천지상).

- 오(誤) : '九地(구지)'의 해석을 '아홉 가지의 지형', '다양한 지형'으로, '九天(구천)'의 해석을 '아홉 개의 하늘', '다양한 기상 조건'으로 하여 "수비를 잘하는 자는 다양한 지형을 이용하여 적을 막아내고, 공격을 잘하는 자는 다양한 기상 조건을 이용하여 구동한다."라고 하고 있다.
- 정(正) : '九地(구지)'은 '아주 깊은 지형'을, '九天(구천)'은 아주 높은 하늘을 의미한다. 따라서 "수비를 잘하는 자는 깊은 땅속 아래에 숨은 것처럼 하고, 공격을 잘하는 자는 높은 하늘 위에서 움직이는 것처럼 한다."라고 해야 한다.

제6편 허실(虛實)

微乎微乎(미호미호), **至於無形**(지어무형). **神乎神乎**(신호신호), **至於 無聲**(지어무성). **故能爲敵之司命**(고능위적지사명).

- 오(誤) : '微(미)'의 해석을 '미세하다'로, '神(신)'의 해석을 '귀신'으로, "미세하게 다가오니 형체가 없구나. 귀신같이 다가오니 소리가 없구나. 그러므로 이런 것이 가능해야만 적의 생명을 주관할 수 있는 것이다."라고 하고 있다.
- 정(正) : '微(미)'는 '미묘하다'로, '神(신)'은 '신비하다'로 하여 "미묘하고 미묘하구나. 형태가 없음에 도달함이여. 신비하고 신비하구나. 소리가 없음에 도달함이여. 그러므로 능히 적의 목숨을 맡게 할 수 있다."로 해야 한다.

吾之所與戰者約矣(오지소여전자약의).

• 오(誤) : '約(약)'의 해석을 '묶는다', '곤경에 처하게 된다'로 하여 "내가 싸우고자 하면 곤경에 처하게 된다."라고 하고 있다.

• 정(正) : '約(약)'은 '줄이다', '적다'의 의미로, "아군이 싸워야 할 곳이 줄어든다."라고 해야 한다.

衆者使人備己者也(중자사인비기자야).

• 오(誤) : '己(기)'의 해석을 '적 자신'으로 하여 "우세하다는 것은 적으로 하여금 자기를 대비하게 하기 때문이다."라고 하고 있다.

• 정(正) : '己(기)'는 '자신', '아군'의 의미로, "아군이 많다는 것은 적으로 하여금 아군을 대비하게 하는 것 때문이다."라고 해야 한다. 여기에서 적이 대비하는 것은 아군의 공격에 대한 대비를 말한다.

知戰之日(지전지일).

• 오(誤) : '日(일)'의 해석을 '기상'으로 하여 "싸움의 기상을 안다."라고 하고 있다.

• 정(正) : '日(일)'은 '일자', '날짜'의 의미로, "싸움의 날짜를 안다."라고 해야 한다.

而況遠者數十里(이황원자수십리), **近者數里乎**(근자수리호).

• 오(誤) : '況(황)'의 해석을 '상황'으로 하여 "상황이 이러면 원거리로는 수십 리, 근거리로는 수리에 떨어진 부대를 지원할 수 없다."라고 하고 있다.

• 정(正) : '況(황)~乎(호)'는 '하물며 ~ 어찌하겠는가?'의 의미로, "하물며 먼 곳은 수십 리로부터 가까운 곳은 수리까지 떨어져 있으면 어찌하겠는가?"로 해야 한다.

勝可爲也(승가위야).

· 오(誤) : '爲(위)'의 해석을 '하다'로 하여 "아군의 승리가 당연하다."라고 하고 있다.

· 정(正) : '爲(위)'는 '만들다'의 의미로, "승리는 만들 수 있다."라고 해야 한다.

形兵之極(형병지극), **至於無形**(지어무형).

· 오(誤) : '形(형)'의 해석을 '적을 유인하기 위해 내 부대를 보여준다'로 하여 "적에게 병력을 보여주는 극치는 형태가 없는 것에 이르는 것이다."라고 하고 있다.

· 정(正) : '形(형)'은 '형태'의 의미로, "군대를 운영하는 형태의 극치는 형태가 없는 것에 이르는 것이다."라고 해야 한다. 내 부대를 적에게 보여주기보다는 내 부대를 운영하는 형태를 말하고 있다.

因形而措勝於衆(인형이조승어중), **衆不能知**(중불능지).

· 오(誤) : '措(조)'의 해석을 '내놓다'로 하여 "적의 상황에 따라 승리하여 대중 앞에 놓아도 대중은 그 오묘함을 알지 못한다."라고 하거나, '衆(중)'의 해석을 '적 대부대'로 하여 "적 대부대에 승리하여도 적 대부대는 알지 못한다."라고 한다. 또는 '衆(중)'을 '병사들'로 하여 "적의 진형을 원인으로 하여 승리를 하여도 병사들은 어떻게 이겼는지 알지 못하며 장교들이라 하더라도 개략적으로 아군이 승리한 것은 알지만, 장군인 내가 어떻게 그 형세를 통제하여 승리하였는지 알지 못한다."라고 하고 있다.

· 정(正) : '措(조)'는 '두다', '거두다'의 의미로, "적의 형태에 따라서 적 대부대에 승리해도, 대중은 승리의 원인을 알 수 없다."라고 해야 한다.

제8편 구변(九變)

忿速可侮也(분속가모야).

- 오(誤) : '忿速(분속)'의 해석을 '분노와 빠른 속도'로 하여 "분노와 빠른 속도만을 생각한다면 수모를 당할 것이다."라고 하고 있다.
- 정(正) : '忿速(분속)'은 '분노를 참지 못하고 잘 낸다'라는 의미로, "분노를 잘 내면 모욕당할 수 있다."라고 해야 한다.

제9편 행군(行軍)

散而條達者(산이조달자), **樵采也**(초채야).

- 오(誤) : '散(산)'의 해석을 '산란하다'로, '條達(조달)'의 해석을 '종횡'으로 하여 "먼지가 종횡으로 산란한 것은 적이 땔감을 끌어 아군을 미혹시키는 것이다."라고 하고 있다.
- 정(正) : '散(산)'은 '흩어지다'의 의미이고, '條達(조달)'은 '군데군데 올라오다'의 의미로, "먼지가 흩어져 있고 군데군데 일어나면 땔나무를 하는 것이다."라고 해야 한다.
만약 아군을 기만하려고 하면 땔감을 말이나 소를 이용하여 대규모로 끌어서 많은 먼지를 일으켜야 하는데, 현 상황과는 거리가 멀다.

來委謝者(내위사자), **欲休息也**(욕휴식야).

- 오(誤) : '委(위)'의 해석을 '맡기고 저장을 잡히다'로 하여 "근친을 인질로 사죄하는 것은 휴식을 원하기 때문이다."라고 하고 있다.
- 정(正) : '委(위)'는 '굽히다'의 의미로, "사신이 와서 굽히고 사죄하는 것은 휴식을 얻기 위함이다."라고 해야 한다. 전시에 인질로 잡혀서 휴식을 취한다는 것은 상황에 맞지 않는다.

取人而已(취인이이).

• 오(誤) : '取(취)'의 해석을 '취득하다'로, '人(인)'의 해석을 '인재'로 하여 "인재를 취득하여 맡긴다."라고 하고 있다.

• 정(正) : '取(취)'는 '잡다'의 의미이고, '人(인)'은 '敵(적)'의 의미로, "적을 잡기만 하면 그만이다."라고 해야 한다.

제10편 지형(地形)

引而去之(인이거지).

• 오(誤) : '引(인)'의 해석을 '유인하다'로 하여 "적을 유인하여 후퇴한다."라고 하고 있다.

• 정(正) : '引(인)'은 '이끌다'의 의미로, "아군을 이끌고 그곳을 물러난다."라고 해야 한다.

故兵有走者(고병유주자).

• 오(誤) : '者(자)'의 해석을 '사람'으로, '走(주)'의 해석을 '달리다'로 하여 "그러므로 군대에는 달리는 사람이 있다."라고 하고 있다.

• 정(正) : '者(자)'는 '~하는 경우'의 의미로, '走(주)'는 '도주하다'의 의미로, "그러므로 군대에는 도주하는 경우가 있다."라고 해야 한다.

吏强卒弱曰陷(이강졸약왈함)

• 오(誤) : '陷(함)'의 해석을 '함정'이라고 하여 "장교는 강한데 병졸이 약한 군대는 함정에 빠지기 쉽다."라고 하고 있다.

• 정(正) : '陷(함)'은 '함몰되어 무너지다'의 의미로, "간부는 강한데 병사가 약하면 함몰되듯 무너진다."라고 해야 한다. 병사들이 약하다고 함정에 빠진다는 것은 전혀 상황에 맞지 않는다.

제11편 구지(九地)

貴賤不相救(귀천불상구)

• 오(誤) : '貴(귀)'의 해석을 '귀중한 전투부대'로, '賤(천)'의 해석을 '지원하는 보급부대'로 하여 "귀중한 전투부대와 이를 지원하는 보급부대가 서로를 구원할 수 없게 한다."라고 하고 있다.

• 정(正) : '貴(귀)'는 '장수'의 의미로, '賤(천)'은 '병사'의 의미로, "장수와 병사가 서로 구원하지 못하게 한다."라고 해야 한다. 전투부대와 지원부대를 귀한 부대와 천한 부대로 구분하는 것은 문맥에 맞지 않는다.

深入則專(심입즉전), 主人不克(주인불극).

• 오(誤) : "아군이 깊숙이 들어가면 그 주인 나라(적)가 싸움에만 전념하므로 그 주인 나라(적)를 이기지 못한다."라고 해석하고 있다.

• 정(正) : "깊이 들어가면 하나가 되어 그 땅의 주인이 이기지 못한다."라고 해야 한다. 즉, 아군이 공자가 되어 적진 깊숙이 공격해 들어가면 아군이 일치단결하여 적군이 아군을 이기지 못한다는 뜻이다.

至死無所之(지사무소지).

• 오(誤) : "죽음에 이르러도 동요하지 않는다."라고 해석하고 있다.

• 정(正) : "죽음에 이르러서도 갈 곳이 없다."라고 해야 한다. 적진 깊숙이 들어가면 병사들이 도망갈 곳이 없다는 의미다.

剛柔皆得(강유개득), 地之理也(지지리야).

• 오(誤) : "강한 자와 나약한 자 모두에게 이익을 주는 것은 지형의 이치다."라고 해석하고 있다.

• 정(正) : "부대의 굳셈과 부드러움을 모두 얻는 것은 지형의 이치이다."라고 해야 한다.

革其謀(혁기모), **使人無識**(사인무식). **迂其途**(우기도), **使人不得慮**
(사인부득려).

- 오(誤) : '革(혁)'의 해석을 '혁파하다'로 하고, '人(인)'의 해석을 '아군 병사'로 하여 "그 모의를 혁파해 병사들이 알아채지 못하게 한다. 그 길을 우회하여 사람들이 생각하지 못하게 한다."하고 있다.
- 정(正) : '革(혁)'은 '바꾸다'의 의미이고, '人(인)'은 '敵(적)'을 의미하여 "그 계략을 바꾸어 적으로 하여금 알지 못하게 한다. 그 길을 우회하여 적으로 하여금 헤아리지 못하게 한다."라고 해야 한다. 만약 아군 병사를 대상으로 했다면 '人(인)' 대신에 '卒(졸)'이나 '士卒(사졸)'로 표기했어야 한다.

屈伸之利(굴신지리).

- 오(誤) : '屈(굴)'의 해석을 '굽힌다'로, '伸(신)'의 해석을 '펴다'로 하여 "굴복하여 후퇴하는 것과 진형을 펼쳐서 공격하는 것에 따른 이득"이라고 하고 있다.
- 정(正) : '屈(굴)'은 '물러나다'의 의미로, '伸(신)'은 '나아가다'의 의미로, "물러나고 나아가는 것의 이점"이라고 해야 한다. 지형의 이점에 따라 물러나고 전진하는 일반적인 상황으로 해석해야 한다.

四五者(사오자), **不知一**(부지일), **非霸王之兵也**(비패왕지병야).

- 오(誤) : '四五(사오)'의 해석을 '네댓'으로 하여 "네댓 가지 중에 하나라도 모르면 패왕의 군대가 아니다."라고 하고 있다.
- 정(正) : '四五(사오)'는 '아홉 가지 지형인 구지'의 의미로 "구지에 대해서 하나라도 모르면 패왕의 군대가 아니다."라고 해야 한다. '四(사)'는 자기 땅에서 작전하는 '主軍(주군)'을, '五(오)'는 다른 나라에 침입하여 작전하는 '客軍(객군)'을 설명하고 있으므로 '사+오'인 '구'로 해석하는 것이 타당하다.

犯三軍之衆(범삼군지중), **若使一人**(약사일인).

• 오(誤) : '犯(범)'의 해석을 '범죄다', '속이다'로 하여 "군병을 범죄자처럼 억눌러서 한 사람을 통제하는 것처럼 한다."라고 하거나, "전군의 병사를 속이는 것이 한 사람에게 하는 것 같아야 한다."라고 하고 있다.

• 정(正) : '犯(범)'은 '이끌다', '다스리다'의 의미로, "전군의 병력을 이끄는 것을 한 사람 부리는 것과 같다."라고 해야 한다.

幷敵一向(병적일향).

• 오(誤) : '幷(병)'의 해석을 '유인하다', '몰아넣다', '나란히', '집중하다'로 하여 "적을 한 방향으로 유인하여", "적을 한 방향으로 몰아넣어", "적과 나란히 한 방향으로 가는듯하여", "한 방향에 대해 집중하여" 등으로 다양하다.

• 정(正) : '幷(병)'은 '함께하다', '어울리다'의 의미로, "적과 함께 어울려 한 방향으로 가다가"로 해야 한다. 거짓으로 적의 의도에 따른 것에 착안하여야 한다. '幷(병)'은 '倂(병)', '竝(병)'과 동자(同字)다.

微與之期(미여지기).

• 오(誤) : '微(미)'의 해석을 '작다', '적다', '기습하다', '없다'로 하여 "미세한 틈을 기다린다.", "기습의 날짜를 공유한다.", "조금씩 주며 지나간다.", "적과 날짜를 정하여 교전하지 않는다." 등으로 하고 있다.

• 정(正) : '微(미)'는 '숨기다'의 의미로, "선점한 곳을 주겠다는 약속을 숨기다."로 해야 한다. 적이 중요하게 여기는 곳을 선점한 상태로 되돌려 주겠다는 약속을 확답하지 않고 숨기는 것으로 해석하는 게 타당하다.

제12편 화공(火攻)

以數守之(이수수지).

- 오(誤) : '數(수)'의 해석을 '되어가는 형편', '조건'으로, '守(수)'의 해석을 '수비하다'로 하여 "화공의 조건이 맞을 때까지 수비하며 오래 기다린다." 라고 하고 있다.
- 정(正) : '數(수)'는 '방법', '책략'의 의미로, '守(수)'는 '따르다'의 의미로, "방법에 따라 그것을 따른다."라고 해야 한다.

以火佐攻者明(이화좌공자명), **以水佐攻者强**(이수좌공자강).

- 오(誤) : '者(자)'의 해석을 '사람'으로 하여 "화공으로 공격을 돕는 자는 현명하고, 물로써 공격을 돕는 자는 강하다."라고 하고 있다. 심지어 '以水佐攻者强(이수좌공자강)'의 해석을 "물로써 공격을 돕는 것은 강력한 아군을 얻을 수 있다."라고 하고 있다.
- 정(正) : '者(자)'는 '~것'의 의미로, "불로써 공격을 보조하는 것은 명확하고, 물로써 공격을 돕는 것은 강력하다."라고 해야 한다.

제13편 용간(用間)

內外騷動(내외소동), **怠於道路**(태어도로).

- 오(誤) : '騷動(소동)'의 해석을 '큰 사건이나 변'으로, '怠(태)'의 해석을 '태만하다'로 하여 "나라의 안팎에서 큰 사건이 일어나고, 도로 관리는 태만해진다."라고 하고 있다.
- 정(正) : '騷動(소동)'는 '소란하다'의 의미로, '怠(태)'는 '지치다'의 의미로, "국내외가 소란스럽고 백성이 도로에서 군수물자 수송으로 지쳤다." 라고 해야 한다.

非微妙不能得間之實(비미묘불능득간지실).

• 오(誤) : '微(미)'의 해석을 '미세하다'로, '妙(묘)'의 해석을 '교묘하다'로 하여 "미세한 틈에서도 적의 허실을 파악할 수 있는 교묘한 능력이 없다면 간첩을 이용하여 실효를 거둘 수 없다."라고 하고 있다.

• 정(正) : '微妙(미묘)'는 '어떤 현상이나 내용이 뚜렷하게 드러나지 않으면서 야릇하고 묘한 상태'로, "미묘함이 아니면 간첩 활동의 실체를 얻을 수 없다."라고 해야 한다. 여기에서 미묘함이란 '간첩 운용에 관한 정밀한 계획을 세우는 것'이라 할 수 있다.

導而舍之(도이사지).

• 오(誤) : '舍(사)'의 해석을 '집', '막사', '머물다'로 하여 "잘 인도하여 적의 막사로 놓아 보낸다."라고 하거나, "이끌어서 머물게 한다."라고 하고 있다.

• 정(正) : '舍(사)'는 '풀어주다'의 의미로, "내 편으로 이끌어서 그를 풀어준다."라고 해야 한다. 여기에서 '舍(사)'는 '捨(사)'와 같다.

형(形), 세(勢), 기(氣), 기정(奇正)에 대한 해석

※ 역자의 개인적인 견해를 기술한 것이다.

형(形)이란 무엇인가?

손자는 "형이란 천 길 되는 계곡에 모아둔 물을 터뜨리는 것과 같다. 若決積水於千仞之谿者形也(약결적수어천인지계자형야)"라고 했다. 여기에서 '모아둔 물'은 적을 한 번에 쓸어버릴 수 있는 높은 위치에너지를 말한다. 즉, 나는 패배하지 않고, 적에게 승리할 수 있는 상대적인 우세한 전력이라고 할 수 있다.

형이란 고대에는 통상 적과 대치하기 위한 군의 대형이나 진법을 말했다. 사전에 진법을 통해 전투대형을 만들어 숙달하고, 군사들을 무장하여 훈련을 통해 적과 싸워 이길 수 있는 군대를 만드는 과정이다. 궁극적으로는 적을 압도할 수준의 전투력을 갖추는 것이라고 할 수 있다. 현대적 의미로는 전투준비태세를 갖추는 것이라고 할 수 있다. 적을 무너뜨릴 수 있는 공격 능력과 적의 공격을 격퇴할 수 있는 방어 능력을 말한다. 세부적으로 적과 전투를 수행하는 부대 전투력의 형태라고 할 수 있다.

세(勢)란 무엇인가?

손자는 "격한 물살의 빠름이 돌을 떠내려가게 하는 것이 세다. 激水 之疾至於漂石者勢也(격수지질지어표석자세야)"라고 했고, "둥근 돌을 높은 산에서 굴리는 것과 같은 것이 세다. 如轉圓石於千仞之山者勢也 (여전원석어천인지산자세야)"라고 했다.

세란 일반적으로 형으로 만들어진 힘과 에너지의 활용이라고 할 수 있으며, 궁극적으로는 전투력의 운용이라고 할 수 있다. 여기에서 전투력 운용은 개인의 전투력이 아닌 집단인 부대 전투력의 운용을 말한다. 그래서 손자는 "용감함과 비겁함은 세에 있다. 勇怯勢也(용겁세야)"라고 했다. 세를 어떻게 운용하느냐는 아군의 기세를 최대로 끌어올려 기정(奇正)으로 적의 허실(虛實)에 따라 한다고 할 수 있다. 즉, 최대로 만들어진 전투력을 원칙과 변칙의 전술을 써서 적의 허점에 압도적인 기세로 투사하는 것이다.

기(氣)란 무엇인가?

손자는 기의 특성을 "아침의 기는 날카롭고, 낮의 기는 게으르며, 저녁의 기는 본진으로 돌아가고자 한다. 朝氣銳晝氣惰暮氣歸(조기예주기타모기귀)"라고 했으며, 용병을 잘하는 자는 날카로운 기세를 피하고, 기세가 게을러 늘어지거나 다해서 돌아가고자 할 때 공격한다고 했다. 즉, 아군의 날카로운 기세를 유지하여 적의 늘어지거나 돌아가고자 하는 기세를 이용하는 것이다.

기를 통상 기세(氣勢)라고 하며, 현대의 군에서 군인정신인 사기,

군기, 단결을 말한다. 군의 궁극적인 목적인 전쟁에서 승리하기 위해서는 아군과 적군의 기세를 잘 활용해야 한다. 사기가 왕성하면 죽음을 불사하고 자발적으로 전투에 임할 수 있고, 군기가 엄정하면 부대 내 질서가 유지되고 지휘체계가 확립되어 최상의 전투력을 발휘할 수 있으며, 상하가 굳게 단결한 부대만이 전쟁에서 승리할 수 있기 때문이다. 따라서 왕성한 사기, 엄정한 군기, 굳은 단결의 부대로 사기가 저하되고, 군기가 문란하며, 단결력이 와해 된 적을 쳐야 하는 것이다.

기정(奇正)이란 무엇인가?

손자는 기정을 "대체로 전쟁이란 정병으로 적과 맞붙고 기책으로 승리한다. 凡戰者(범전자), 以正合(이정합), 以奇勝(이기승)"라고 했다. 그리고 기책 운용에 능숙한 자는 기책의 운용이 하늘과 땅처럼 끝이 없고, 큰 강물처럼 마르지 않는다고 했다.

정은 원칙에 입각한 정공법이고, 기는 변칙의 전술이라고 할 수 있다. 그래서 기는 속임수를 기반으로 한다. 적을 속여 허점을 만들고 만들어진 허점을 기로 치는 것이다. 즉, 압도적인 전투력인 정으로 적과 맞서 적의 행동을 제한하고, 적이 생각하지 못한 기책으로 적의 허점이나 약점을 공격하는 것이다. 정과 기는 고정된 개념이 아니라 서로 바뀔 수 있다. 적의 허실에 따라 기정을 융통성 있게 운용하는 것이다.

『손자병법』요약

『손자병법』을 간략하게 요약하면, 전쟁은 국가의 존망이 걸린 중차대한 일인 만큼 사전에 국가 최고회의에서 신중한 상황평가를 통해 피·아 전력의 우열을 확인하고, 막대한 전쟁 비용을 고려하여 이길 수 있을 때 신속하게 전쟁을 종결할 수 있는 계획을 수립한다. 그리고 결전이 결정되면 나의 강점인 공격능력 등은 적보다 우위에 두며, 속임수를 포함한 모든 수단과 방법을 동원하여 적의 강점은 약화하고 적의 약점을 최대로 활용하여 단기 결전을 통해 전쟁에서 반드시 승리하는 것이다.

병법서의 순서대로 기술하면, 먼저 시계 편에서는 상대국과 우리나라의 국력을 면밀하게 계산하여 승산을 산출한다. 작전 편에서는 속전속결의 단기 결전을 추구한다. 모공 편에서는 될 수 있으면 싸우지 않고 이기는 부전승을 추구한다. 군형 편에서는 압도적인 전력을 구축하여 먼저 이겨놓고 싸움을 추구한다. 병세 편에서는 상황에 맞는 전술을 운용하고, 결정적 지점에서 절대 우세를 추구한다. 허실 편에서는 전장의 주도권을 확보하고, 나의 강점으로 적의 허점을 친다. 군쟁편에서는 최소예상선과 최소저항선을 활용한 간접접근전략을 구사한다. 구변 편에서는 전장의 실상을 이해하는 사고의 융통성과 유비무환의 자세를 견지한다. 행군 편에서는 다양한 지형에서의 행군 원칙 준수하고 상하 단결을 추구한다. 지형 편에서는 6개 지형 형태의 활용방법과 피해야 할 6개의 패병의 형태를 알고 운용한다. 구지 편에서는 9개 지형에 적합한 전투방법과 지휘통솔법을 알고 운용한다. 화공 편에서는 화공의 종류와 실시요건 및 준칙을 이해하고 운용하며, 개전은 신중함이 요구된다. 용간 편에서는 정보활동은 전쟁의 승패에 결정적인 요소이므로 정보원을 우대하고 적극적으로 활용한다.

이렇듯 전쟁은 상호 피해가 너무 크고 천문학적인 비용이 소요되기 때문에 먼저 아군의 승리 가능성을 면밀하게 검토해서 확인하고, 적이 공격할 수 없는 나의 대비태세를 갖춰 사전에 전쟁을 예방하는 것이 중요하다. 부득이 국가이익을 위해 전쟁해야 한다면 적의 외교 관계를 사전에 차단하여 고립시키고, 적이 스스로 무너지도록 내부분열을 조장하여 싸우지 않고 승리를 추구하며, 전쟁에 돌입하면 속임수를 기본으로 다양한 전략과 전술을 통해 상대적인 전투력 우세를 바탕으로 반드시 승리해야 한다는 것이다. 물론 전쟁을 승리로 이끌기 위해서는 적의 능력과 나의 능력을 정확하게 알아야 하고, 기상과 다양한 지형을 상황에 맞게 유리하게 이용해야 완전한 승리를 거둘 수 있다. 승리의 바탕에는 상하를 일치단결시켜 작전 목적에 맞게 용병하는 지휘관의 뛰어난 지휘통솔과 적의 강점과 약점을 파악하고 작전 전개에 필수적인 정보활동이 필요하다.

『손자병법』의 요약을 표로 정리하면 다음과 같다.

구 분	공격(攻擊)	방어(防禦)
시계 (始計)	• 전력 우위 확보 • 속임수 적극 활용(적 약점 조성)	• 전력 열세 상태 • 전력 보존(기만/교란작전 대비)
작전 (作戰)	• 단기결전(속전속결) 추구 • 적 자원 활용 대책 강구	• 지구전 추구 • 적 자원 고갈(유격전) 강요
모공 (謀攻)	• 부전승 추구 • 지피지기(강약점 파악)	• 결사 항전(최대 피해 요구) • 내부 결속 유지
군형 (軍形)	• 선승 이후 구전 • 압도적인 전력 구축	• 불패의 위치 구축 • 절대 열세 탈피(대등한 전력)
병세 (兵勢)	• 결정적 지점 우세 확보 • 다양한 전술 활용(기정의 변화)	• 국지적 우세 추구 • 다양한 전술 활용(기정의 변화)
허실 (虛實)	• 전장의 주도권 확보 • 적 약점 최대 활용	• 적극적인 방어 추구 • 아 약점 노출 방지
군쟁 (軍爭)	• 간접접근전략 추구(우직지계) • 사기 앙양	• 유리한 지형 선점 • 사기 유지
구변 (九變)	• 사고의 융통성(利와 害 고려) • 유비무환(공격 지속력)	• 사고의 융통성(피동성 탈피) • 유비무환(방어준비태세)
행군 (行軍)	• 행군과 숙영의 원칙(방호대책) • 상하 단결의 중요성	• 기습 작전(전투 피로 강요) • 상하 단결력 유지
지형 (地形)	• 지형 활용법 숙달(知天知地) • 지휘관의 책임감(명예, 죄)	• 전장정보분석(적 불리 강요) • 작전의 융통성
구지 (九地)	• 상황별 전법 수행(屈伸之利) • 파격적인 포상과 법령 시행	• 적 협조 된 작전 방해 • 부대 단결력 유지
화공 (火攻)	• 화력 운용 • 신중한 개전	• 화공 대비책 강구 • 적 공격 명분 박탈(결사 항전)
용간 (用間)	• 적극적인 정보활동 • 작전보안 유지	• 적극적인 정보활동 • 작전보안 유지

감수 후기

　병법서 중에서 가장 고전적이고 가장 많은 사람이 애독하는 병법서가 『손자병법』이다. 이에 『손자병법』에 대한 수많은 해설서가 시중에 나와 있으나 오역이 많았다. 특히, 어조사에 대한 해석에서 오역이 많았다. 어조사에 대한 다양한 쓰임을 모르면 매끄러운 해석이 어려울 뿐 아니라 자칫 전혀 다른 의미로 해석하는 오류를 범하기 쉽다. 어떤 경우는 한자 한 글자에 담겨 있는 수많은 뜻을 간과한 채 대표적인 몇몇 뜻만을 가지고 억지 해석을 한 경우가 있다. 이 경우 지나친 비약이 있거나 전혀 다른 의미로 전달하기도 한다. 또 다른 경우는 수천 년 이어온 우리 언어식 한자 해석으로 억지를 쓰는 경우도 있었다. 이러한 것들을 보완하기 위해 역자는 최대한 원문 중심의 해석에 충실하기 위해 노력하였다. 앞서 해석한 수많은 선배의 해설서를 참고하여 많은 도움을 받았음을 밝힌다. 역자는 더욱 정확한 해석을 위해 중국 내 유수의 출판사인 상해인민출판사와 상무인서관(商务印書館)에서 각각 발행한 『中華古漢語字典』과 『古代漢語詞典』을 기초로 했다. 또한 중화서국과 중국 국방대학출판사에서 발행한 『손자병법』의 해석을 참고하여 오랜 시간 해석의 오류에 갇혀 있던 부분들을 해소했다. 하지만 이러한 노력에도 불구하고 본서에서도 많은 오역이 있을 수 있다. 이에 대해서는 다음에 재발간의 기회가 있다면 보완할 것을 기약하고, 독자 중 본서를 바탕으로 좀 더 정확한 해석을 내놓는 이가 나타난다면 더욱 환영할 일이다.

통상적으로 사람들은 전쟁을 '악(惡)'으로 간주하여, 전쟁을 논하고
자 하면 평화를 사랑하지 않고 호전적인 사람으로 치부한다. 반대로
평화를 구호화 하고 전쟁을 증오하면 다른 나라가 우리나라를 공격하
지 않을 것이라는 단순한 사고에 빠진 지식인들도 있다. 전쟁은 우리
가 싫어한다거나 거부한다고 피할 수 있는 대상이 아니다. 역사적 사
례만 보더라도 너무나 명확한 사실이다. 고려시대 몽골 침입 시에는
부처의 힘으로 물리치기 위해 팔만대장경을 조판하였다. 조선시대 임
진왜란 때에는 시조를 읊어서 왜군을 물러가게 하겠다는 호기로움을
보이기도 하였고, 병자호란 시에는 오랑캐라 폄하하면서 능력을 무시
하고 대비하지 않아 '삼배구고두(三拜九叩頭)'의 치욕을 당하기도 하
였다. 구한말에 들어서는 기득권 세력의 이해타산에 따라 각기 다른
열강에 의존하려 하였고, 심지어 영세중립국을 표방하면 외세의 침략
을 당하지 않을 것이라는 허황한 주장까지 펴기도 하였다. 위정자들의
이러한 실정에서 비롯된 전쟁의 실질적인 피해는 아무런 죄 없는 불
쌍한 백성(국민)들의 몫이다. 병자호란 시 '삼배구고두'의 치욕보다 수
많은 백성이 청나라로 끌려가 온갖 치욕을 당한 것이 더 가슴 아픈 일
이다.

모쪼록 본 역서가 군을 이해하고 대한민국을 사랑하는 데 많은 도움
이 되고, 인생을 살아가는 지침서로 역할을 했으면 하는 바람이다. 특
히 대한민국 국군의 주역인 사관생도 및 후보생들과 현역 장교들이 탐
독했으면 한다. 역사를 통해서 알 수 있듯이 나라가 망했을 때는 위정
자들이 백성(국민)들의 삶에 소홀하고 개인의 영달과 이익만을 추구하
여 외부의 침입에 적절하게 대응하지 못했을 때이다. 사관생도 및 후
보생들과 현역 장교들은 국가안보의 중요성을 누구보다 잘 알고 전쟁

을 대비하며, 국방력을 모으고 기르는 법을 배워야 한다. 본 역서가 이를 위해 작은 밀알이라도 되기를 기대한다.

2023년 1월 황산벌에서 국가의 미래를 생각하며

鞠旼受